Die
Verbrennungskraftmaschine

Herausgegeben von

Prof. Dr. Hans List

Graz

Band 10

Das Triebwerk schnellaufender Verbrennungskraftmaschinen

Springer-Verlag Wien GmbH

Das Triebwerk schnellaufender Verbrennungskraftmaschinen

Von

Dipl.-Ing. **H. Kremser**

Oberingenieur, Graz

Zweite, neubearbeitete Auflage

Mit 187 Textabbildungen

Springer-Verlag Wien GmbH

ISBN 978-3-7091-3573-0   ISBN 978-3-7091-3572-3 (eBook)
DOI 10.1007/978-3-7091-3572-3

Vorwort zur ersten Auflage.

Dem Wunsche des Herrn Professor Dr.-Ing. HANS LIST, im Rahmen des von ihm herausgegebenen Werkes die Bearbeitung der Gestaltung der schnellaufenden Otto- und Diesel-Motoren zu übernehmen, bin ich aus folgenden Gründen gerne nachgekommen:

Erstens um die in meiner Tätigkeit gesammelten Erfahrungen einem größeren Kreis, vor allem den in der Praxis stehenden Jungingenieuren und den Studierenden, zugänglich zu machen und dadurch zur Heranbildung des Nachwuchses der deutschen Technik beizutragen;

zweitens um dem entwerfenden Konstrukteur die an einer großen Zahl ausgeführter und bewährter Verbrennungsmotoren gewonnenen Erfahrungen in gedrängter Form in die Hand zu geben und damit an der Ersparung von Arbeitszeit mitzuwirken.

Der Umfang der Arbeit erforderte ihre Teilung in zwei Hefte. Entsprechend der Reihenfolge beim Entwurf enthält das vorliegende, zuerst erscheinende Heft die Besprechung des Triebwerkes. Dabei wird die Bauform des Motors (Arbeitsverfahren, Zahl und Anordnung der Zylinder) als gegeben vorausgesetzt. Richtlinien für die Wahl der jeweils zweckmäßigsten Bauform werden im Zusammenhang mit der Besprechung des Aufbaues der Maschinen im folgenden Heft gebracht.

Bei der Konstruktion von Verbrennungskraftmaschinen stützt man sich hauptsächlich auf Erfahrungen, weniger auf Rechnungsergebnisse. Die klassische Festigkeitslehre mit ihrer ungenügenden Erfassung des Einflusses der Form gibt nicht die wirklichen Spannungen in den Teilen, sondern, abgesehen von ganz einfachen Formen, nur Mittelwerte der Beanspruchungen, die zum Vergleich dienen können. Für die Bemessung der Bauteile ist damit in den meisten Fällen die Erfahrung und der Versuch entscheidend.

Bei der Verwertung von Erfahrungen überträgt man die Abmessungen von im Betrieb bewährten Teilen auf den neuen Entwurf. Dabei verwendet man in der Praxis meist Verhältniszahlen, welche die Abmessungen der Teile auf Hauptabmessungen der Maschine (meist auf den Zylinderdurchmesser) beziehen. Dieses im Heft 8 durch Ähnlichkeitsbeziehungen begründete Verfahren wird ergänzt durch die Ermittlung von Vergleichs-(Nenn-) Spannungen mittels der klassischen Festigkeitslehre. Diese können bei ähnlich geformten Konstruktionselementen für gleiche Bruchsicherheit gleichgesetzt werden. Von der Verwendung der wirklichkeitsgetreuen Festigkeitslehre, die noch viel zu wenig fortgeschritten ist, um mehr als in wenigen beschränkten Fällen anwendbar zu sein, wurde in der Arbeit abgesehen.

Bei Entwicklungen von schnellaufenden Verbrennungsmotoren, die über den jetzigen Stand der Technik wesentlich hinausgehen, ist man bezüglich der Brauchbarkeit neuer oder neuartig geformter Konstruktionselemente auf den Versuch angewiesen. Dieser wird entweder aus Ersparungsgründen am einzelnen Teil vorgenommen, der durch geeignete Einrichtungen möglichst betriebsgetreu beansprucht wird, oder man erprobt die Teile zuerst in einer Versuchsmaschine, und dann zur Sicherung gegen Brüche infolge Ungleichmäßigkeiten in den Festigkeitseigenschaften des Werkstoffes und in den Arbeitsvorgängen in kleineren Versuchsserien. Erst auf Grund der dann vorliegenden Erfahrungen kann mit dem Serienbau der Maschine begonnen werden.

In der Arbeit wird durchwegs der Standpunkt des im praktischen Motorenbau gestaltend tätigen Ingenieurs eingenommen, der meiner engeren Fachtätigkeit als Leiter der Konstruktionsabteilung für schnellaufende Motoren bei der Klöckner-Humboldt-Deutz A. G. entspricht.

Der Entwurf eines schnellaufenden Verbrennungsmotors beginnt mit der Ermittlung der Drehschwingungslage der Maschine. Zur Berechnung der kritischen Drehzahlen ist bereits die genaue Kenntnis des Motorentriebwerkes erforderlich. Es ist sonst üblich, mehrfache Annahmen des Triebwerkes beim Entwurf einer Maschine zu machen und die Brauchbarkeit der Annahmen durch die nachfolgende Schwingungsrechnung zu prüfen. Es war das Ziel der vorliegenden Arbeit, diese zeitraubende Tätigkeit auf das notwendigste Maß einzuschränken. Dazu wurden die Triebwerksabmessungen und Triebwerksgewichte einer großen Anzahl von Otto- und Diesel-Motoren unter Berücksichtigung der Bauart und Zylinderzahl in Kurvenblättern zusammengestellt. Der entwerfende Konstrukteur soll dadurch in kürzester Form einen Überblick über die Abmessungen bereits gebauter Maschinen bekommen und in die Lage versetzt werden, die erste Annahme des Triebwerkes von vornherein so zu treffen, daß eine mehrmalige Wiederholung des Entwurfes unterbleiben kann.

Das vorliegende Heft enthält weiters einen kurzgefaßten Überblick über die für das Triebwerk schnellaufender Verbrennungsmotoren üblichen Werkstoffe und ihre physikalischen und technischen Eigenschaften.

Die Darstellung wurde in möglichst knapper Form gehalten, um auch einem stark beschäftigten Konstrukteur der Industrie die Möglichkeit zu geben, sich rasch unterrichten zu können. Die Ausführungen beschränken sich daher auf das wesentlichste und enthalten nur diejenigen Richtlinien, Verfahren und Theorien, deren Brauchbarkeit für den gestaltenden Ingenieur ich selbst erprobt habe.

Herr Dr. C. ENGLISCH danke ich für die Ergänzung der Arbeit durch seinen Beitrag über die Abdichtwirkung der Kolbenringe.

Weiters möchte ich den Kolbenfirmen Mahle Komm.-Ges., Stuttgart-Bad Cannstatt, Nüral-Aluminiumwerke, Nürnberg, Karl Schmidt G. m. b. H., Neckarsulm, sowie den Glyco-Metall-Werken, Wiesbaden, die mich durch Überlassungen von Zeichnungen, Werksdruckschriften und Gefügebildern sehr unterstützt haben, danken. Besonderen Dank schulde ich der Klöckner-Humboldt-Deutz A. G., die eine größere Zahl von Zeichnungen zur Veröffentlichung freigegeben hat, sowie den anderen Unternehmungen, die Material zur Verfügung gestellt haben. Ich möchte nicht versäumen, Herrn Prof. Dr.-Ing. LIST und dem Verlag für die mir gegebene Möglichkeit zu danken, meine im Laufe einer langjährigen Konstruktionstätigkeit auf dem Gebiete schnellaufender Verbrennungsmotoren gesammelten Erfahrungen in dieser Weise niederzulegen.

Köln, Oktober 1939.

H. KREMSER.

Vorwort zur zweiten Auflage.

Bei der Bearbeitung der zweiten Auflage wurde die neue Entwicklung im Motorenbau in Text und Abbildungen berücksichtigt. Der Umfang des Bandes wurde durch Aufnahme von Hilfstafeln, die für den Konstrukteur von Nutzen sein werden, und von mehreren neuen Konstruktionen erweitert.

Die Form der Darstellung der ersten Auflage konnte beibehalten werden, denn soweit ich feststellen konnte, hat sie sich beim Gebrauch des Bandes in den Konstruktionsbüros der Industrie und in den Konstruktionssälen der technischen Lehranstalten bewährt.

Herrn Dipl.-Ing. H. PRETTENHOFER bin ich für die mühevolle Arbeit des Korrekturlesens zu Dank verpflichtet.

Graz, Dezember 1948.

H. KREMSER.

Inhaltsverzeichnis.

A. Die Kolben.

I. Allgemeines.

Die mechanischen und thermischen Aufgaben des Kolbens sind nachfolgend zusammengefaßt:

1. Der Kolben bildet eine Begrenzung des Verbrennungsraumes, er hat diesen mittels der Kolbenringe gasdicht abzuschließen.

2. Er überträgt die auf ihn wirkenden Gasdrücke und seine Massenkräfte über den Kolbenbolzen auf die Pleuelstange, die dabei senkrecht zu seiner Bewegungsrichtung anfallende Teilkraft (Gleitbahndruck) über seine Gleitflächen auf die Zylinderlauffläche.

3. Die von den Gasen an den Kolbenboden abgegebene Wärme muß von diesem zum größten Teil über die Zylinderwand an das Kühlmittel abgeführt werden. Bei diesem Wärmefluß sollen weder zu hohe Temperaturen noch infolge des Temperaturgefälles zu große Wärmespannungen entstehen.

4. Zur Regulierung der Spritzölzufuhr zur Zylindergleitfläche, vor allem zur Vermeidung zu starker Schmierung, trägt der Kolben meistens Ölabstreifringe.

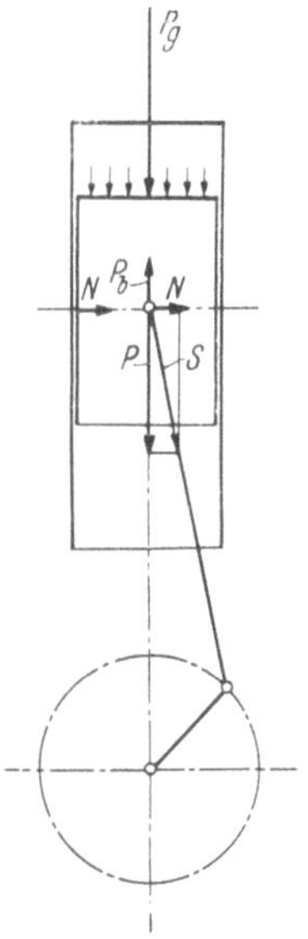

Die Kräfteverhältnisse im Kolben sind in Abb. 1 dargestellt. Die Gaskraft P_g und die Massenkraft P_b geben die Kolbenkraft P, die in der Achse des Kolbenbolzens in die zwei Komponenten S in Richtung der Stange und N senkrecht zur Gleitbahn zerlegt wird. Der Gleitbahndruck N wird über die Kolbengleitfläche auf die Zylinderlauffläche übertragen.

Der Wärmefluß durch den Kolben ist nach Hug [1] durch Abb. 2 veranschaulicht. Durch jeden von

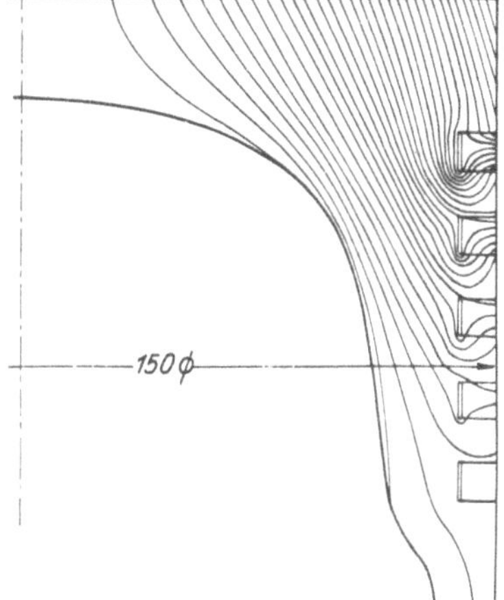

Abb. 2. Wärmefluß durch den Kolben nach Hug.

Abb. 1.

zwei Stromlinien gebildeten Kanal strömt die gleiche Wärmemenge, die Dichtheit der Stromlinien ist demnach ein Maß für die Stärke des Wärmeflusses. Man sieht, daß die Wärme zum größten Teil vom Kolbenboden zu den Kolbenringen und über diese auf die Zylinderwand strömt. Nur geringe Teile des Wärmeflusses gehen vom Kolben direkt auf die Zylinderwand, nur kleine Bruchteile, höchstens 7 bis 10 % der abzuführenden Wärme werden an die Luft im Inneren des Kurbelgehäuses abgegeben. Von den Kolbenringen hat der oberste den größten Wärmedurchgang.

Der Kolben unterliegt daher gleichzeitig mechanischen und thermischen Beanspruchungen, die an seinen Werkstoff und seine Gestaltung hohe, zum Teil sich widersprechende Anforderungen stellen. So soll z. B. der Werkstoff bei hoher Temperatur hohe Festigkeit haben, während die Festigkeit der Metalle mit steigender Temperatur im allgemeinen abnimmt. Es sollen große Wärmeleitquerschnitte zur Abfuhr der Wärme zur Verfügung stehen und im Gegensatz dazu das Gewicht des Kolbens nieder sein, damit die Massenkräfte innerhalb der zulässigen Grenzen liegen.

II. Die Kolbenwerkstoffe.

1. Allgemeines.

Bei raschlaufenden Motoren werden heute mit Rücksicht auf das Gewicht und auf die Wärmeleitfähigkeit für die Kolben fast ausschließlich Leichtmetalle verwendet. Es wird daher nur auf diese näher eingegangen. An diese Werkstoffe müssen die folgenden Anforderungen gestellt werden:

1. Der Werkstoff soll eine sehr gute Wärmeleitfähigkeit besitzen, damit die Wärme ohne allzu großes Temperaturgefälle abgeführt werden kann.

2. Der Werkstoff soll gute Festigkeitseigenschaften haben. Wichtig ist eine gute Warmfestigkeit, da Temperaturen bis 350^0 C im Kolbenboden erreicht werden und vor allem in dem Teil, welcher die Kolbenringe aufnimmt, kein Erweichen des Werkstoffes eintreten darf, um das Ausschlagen der Kolbenringnuten zu verhindern. Von größter Bedeutung ist weiters hohe Wechselfestigkeit, um den wechselnden Beanspruchungen zu genügen, denen der Viertaktkolben durch Gas- und Massenkräfte ausgesetzt ist.

3. Der Werkstoff soll eine geringe Wärmedehnung besitzen, damit das Kolbenspiel bei kalter Maschine nicht zu groß bemessen werden muß und bauliche Maßnahmen zur Herabsetzung des Kolbenspiels (Schlitzmantelkolben u. a.) sich erübrigen.

4. Der Werkstoff muß eine gute und wirtschaftliche Bearbeitung ermöglichen. Er muß leicht zu gießen sein, d. h. zwischen Beginn und Ende der Erstarrung soll kein großer Temperatursprung liegen.

Die beste Wärmeleitfähigkeit besitzen die Reinmetalle, dafür sind Festigkeit, Härte und Abnützungswiderstand gering. Bessere und genügende Festigkeitseigenschaften besitzen Legierungen, deren Zusätze in fester Lösung aufgenommen sind. Chemisch-metallische Verbindungen besitzen hohe Härte, gute Laufeigenschaften, sind jedoch sehr spröde und genügen den Anforderungen an eine gute Bearbeitbarkeit nicht. Die früher angeführten Forderungen an ein gutes Kolbenmaterial sind, wie aus dem Vorstehenden ersichtlich, miteinander schwer zu vereinbaren. Die Wahl der zu verwendenden Legierungen bedeutet demnach ein Kompromiß, bei dem man die verschiedenen geforderten Eigenschaften in ein möglichst günstiges Verhältnis zueinander zu bringen sucht.

Der Ausgangspunkt für die Entwicklung der Leichtmetallwerkstoffe waren Kupfer-Aluminium-Legierungen, die als deutsche oder amerikanische Legierungen zur Herstellung von Kurbelgehäusen schon früh Verwendung gefunden haben. Um eine Erhöhung der Festigkeitseigenschaften zu erreichen, ging man bei der Herstellung der Kolben von Sandguß auf Kokillenguß über, sofern sie nicht, um Höchstbeanspruchungen zu genügen, gepreßt werden. Heute werden Leichtmetallkolben fast ausschließlich durch Kokillenguß hergestellt. Man erreicht durch den Kokillenguß nicht nur ein wirtschaftlicheres Gießen der Kolben, sondern auch eine wesentliche Verbesserung der Festigkeitseigenschaften durch die Abschreckwirkung der Kokille.

Verglichen mit Graugußkolben, haben Leichtmetallkolben eine Reihe von Vorteilen:

Das geringe Gewicht des Leichtmetallkolbens erlaubt höhere Motordrehzahlen bei erträglichen Massenkräften.

Die gegenüber Grauguß wesentlich bessere Wärmeleitfähigkeit setzt bei Benzin- und Gasmotoren die Klopfneigung (siehe Heft 6) wesentlich herab, so daß höhere Verdichtungsverhältnisse verwendet werden können, wodurch die Brennstoffausnützung günstiger wird.

Bei raschlaufenden Diesel-Motoren war es erst durch die gute Wärmeleitung in den Leichtmetallkolben möglich, eine Abfuhr der auf den Kolben übergehenden Wärme bei erträglichen Temperaturen desselben zu erreichen.

Aluminiumkolben wurden erst ab 1921 serienmäßig eingebaut. Man kam zur Erkenntnis, daß außer Kupfer - Aluminium - Legierungen auch Silizium - Aluminium-Legierungen und Mangan-Kupfer-Aluminium-Legierungen geeignete Kolbenbaustoffe geben.

Legierungen entstehen durch Mischen ihrer Bestandteile im flüssigen Zustand, in dem die meisten Metalle gegenseitig löslich sind. Beim Erstarren verändert sich meist die Löslichkeit, es können dann eine Reihe von Erstarrungsformen auftreten.

In der festen Legierung können bei mikroskopischen Untersuchungen des Gefüges folgende Arten von Bestandteilen wahrnehmbar sein:

1. Reinmetalle.

2. Mischkristalle, das sind feste Lösungen der Legierungsbestandteile, die sich wie homogene Körper verhalten.

3. Chemische Verbindungen der Legierungsbestandteile, die sich wie Metalle verhalten.

Während des Erstarrens scheiden sich zuerst einzelne dieser Bestandteile in Form von größeren Kristallen primär aus. Die restliche Schmelze erstarrt am Ende gleichzeitig unter Bildung eines mehr oder minder feinen Kristallgemisches. In dieser Restschmelze, dem Eutektikum, sind die einzelnen Bestandteile in einem bestimmten Mischungsverhältnis enthalten.

Zur Untersuchung des Gefügeaufbaues stellt man feingeschliffene Flächen an Probestücken der Legierung her, auf welchen die einzelnen Bestandteile durch Ätzung besonders kenntlich gemacht werden können.

Die Zusammenhänge zwischen der so erkennbaren Gefügeausbildung und den wesentlichen Eigenschaften der Legierung sind bei den Kolbenwerkstoffen noch wenig erforscht und nur in bezug auf einzelne Eigenschaften festgestellt. So hat sich nach NITZSCHE ergeben, daß für den Abnützungswiderstand, also die Verschleißfestigkeit des Kolbenwerkstoffes, ein Gefügebau günstig ist, der dem der Lagermetalle ähnlich ist. Es sollen härtere und nicht zu große Kristalle in der zähfesten Grundmasse des Aluminium-Mischkristalls eingebettet sein. Dabei dürfen z. B. bei den Al-Si-Legierungen die eutektischen Si-Kristalle aber auch nicht zu fein, also nicht etwa so wie beim veredelten Silumin ausgeschieden sein, sondern in Form von mehr oder weniger großen Brocken und Nadeln. Bei den übereutektischen Al-Si-Legierungen, wie etwa bei der später beschriebenen Legierung KS 280 soll das primäre Si wieder nicht zu grob, also nicht in Form von Rosetten und ähnlichen Gebilden, sondern als möglichst kleine Polygone im Schliffbild erscheinen.

Die Kristalle chemischer Verbindungen des Aluminiums mit schweren Metallen (Schwermetallalumide), wie $CuAl_2$, $NiAl_3$, Cu-Ni-Al-Verbindungen und ähnliche sollen in den Al-Si-Legierungen in nicht zu grober Form erscheinen. Bei anderen Kolbenwerkstoffen, nicht auf Al-Si-Basis, bei denen die Schwermetallalumide die tragende Kristallart darstellen, wird verlangt, daß sie mit Rücksicht auf gute Verschleißfestigkeit ein möglichst gleichmäßiges eutektisches Netzwerk bilden.

Der Einfluß der Gefügebildung auf andere wichtige Eigenschaften der Kolbenwerkstoffe, wie Wärmeausdehnung, Wärmeleitfähigkeit, ist noch nicht untersucht worden. Für die reine Festigkeit, wie Zerreiß-, Biege- und Wechselfestigkeit ist die Gefügeausbildung, die z. B. bei Al-Si-Legierungen mit Rücksicht auf gute Laufeigenschaften angestrebt wird, wieder nachteilig, da hohe Festigkeitswerte gerade eine feine eutektische Si-Kristallisation erfordern, wie es das veredelte Silumin zeigt. Da jedoch die Festigkeit der Kolbenwerkstoffe auch bei grobem eutektischen Si noch ausreichend ist, überwiegt die Rücksicht auf gute Verschleißfestigkeit bei der Herstellung der Legierungen.

Zerstörungen und Beschädigungen des Kolbens infolge thermischer Überbeanspruchung sind nach neueren Erkenntnissen nicht allein auf die Verringerung der Härte, sondern auch auf Umwandlungen des Gefüges zurückzuführen.

2. Kupfer-Aluminium-Legierungen.

Im Gefüge der Kupfer-Aluminium-Legierungen ist nach Abb. 3 das Eutektikum des kupfergesättigten Aluminium-Mischkristalls und der chemischen Verbindungen Al_2CU eingebettet in die weiche Grundmasse des primär ausgeschiedenen kupfergesättigten Al-Mischkristalls. Die harten eutektischen Kristalle dienen als Tragmasse der Legierung. Die Wärmeleitfähigkeit ist trotz der Tragkristalle mit schlechter Leitfähigkeit gut, weil diese bei den geringen Cu-Gehalten der gebräuchlichen Legierungen mengenmäßig zurücktreten. Alle Cu-Al-Legierungen können einer Härtung unterzogen werden. Teilweise tritt eine Härtung schon durch den Abschreckvorgang beim Herausnehmen des Kolbens aus der Kokille ein. Infolge der guten Wärmeleitfähigkeit sind die Kolbentemperaturen niedriger, die Vergütungswirkung bleibt dadurch erhalten.

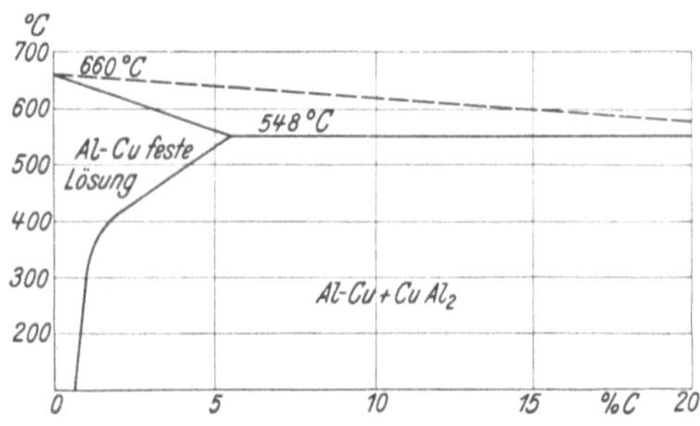

Abb. 3. Zustandsschaubild der Cu-Al-Legierungen.

Die Cu-Al-Legierungen wurden hauptsächlich in England und Amerika entwickelt. Eine Übersicht der dort gebräuchlichsten Cu-Al-Legierungen und deren Zusammensetzung gibt Zahlentafel 1.

Zahlentafel 1: Cu-haltige Aluminium-Kolbenlegierungen.

Bezeichnung	Land	Zusammensetzung								Verwendung in
		Cu	Ni	Fe	Mg	Ti	Mn	Si	Al	
Hiduminium RR. 53	England	2,15	1,3	1,4	1,6	0,1	—	1,25	R	Flugmotoren, Dieselmotoren, Last- und Personenwagenmotoren
KSY. Y-alloy L 24 Alcoa Nr. 142	Deutschland England Amerika	4	2	>0,6 0,75	1,5	—	—	—	R	Ortsfeste und Fahrzeug-Dieselmotoren, luft- und wassergekühlte Flugmotoren, Dampfmaschinen und Kompressoren
Lynite 194	Amerika	4,6	—	0,6	0,1	—	—	—	R	Personenkraftwagen(selten)
Lynite 146	Amerika	8,5	—	1,2	0,2	—	—	—	R	Personen- und Lastwagenmotoren
Bohnalite Birmalite SAE 34	Deutschland England Amerika	10	—	>0,5	0,3	—	—	—	R	Standardlegierung für Personen- und Lastkraftwagen
Birmal L 8 Borgo	England Frankreich	11—13	—	2,0	—	—	—	—	R	Personenkraftwagen
Novalite G 97	Schweiz	13	—	0,8	0,25	—	0,6	—	R	Personenkraftwagen
KS. Sonderlegierung	Deutschland	15,5	0,6	0,6	0,3	—	—	0,6	R	Zeppelin-Flugmotoren, Maybach-Dieselmotoren für Triebwagen

Der guten Wärmeleitfähigkeit und der großen Warmhärte steht jedoch ein größerer Wärmeausdehnungskoeffizient entgegen, so daß die Cu-Al-Legierungen eine besondere

Gestaltung des Kolbens verlangen, welche der großen Wärmedehnung Rechnung trägt. Die bekannteste Bauart für Kolben aus Cu-Al-Legierung ist der Nelson-Kolben. Er wurde in Amerika entwickelt und wird für Personenwagenmotoren auch in den europäischen Ländern verwendet.

Der Ausdehnungskoeffizient der Cu-Al-Legierungen liegt bei $25 \cdot 10^{-6}$; die Wärmeleitzahlen betragen 0,30 bis 0,33 kcal/cm sek⁰ C.

Die Abb. 4 gibt einen Überblick über die gebräuchlichsten Kolbenlegierungen hinsichtlich der Wärmeleitzahlen und der Ausdehnungskoeffizienten.

Zur Zeit haben Cu-Al-Legierungen für thermisch besonders hoch beanspruchte Kolben eine gewisse Bedeutung, wie z. B. für Flugmotorenkolben, bei denen der Einfluß der Temperaturdehnung gegenüber dem der Wärmeleitfähigkeit zurücktritt.

Im folgenden seien einige erprobte Cu-Al-Legierungen besprochen.

Y-Legierung.

Die bekannteste Cu-Al-Legierung ist die Y-Legierung, die in England und Amerika außer für Kolben auch für Zylinderköpfe luftgekühlter Motoren Verwendung findet. Sie wird auch in Deutschland von namhaften Kolbenfirmen vergossen.

Die physikalischen und technologischen Werte dieser Legierung sind folgende:

Spezifisches Gewicht .... 2,8 g/cm³
Schmelzpunkt .... 640⁰ C
Gießtemperatur .... 700 bis 750⁰ C
Schwindmaß .... 1,3 %
Wärmeleitfähigkeit .... 0,34 kcal/cm sek⁰ C
Wärmeausdehnungskoeffizient $23 \cdot 10^{-6}$ 1/⁰ C

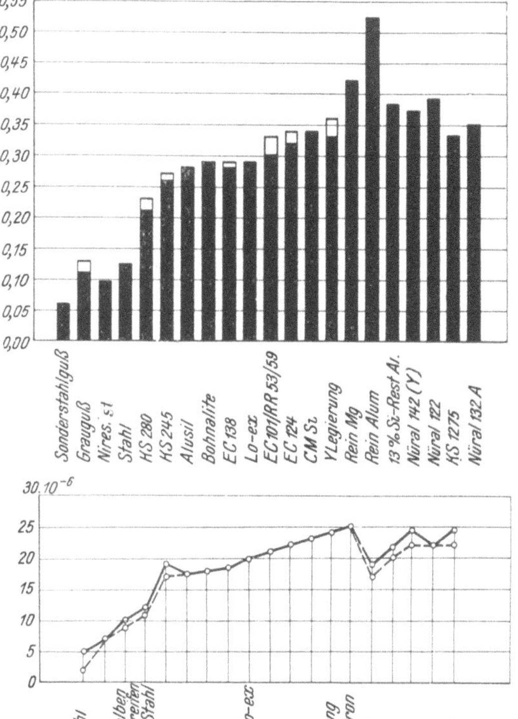

Abb. 4. Wärmeleitzahlen (oben) in kcal/cm sek⁰ C und Ausdehnungskoeffizienten (unten) von Kolbenlegierungen.

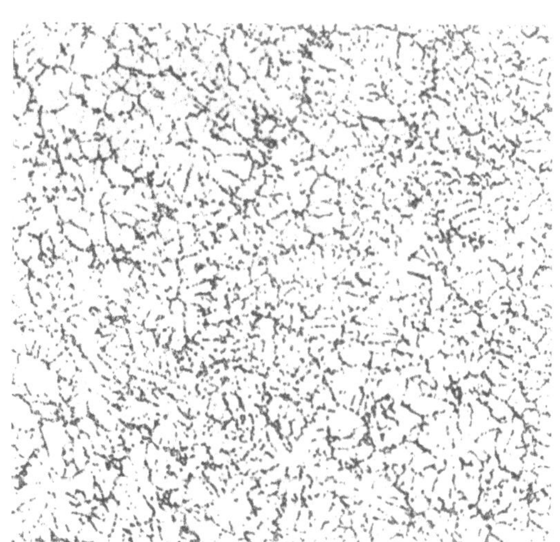

Vergr. 60fach.

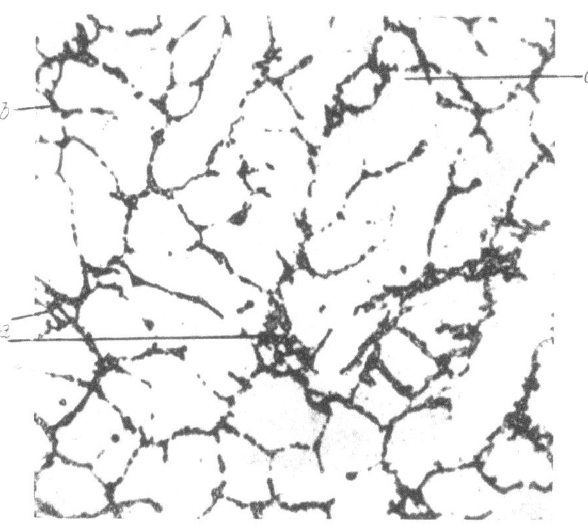

Vergr. 200fach.

Abb. 5. Nüral 142.

Festigkeitswerte:

Zugfestigkeit .... 21 bis 28 kg/mm²	Elastizitätsgrenze (0,02 %) .... 10 kg/mm²
Elastizitätsmodul 700 bis 750 000 kg/cm²	Warmhärte bei 100° C 118 kg/mm² BRINELL
Dehnung .... 0,2 bis 1,5 %	200° C 95 ,, ,,
Streckgrenze .... zirka 17,5 kg/mm²	300° C 42 ,, ,,

Nüral 142.

Die von den Aluminiumwerken Nürnberg als Nüral 142 bezeichnete Legierung entspricht der Y-Legierung. Ein weitmaschiges eutektisches Netzwerk schließt größere, teilweise zu dentritischer Ausbildung neigende Al-Mischkristalle ein. Das Eutektikum besteht aus Kristallen der Verbindung $NiCu_2Al_7$ (*a*), stellenweise unterbrochen durch $CuAl_2$ (*b*)- oder $NiAl_3$ (*c*)-Kristalle. Aus den Abb. 5 bis 7 ist das Gefüge deutlich ersichtlich. Besonders anschaulich ist Abb. 7 in 450facher Vergrößerung. Der an sich nicht unerhebliche Magnesiumgehalt dieser Legierung (1,3 %) befindet sich in feindisperser Form im Al-Mischkristall (α).

Die Abhängigkeit der Festigkeitswerte von der Temperatur ist in Abb. 8 dargestellt. Man ersieht daraus die gute Warmfestigkeit dieser Legierung bei Temperaturen von 300° C, also Temperaturen, wie sie in Kolbenböden raschlaufender Motoren auftreten.

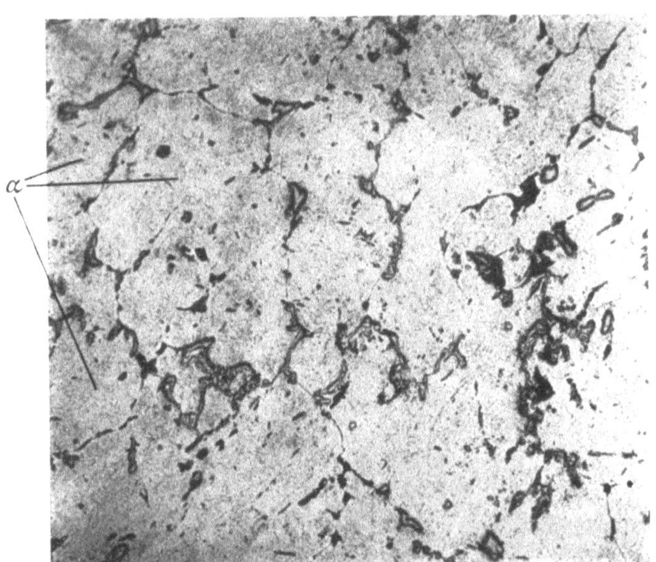

Abb. 6. Nüral 142. Vergr. 150fach.

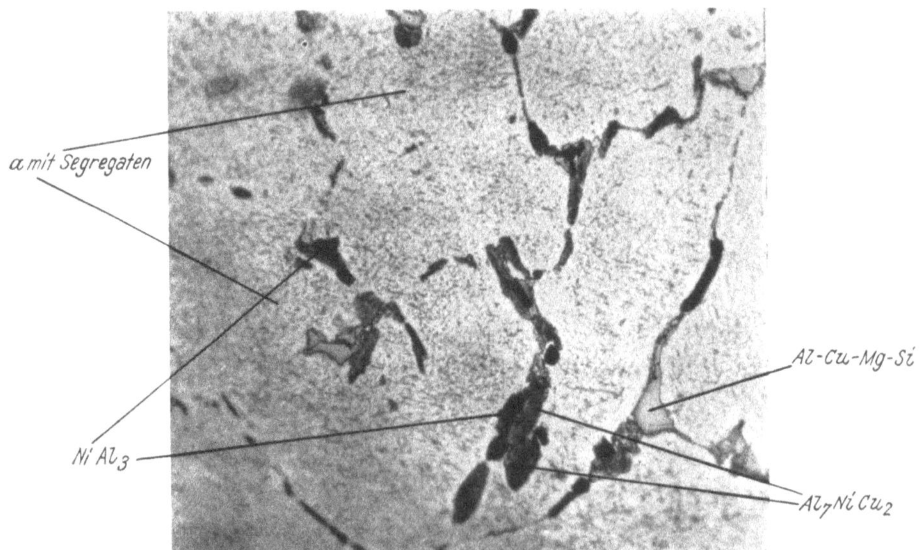

Abb. 7. Nüral 142. Vergr. 450fach.

EC-Y.

Abb. 9 zeigt die von der Mahle Komm.-Ges. (früher Elektronmetall G. m. b. H. Bad Cannstatt) hergestellte Y-Legierung auf der Cu-Al-Ni-Basis. Das hier vorhandene ternäre Eutektikum besteht aus den Verbindungen $NiCu_2Al/$, $CuAl_2$ und dem Al-Mischkristall (a). Deutlich erkennbar ist auch die Verbindung $NiAl_3$ (b) als

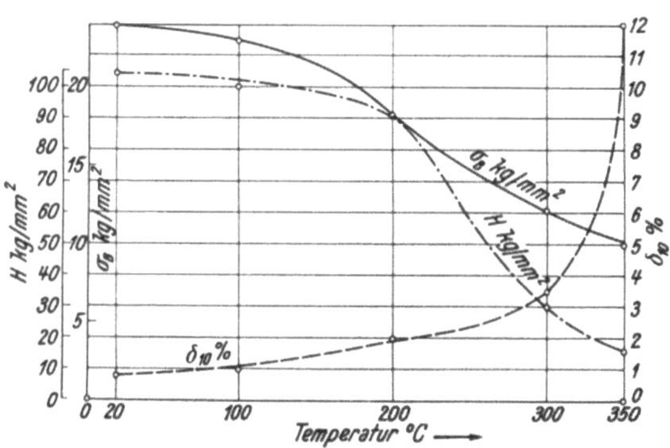

Abb. 8. Warmfestigkeit von Nüral 142 (ausgehärtet).

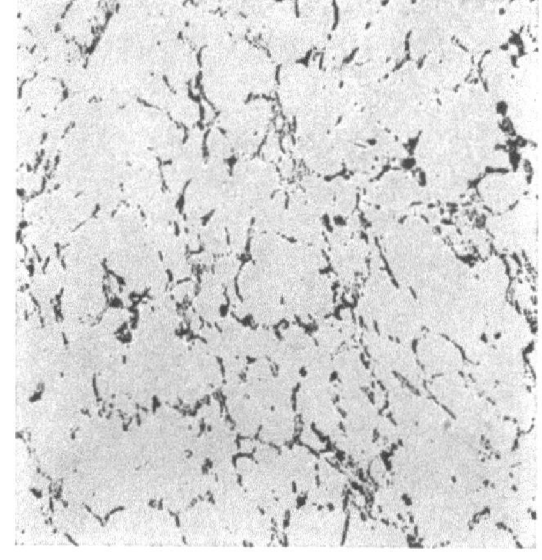

Abb. 10. Legierung KS-Y. Vergr. 100fach.

Bestandteil des binären Eutektikums. Weiters erkennt man die Kristalle der Verbindung Mg_2Si (c). Die Legierung enthält neben Mg auch Si als Verunreinigung. Bemerkenswert ist der Unterschied im Gefüge zwischen Kokillenguß und der gepreßten Y-Legierung.

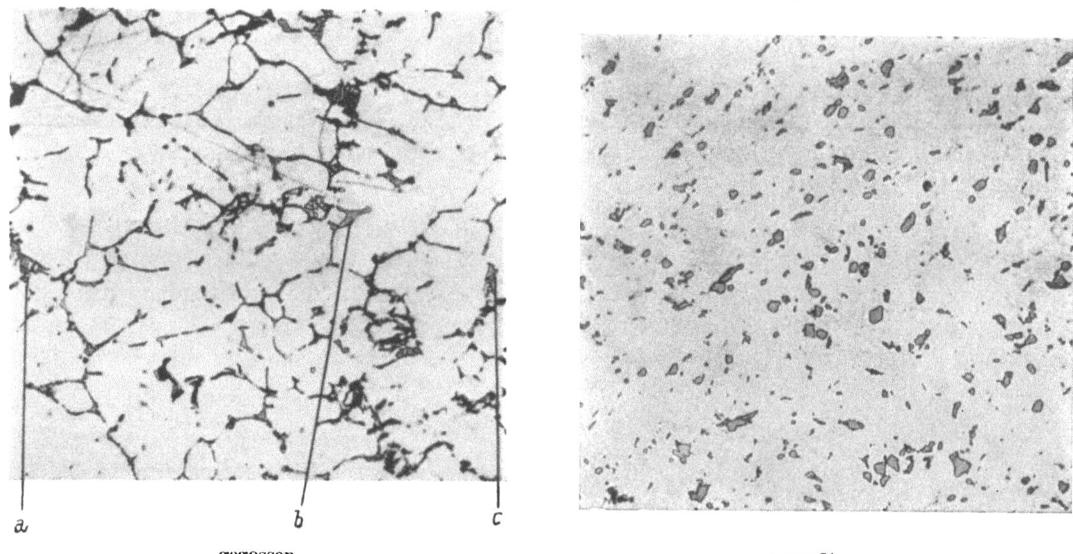

Abb. 9. Legierung EC-Y. Vergr. 150fach.

KS-Y.

Die von der Karl Schmidt G. m. b. H., Neckarsulm, hergestellte Y-Legierung (Abb. 10) entspricht im Aufbau den beiden vorher beschriebenen Typen. Die Firma gibt für diese Legierung folgende Werte bekannt:

Spezifisches Gewicht . . . . 2,8 g/cm³   Wärmeausdehnungskoeffizient $24,5 \cdot 10^{-6} \, 1/^{0}$ C
Wärmeleitfähigkeit . . 0,36 kcal/cm sek⁰ C

Festigkeitswerte:

Biegefestigkeit statisch . . . . . . 45 kg/mm²   Bruchdehnung . . . . 0,5 bis 1 %
dynamisch 8,5 bis 10 kg/mm²   Warmhärte bei 20⁰ C 90 kg/mm² BRINELL
Warmfestigkeit bei 200⁰ C . . . . 23,9 kg/mm²   200⁰ C 78   ,,   ,,

Nüral 200.

Abb. 11 zeigt das Gefüge einer der ersten zur Verwendung gelangten Leichtmetall-Kolbenlegierungen, die wegen ihrer Sprödigkeit gegenwärtig nur noch selten verwendet wird. Ein dichtes eutektisches Netzwerk schließt Al-Mischkristalle ein, die meist regellos auskristallisiert sind. Das Eutektikum besteht aus dunkel geätzten Kristallen der Ver-

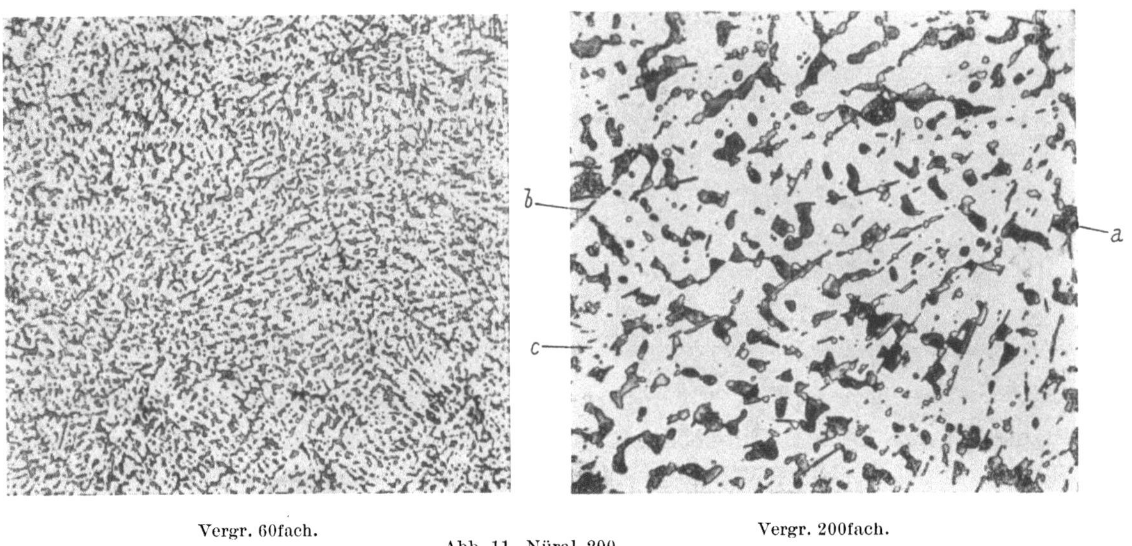

Vergr. 60fach.   Vergr. 200fach.

Abb. 11. Nüral 200.

bindung $CuAl_2$ (a) und feinen Nadeln einer Cu-Fe-Al-Verbindung (b), welche mit $CuAl_2$ und dem Al-Mischkristall ein ternäres Eutektikum bildet und daher mit $CuAl_2$-Kristallen verwachsen ist. Weiters erkennt man sehr kleine punktförmige Ausscheidungen der Verbindung Mg_2Si (c).

Nüral 122.

Eine verbesserte Al-Cu-Legierung bringen die Aluminium-Werke Nürnberg unter der Bezeichnung Nüral 122 auf den Markt. Das Gefügebild Abb. 12 zeigt ein aufgelockertes eutektisches Netzwerk. Die Al-Mischkristalle sind teilweise dentritisch ausgebildet. Das

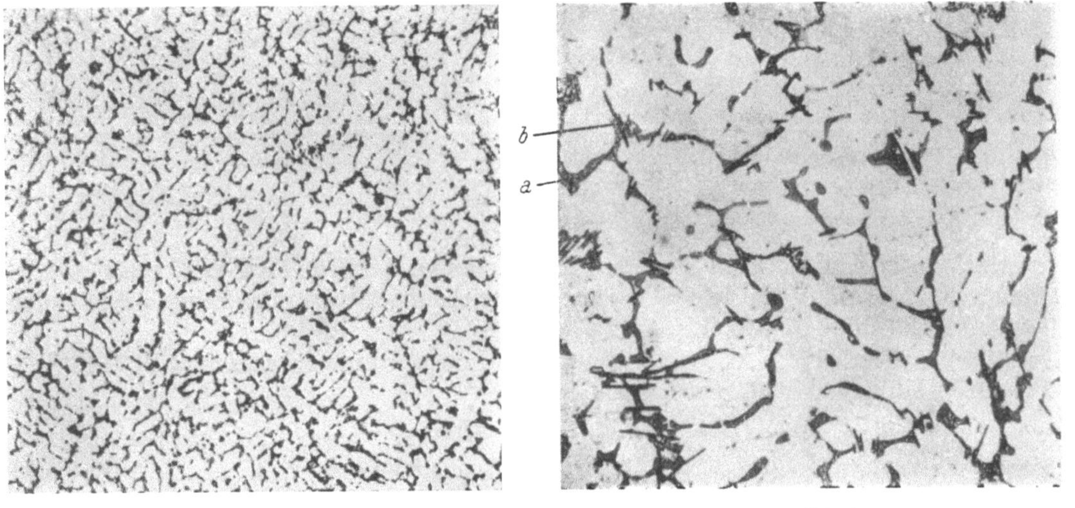

Vergr. 60fach.   Vergr. 200fach.

Abb. 12. Nüral 122.

Eutektikum besteht aus dunklen, geätzten Kristallen der $Cu-Al_2$-Verbindung (a), mit welchen dort, wo das ternäre Eutektikum erstarrt, die schwarzen Nadeln einer Fe-Cu-Al-Verbindung (b) verwachsen sind. Zusammensetzung: 9,6 % Cu, 1,26 % Fe, 0,26 % Si, 0,22 % Mg und besondere Zusätze, Rest Aluminium.

Spezifisches Gewicht: Sandguß.......... 2,95 bis 3,05 g/cm³
Kokillenguß....... 2,95 ,, 3,06 ,,
Wärmeleitfähigkeit.................... 0,39 kcal/cm sek° C
Wärmeausdehnungskoeffizient .... 20 bis 22·10⁻⁶ 1/° C

Festigkeitswerte:

Zugfestigkeit: Sandguß. 15 bis 21 kg/mm²   Kokillenguß ....18 bis 21 kg/mm²
Dehnung ....0,3 bis 1,5 %   Biegefestigkeit dynamisch .. 6,5 kg/mm²
Härte: Sandguß .... 70 bis 90 kg/mm² BRINELL
Kokillenguß .... 80 ,, 100 ,, ,,
Warmhärte bei .... 50° C 100 kg/mm² BRINELL
100° C 95 ,, ,,
150° C 85 ,, ,,
200° C 73 ,, ,,
300° C 57 ,, ,,

Die Legierung besitzt demnach gutes Wärmeleitvermögen bei nicht zu hohem Ausdehnungskoeffizienten. Die Warmhärte im Temperaturbereich 200 bis 300° C ist nach Abb. 13 ausreichend. Diese Legierung wird für Schlitzmantelkolben von Personenwagenmotoren und für Zylinderköpfe luftgekühlter Motoren verwendet.

EC 101.

Die der amerikanischen Legierung Bohnalite entsprechende Kolbenlegierung EC 101 (Mahle Komm.-Ges.) hat ungefähr folgende Zusammensetzung: 9 bis 11 % Cu, 0,15 bis 0,35 % Mg, 1 % Fe max. bis 0,75 % Verunreinigungen, Rest Aluminium.

Das Gefüge Abb. 14 ist gekennzeichnet durch den Al-Mischkristall (a) und ein eutektisches Netzwerk aus $CuAl_2$ (b), durchwachsen von Nadeln einer Fe-Cu-Al-Verbindung (c). Mangan findet sich meist in fester Lösung im Al-Mischkristall und ist im Schliffbild daher nicht sichtbar.

Die eutektischen Kristalle sind als härtere Tragkristalle in die weichere Aluminiumgrundmasse eingebettet.

Spezifisches Gewicht...........2,95 g/cm³
Wärmeleitfähigkeit ....0,34 kcal/cm sek° C
Wärmeausdehnungskoeffizient
....................22,5 bis 23·10⁻⁶ 1/° C

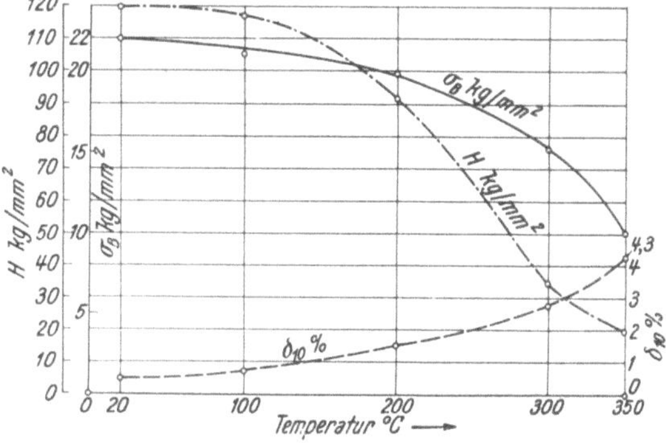

Abb. 13. Warmfestigkeit von Nüral 122 (ausgehärtet).

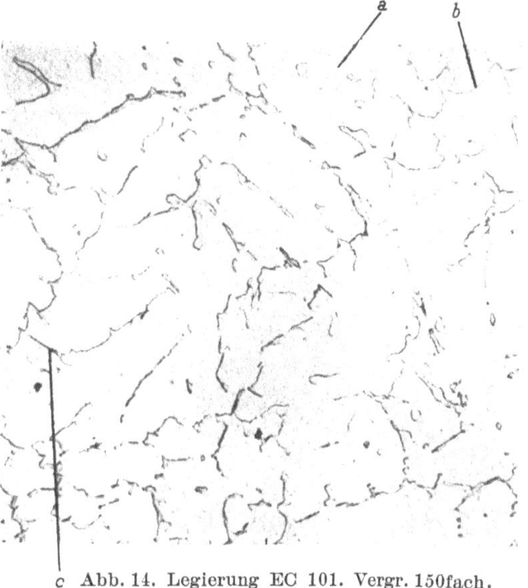

Abb. 14. Legierung EC 101. Vergr. 150fach.
Kokillenguß (in Amerika als Bohnalite bekannt)

Festigkeitswerte:

Zugfestigkeit .... 18 bis 24 kg/mm²   Härte bei   20⁰ bis 145 kg/mm² BRINELL
Dehnung .... 0,5 %   100⁰ ,, 135   ,,   ,,
                                                 200⁰ ,, 106   ,,   ,,
                                                 300⁰ ,,   44   ,,   ,,

Diese bekannte Cu-Al-Legierung war lange die Standard-Legierung für Kraftwagenmotorenkolben der Ford Motor Co. Sie besitzt gute Verschleißeigenschaften, ist thermisch hoch vergütbar und hat große Warmhärte.

3. Silizium-Aluminium-Legierungen.

Durch das Bestreben, bei schnellaufenden Diesel-Motoren ungeschlitzte Kolben zu verwenden, die für die Übertragung der dort auftretenden großen Gaskräfte besser geeignet sind, haben die siliziumhaltigen Kolbenlegierungen wegen ihres geringeren Ausdehnungskoeffizienten sehr an Bedeutung gewonnen.

Der Ausdehnungskoeffizient einer Al-Si-Legierung sinkt linear mit steigendem Si-Gehalt, um bei 20 % Si den Wert $18 \cdot 10^{-6}$ zu erreichen. Silizium wird vom Aluminium zum Teil in fester Lösung aufgenommen und tritt auch elementar auf. Es ist ein schlechter Wärmeleiter. Die Drosselung des Wärmeflusses im Werkstoff hängt von der Form der primär ausgeschiedenen Si-Kristalle ab. Durch große, nebeneinander liegende Platten kann eine starke Drosselung des Wärmeflusses hervorgerufen werden. Erst durch die Möglichkeit, das primär kristallisierte Si in übereutektischer Legierung dispers auszuscheiden, konnten große Fortschritte in bezug auf Wärmeleitfähigkeit erzielt werden.

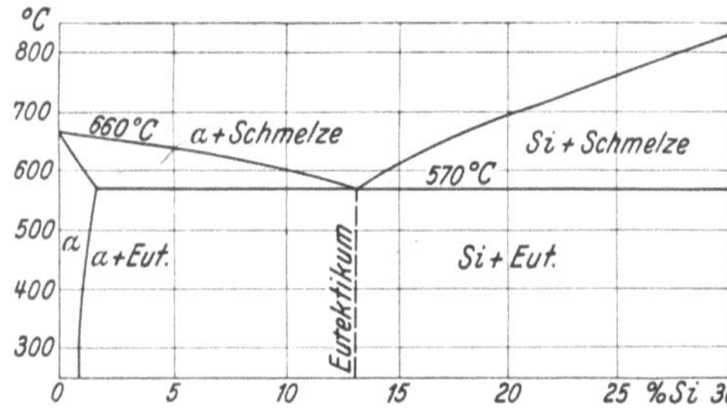

Abb. 15. Zustandsschaubild der Si-Al-Legierungen.

Infolge des geringen Wärmeausdehnungskoeffizienten kann bei Si-Al-Legierungen das Kolbenspiel kleiner gehalten werden als bei Cu-Al-Legierungen. Die geringere Wärmeleitfähigkeit der Si-Al-Legierungen erfordert jedoch größere Wärmeflußquerschnitte. Da aber die Druckzugwechselkräfte, die im Kolben einer raschlaufenden Diesel-Maschine wirken, erhebliche Werte annehmen, sind die durch die geringe Wärmeleitfähigkeit des Materials bedingten größeren Querschnitte auch aus Festigkeitsgründen notwendig.

Zahlentafel 2: Si-haltige Aluminium-Kolbenlegierungen.

Bezeichnung	Land	Zusammensetzung								Verwendung
		Si	Cu	Ni	Mn	Co	Fe	Mg	Al	
Titanal	Deutschland	4,3	12	—	—	—	0,5	0,3	R	Zweitakt-Motorräder
K. S. 245	Deutschland	14	4,5	1,5	1,0	—	0,5	0,7	R	Klein-Diesel-Motoren, Nutzfahrzeuge, Schlepper, Motorräder
Low. Ex	Amerika	12,5	1,5	2,3	—	—	0,8	0,9	R	
Diatherm	Frankreich England	17	3	—	—	—	—	—	R	Personenwagenmotoren
Alusil Sursilium	Deutschland Belgien	21	2	0,5	—	—	>0,7	—	R	Universallegierung mit geringer Temperaturdehnung für alle Motoren
K. S. 280 Heposil	Deutschland England	21	1,5	1,5	0,5	1,2	>0,7	0,7	R	für thermisch hoch beanspruchte Motoren, z. B. Zweitaktmotoren und für luftgekühlte Motoren zur Verkleinerung des Kolbenspiels

Die Si-Al-Legierungen zeigen außerordentlich gute Verschleißfestigkeit. Infolge der gegenüber den Cu-Al-Legierungen geringeren Wärmeleitfähigkeit ist jedoch der Kolbenringteil durch Ausschlagen der Kolbenringnuten gefährdet. Um diesen Mangel zu beheben, muß der Kolbenringteil der Si-Al-Kolben mit großen Wärmeflußquerschnitten versehen oder durch bauliche Maßnahmen (eingesetzte Ringträger) gesichert werden.

Eine allgemeine Übersicht über die Zusammensetzung einiger Si-Al-Legierungen gibt die Zahlentafel 2. Abb. 15 zeigt das Zustandsschaubild der Si-Al-Legierungen in Abhängigkeit vom Siliziumgehalt. Wärmeausdehnungskoeffizient und Wärmeleitzahl sind aus Abb. 4 zu entnehmen. Der Ausdehnungskoeffizient liegt bei 17,5 bis $20 \cdot 10^{-6}$ cm/^{0} C, die Wärmeleitzahl bei 0,25 bis 0,35 kcal/cm sek^0 C. Die starke Streuung dieser Werte ist durch den verschiedenen Si-Gehalt bedingt.

Die Al-Si-Legierungen haben für den Bau von Diesel-Motorenkolben überragende Bedeutung bekommen, ja sie ermöglichen überhaupt erst den Leichtmetallkolben größeren Durchmessers. Da sich für den Diesel-Motor festigkeitstechnisch nur der glattschaftige Kolben eignet, ist die Lösung der Kolbenspielfrage erst durch eine Legierung mit geringem Ausdehnungskoeffizient möglich geworden. Man ist heute allgemein der Ansicht, daß bei Kolbenbaustoffen ein kleiner Ausdehnungskoeffizient von größerer Bedeutung ist als hohe Wärmeleitfähigkeit.

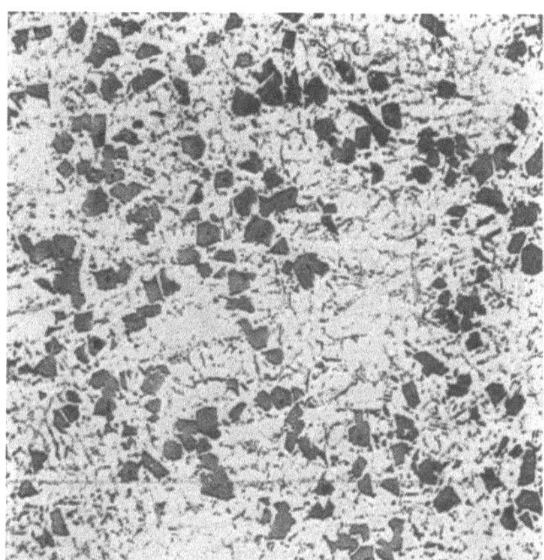

Abb. 16. Alusil-Legierung. Vergr. 100fach.

Alusil.

Die Alusil-Legierung der Karl Schmidt G.m.b.H., Neckarsulm, besteht aus 18 bis 22 % Si, (2 % Cu), 0,5 bis 1 % Fe, Rest Aluminium. Alusil ist eine übereutektische Legierung. Die eckigen, grauen Kristalle in Abb. 16 sind primär ausgeschiedenes Silizium, die Hauptmasse besteht aus Si-Al-Eutektikum und stellenweise auch aus $CuAl_2$-Eutektikum.

Spezifisches Gewicht ....2,7 g/cm³
Wärmeleitfähigkeit .... 0,28 cal/cm sek^0 C
Wärmeausdehnungskoeffizient .... 18 bis $19 \cdot 10^{-6}$ 1/^{0} C

Festigkeitswerte:

Zugfestigkeit .... 12 bis 14 kg/mm²	Dauerbiegefestigkeit.......... 7 kg/mm²
Warmhärte bei 20° 83 kg/mm² BRINELL	Warmhärte bei 200° 55 kg/mm² BRINELL
100° 75 „ „	300° 24 „ „

KS 245.

Eine weitere Legierung der Karl Schmidt G. m. b. H., Neckarsulm, KS 245, besteht aus 4,5 % Cu, 1,5 % Ni, 1,5 % Fe, 77 % Al, 14 % Si, 1 % Mn, 0,7 % Mg. Abb. 17 zeigt das Gefüge dieser eutektischen Legierung.

Die Legierung wird in großem Umfang für Diesel-Motorenkolben verwendet und stellt hinsichtlich Wärmeleitvermögen, Wärmedehnung und Verschleißfestigkeit ein günstiges Kompromiß nach den eingangs gegebenen Richtlinien dar. Sie ermöglicht auch eine wirtschaftliche Bearbeitung. Die Legierung erfordert etwas größere Wärmeleitquerschnitte als die Y-Legierung und liegt in den Festigkeitseigenschaften unter dieser. Ihr Vorteil liegt in der guten Warmhärte, die für die Haltbarkeit des Kolbenringteils von ausschlaggebender Bedeutung ist.

Spezifisches Gewicht ....2,75 g/cm³
Wärmeleitfähigkeit........................ 0,28 kcal/cm sek⁰ C
Wärmeausdehnungskoeffizient .... $21 \cdot 10^{-6}$ 1/⁰ C

Abb. 17. Legierung KS 245. Vergr. 100fach.

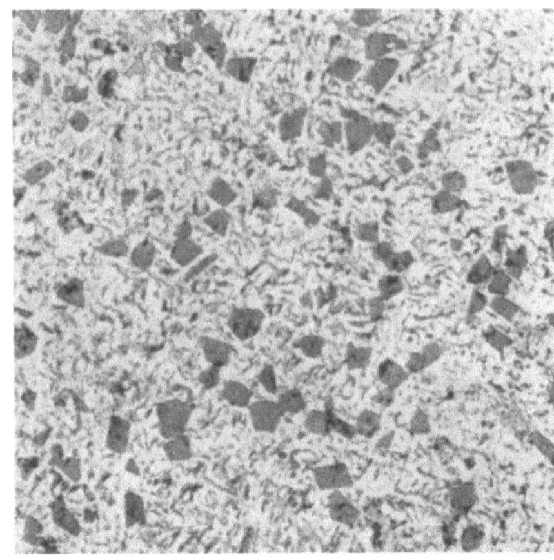

Abb. 18. Legierung KS 280. Vergr. 100fach.

Festigkeitswerte:

Zugfestigkeit .... 20 kg/mm²   Biegefestigkeit: statisch .... 52,0 kg/mm²
Elastizitätsmodul .... 700 000 kg/cm²   dynamisch . 7,5 kg/mm²
Bruchdehnung.................. 0,4 %   Streckgrenze (0,2 %) ...... 17,6 kg/mm²
Warmhärte bei 20⁰ 130 kg/mm² BRINELL   Warmhärte bei 200⁰ . 98 kg/mm² BRINELL

KS 280.

Diese übereutektische Si-Al-Legierung setzt sich wie folgt zusammen: 1,5 % Cu, 1,5 % Ni, 0,7 % Fe, 73,0 % Al, 21 % Si, 0,7 % Mg, 1,2 % Co, 0,5 % Mn.

Das Gefüge in Abb. 18 ist durch primär ausgeschiedene Silizium-Kristalle gekennzeichnet. Die Grundmasse ist ein Eutektikum aus Si-Schwermetallaluminiden und Al-Mischkristallen. Einzelne Bestandteile sind bei der schwachen Vergrößerung des Gefügebildes schwer erkennbar. Grundsätzlich scheidet sich alles Silizium über der eutektischen Konzentration von 12,8 % Si primär aus. Der Rest ist binäres Eutektikum.

Spezifisches Gewicht ....2,7 g/cm³
Wärmeleitfähigkeit..................... 0,26 kcal/cm sek⁰ C
Wärmeausdehnungskoeffizient .... $18 \cdot 10^{-6}$ 1/⁰ C

Festigkeitswerte:

Zugfestigkeit .... 19 kg/mm²
Elastizitätsmodul .... 868 000 kg/cm² auf Zug
                   909 000 ,, auf Druck
Gleitmodul...................... 349 000 ,,
Bruchdehnung......................................0,22 %
Biegefestigkeit: statisch .... 40 kg/mm²
          dynamisch ....9 bis 13 ,,
Streckgrenze (0,2 %) .... 18,5 kg/mm²
Warmfestigkeit .... 18 kg/mm² bei 200⁰ C
Warmhärte bei .... 20⁰ C 120 kg/mm² BRINELL
Warmhärte bei .... 200⁰ C 100 kg/mm² BRINELL

Der Wärmeausdehnungskoeffizient ist mit $18 \cdot 10^{-6}$ sehr klein; daher ist diese Legierung besonders für Kolben von Zweitaktmotoren mit geringem Spiel im Ringteil geeignet. Das geringere Wärmeleitvermögen gegenüber der Legierung KS 245 ist leicht

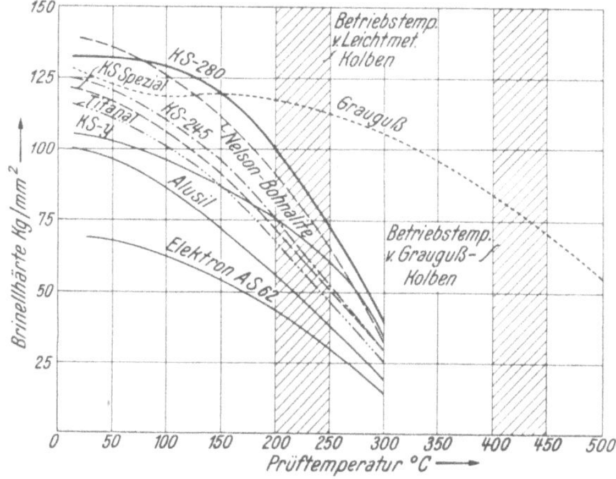

Abb. 19. Warmhärte von Kolbenlegierungen.

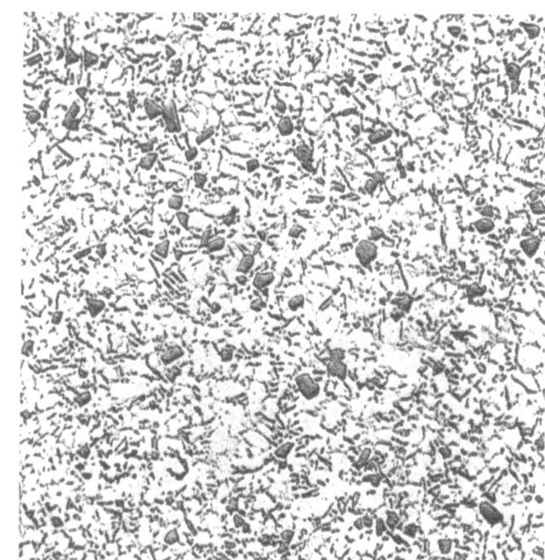

Abb. 20. Legierung KS 1275. Vergr. 100fach.

durch verstärkte Abmessungen der Schaftquerschnitte auszugleichen. Die Dauer- und Warmfestigkeit ist ausgezeichnet und nähert sich derjenigen der Y-Legierung. Die als Tragkristalle wirkenden, primär ausgeschiedenen Si-Kristalle ergeben besonders günstige Verschleißfestigkeit. Die Laufeigenschaften sind gut. Die Legierung genügt demnach hohen Ansprüchen und wird für schnellaufende Zweitakt-Diesel-Motoren, Zweitakt-Groß-Diesel-Maschinen und Triebwagenmotoren verwendet.

Abb. 19 zeigt die Überlegenheit in der Warmhärte der Legierung KS 280, sowohl gegenüber einigen anderen Leichtmetallkolbenlegierungen als auch gegenüber dem in einem anderen Temperaturbereich arbeitenden Graugußkolben.

KS 1275.

Das Gefüge in Abb. 20 besteht aus wenigen kleinen, primär ausgeschiedenen Si-Kristallen, die in der Grundmasse eines Mehrstoffeutektikums eingebettet sind. In diesem kann man die nadeligen, eutektischen Si-Kristalle und die im Halbton erscheinenden eutektischen Ausscheidungen der Metallteilchen erkennen. Die einzelnen Schwermetallaluminiden sind in dem ungeätzten Schliffbild nicht erkennbar.

Die Zusammensetzung dieser Legierung ist etwa: 1 % Cu, 1 % Ni, 0,8 % Fe, 83 % Al, 13 % Si und 1 % Mg.

Spezifisches Gewicht ....2,68 g/cm³
Wärmeleitfähigkeit...................... 0,33 kcal/cm sek° C
Wärmeausdehnungskoeffizient .... $22 \cdot 10^{-6}$ 1/° C

Festigkeitswerte:

Zugfestigkeit .... 20 kg/mm²   Biegefestigkeit............. 8,5 kg/mm
Bruchdehnung................. 0,7 %   Streckgrenze 13,9   ,,

Emkasil.

Die eutektische Legierung Emkasil der Firma Kolben-Kraus, Wien, hat ungefähr 12 % Si und 1 % Cu-Gehalt, Ni- und Mg-Zusatz.

Im Gefüge Abb. 21 zeigen sich die nadelförmig ausgebildeten Kristalle des eutektisch ausgeschiedenen Siliziums neben wenigen, sehr kleinen, primär ausgebildeten

Si-Kristallen. Die Kristalle sind in der Grundmasse eines Mehrstoffeutektikums gelagert. Im Mittelton zwischen Grundmasse und Si-Kristallen erkennt man Ausscheidungen der intermetallischen Verbindungen (Cu-Ni-Al).

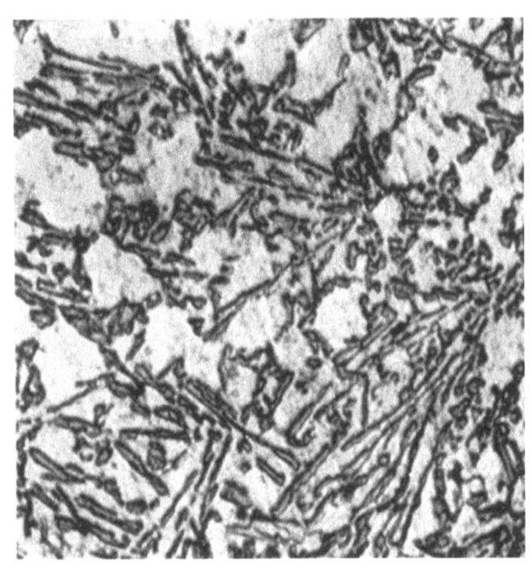 

Vergr. 100fach.   Abb. 21. Legierung Emkasil.   Vergr. 230fach.

Spezifisches Gewicht .... 2,69 g/cm³
Wärmeausdehnungskoeffizient .... $20 \cdot 10^{-6}$ 1/⁰ C

Festigkeitswerte:

Zugfestigkeit .... 18 bis 20 kg/mm²	Warmhärte	20⁰ C 110 bis 130 kg/mm² BRINELL	
Dehnung .... 0,8 %		200⁰ C 85 ,, 95 ,, ,,	
		250⁰ C 75 ,, 80 ,, ,,	

Die Legierung hat neben guten Guß- und Bearbeitungseigenschaften einen geringen Ausdehnungskoeffizienten und ist allgemein verwendbar. Der Cu- und Ni-Zusatz gibt ihr eine gute Warmhärte. Der Magnesiumgehalt macht sie vergütbar.

Emkaalsi.

Diese übereutektische Legierung der Firma Kolben-Kraus, Wien, hat einen Si-Gehalt von 12 bis 20 %. Die primären Kristalle, deren Menge sich nach dem Si-Gehalt richtet, sind nach Abb. 22 unregelmäßig begrenzt und an ihrer dunklen Farbe erkennbar. Sie

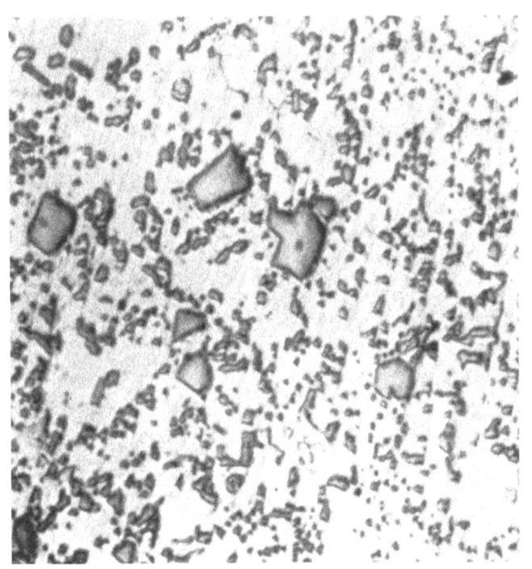

Vergr. 100fach.   Abb. 22. Legierung Emkaalsi.   Vergr. 230fach.

sind meist gruppenweise in dem Mehrstoffeutektikum verteilt. Dieses besteht aus den eutektischen Si-Kristallen, Schwermetallaluminiden und Al-Mischkristallen, in der Vergrößerung im Mittelton erkennbar.

Die Legierung wurde aus der Emkasillegierung entwickelt, um den Sonderbeanspruchungen von Zweitaktkolben entsprechen zu können. Die primären Si-Kristalle ergeben größere Härte und höhere Verschleißfestigkeit der Legierung. Sie bedingen jedoch auch eine geringere Wärmeleitfähigkeit. Es muß daher auf gleichmäßige Verteilung der Kristalle geachtet werden, damit der Wärmefluß stellenweise nicht zu stark beeinträchtigt wird.

Nüral 132 a.

Die untereutektische Legierung Nüral 132a der Aluminiumwerke Nürnberg besitzt folgende Zusammensetzung: 12,6 % Si, 1,96 % Ni, 0,88 % Cu, 0,6 % Mg, 0,5 % Fe.

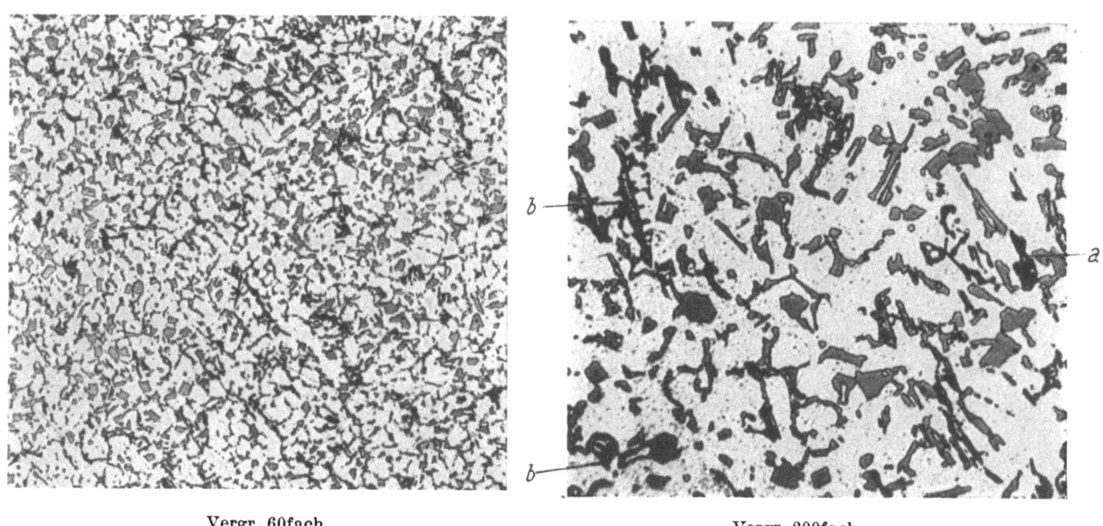

Vergr. 60fach.   Vergr. 200fach.

Abb. 23. Nüral 132 a.

Das feinkörnige Gefüge in Abb. 23 zeigt gleichmäßiges, fast eutektisches Gefüge, bestehend aus größeren eutektischen Si-Kristallen (*a*) und den dunkel erscheinenden verästelten Kristallen der Verbindung $NiCu_2Al_7$ (*b*) mit den Al-Mischkristallen.

Spezifisches Gewicht ....2,72 g/cm³
Wärmeleitfähigkeit...................... 0,32 kcal/cm sek⁰ C
Wärmeausdehnungskoeffizient .... 20,4·10⁻⁶ 1/⁰ C

Festigkeitswerte:

Zugfestigkeit .... 18 bis 26 kg/mm²	Warmhärte .. 50⁰ C 105 kg/mm² BRINELL	
Dehnung .... 0,3 bis 1,5 %	100⁰ C 102 ,, ,,	
Härte (BRINELL) .... 80 bis 100 kg/mm²	150⁰ C 93 ., ,,	
	200⁰ C 83 ,, ,,	
	250⁰ C 69 ,, ,,	

Abb. 24 zeigt das von einem Stück aus dem Kolbenboden genommene Schliffbild. Kennzeichnend für das Gefüge ist ein kombiniertes Eutektikum, bestehend aus Si + α (Aluminiummischkristall) (*a*), $Mg_2Si + α$ (*b*) und $NiAl_3 + α$ (*c*).

Die Legierung hat gute Laufeigenschaften, ist verschleißfest und wird als Universallegierung für alle Kolbengrößen, insbesondere für glattschaftige Kolben verwendet. Der Cu- und Ni-Zusatz gibt die gute Warmhärte.

Nüral 132 b.

Abb. 25 zeigt ein nahezu eutektisches Gefüge mit Unterkühlungserscheinungen, daher erscheinen neben den primären dentritischen Al-Mischkristallen (*a*) auch kleine Körner, die primären Si-Kristalle (*b*). Die eutektische Grundmasse besteht aus mittelgroßen Körnern

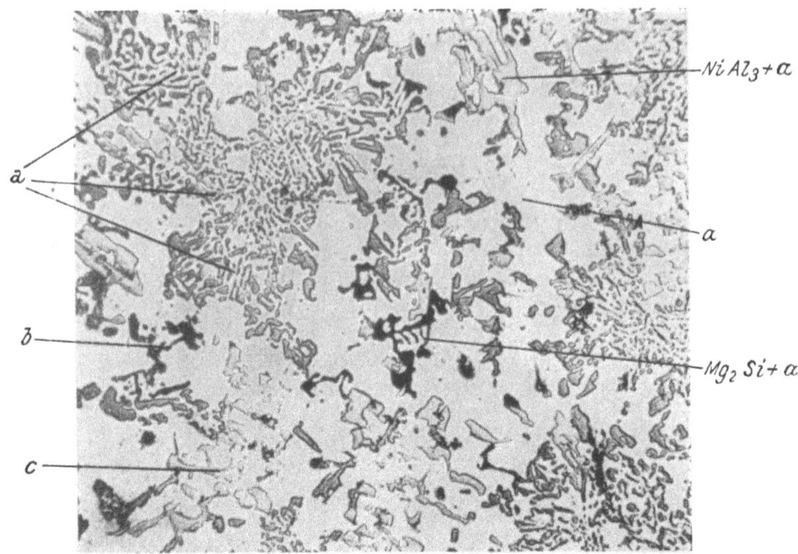

Abb. 24. Nüral 132a. (Stück aus einem Kolbenboden.) Vergr. 200fach.

und Nadeln von Si (*c*) und fein verästelten Kristallen der Verbindung $NiCu_2Al/$ (*d*). Die Zusammensetzung wurde von der herstellenden Firma noch nicht veröffentlicht.

Spezifisches Gewicht ....2,65 g/cm³
Wärmeleitfähigkeit..................... 0,34 kcal/cm sek⁰ C
Wärmeausdehnungskoeffizient .... $20,7 \cdot 10^{-6}$ 1⁰/ C

Festigkeitswerte:

Zugfestigkeit .... 20 bis 26 kg/mm²	Warmhärte	50⁰ C 100 kg/mm² BRINELL
Dehnung .... 0,5 bis 1,2 %		100⁰ C 95 ,, ,,
Dauerfestigkeit ....7,5 kg/mm²		150⁰ C 85 ,, ,.
		200⁰ C 73 ,, ,.
		250⁰ C 57 ,, ,,

Diese Legierung ist besonders für Diesel-Kolben geeignet, da sie neben hoher Wärmeleitfähigkeit einen verhältnismäßig geringen Ausdehnungskoeffizienten besitzt. Die Legierung hat gute Laufeigenschaften, läßt sich gut bearbeiten und ist vergütbar.

Nüral 132 c.

Aus den beiden vorher besprochenen Legierungen haben die Aluminiumwerke Nürnberg die Preßlegierung Nüral 132c für besondere Beanspruchungen, wie sie bei hochgezüchteten Otto-Motoren auftreten, entwickelt. Abb. 26 zeigt ein nahezu eutektisches, dichtes Gefüge mit einigen primären Si-Kristallen (*a*). Die eutektischen Kristalle des Si (*b*) und der Verbindung $NiCu_2Al_7$ (*c*) erscheinen durch den Preßvorgang zertrümmert und gestreckt.

Auch von dieser Legierung wurde die Zusammensetzung noch nicht bekanntgegeben.

Spezifisches Gewicht..........2,69 g/cm³   Wärmeausdehnungskoeffizient $20,7 \cdot 10^{-6}$1/⁰C
Wärmeleitfähigkeit....0,34 kcal/cm sek⁰ C   Dehnung .... 1 bis 2 %

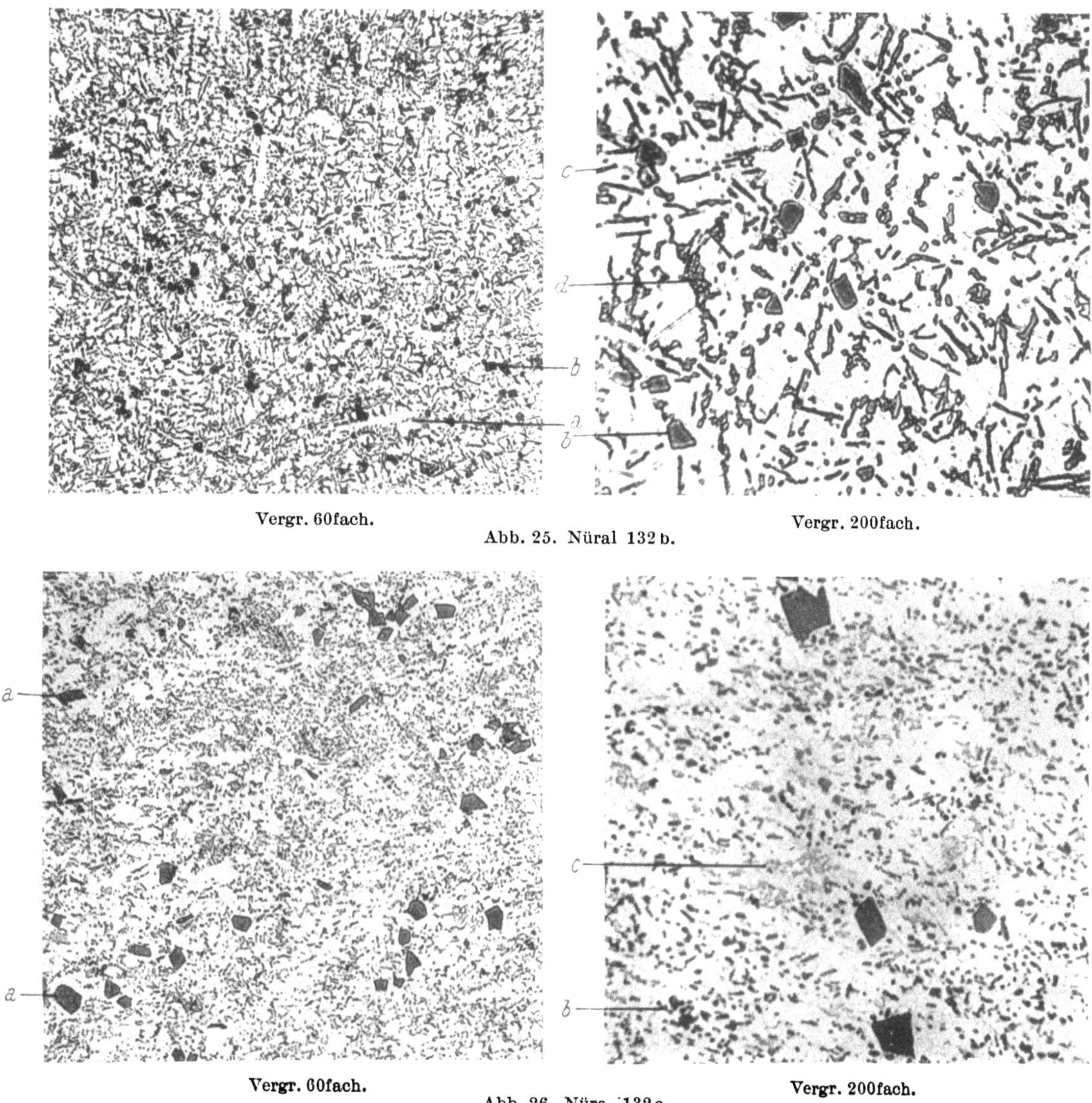

Vergr. 60fach.

Vergr. 200fach.

Abb. 25. Nüral 132 b.

Vergr. 60fach.

Vergr. 200fach.

Abb. 26. Nüra 132 c.

Nüral 1761.

Das Gefüge der Legierung in Abb. 27 ist schwach übereutektisch mit kleineren Körnern von primären Si-Kristallen (a), eingebettet in die Grundmasse aus einem Mehrstoff-eutektikum. In diesem sind körnige und gestreckte Kristalle des sekundären Siliziums (b), die verästelten Kristalle einer ternären, also nickelhaltigen Verbindung (c) und kleine helle, vieleckige Sonderkristalle (d) erkennbar.

Außer einem erheblichen Prozentsatz von Si sind noch Kupfer und Nickel als Legierungsbestandteile vorhanden, die der Legierung trotz der geringen Wärmedehnung gute Wärmeleitfähigkeit vermitteln.

Spezifisches Gewicht . . . . 2,78 g/cm³   Wärmeleitfähigkeit . . . . . 0,3 kcal/cm sek⁰ C
Wärmeausdehnungskoeffizient $17,5 \cdot 10^{-6}$ 1/⁰ C

Festigkeitswerte:

Zugfestigkeit . . . . 22 bis 22 kg/mm²   Härte . . . . . 120 bis 140 kg/mm² BRINELL
Dehnung . . . . 0,5 bis 1,2 %   Warmfestigkeit bei 200⁰ C 19 bis 22 kg/mm²

Die Legierung besitzt sehr gute Laufeigenschaften und gute Verschleißfestigkeit, ist daher für höher beanspruchte, glattschaftige Kolben geeignet. Wegen ihrer geringen Wärmedehnung wird sie neuerdings für Zweitaktmotoren immer mehr verwendet.

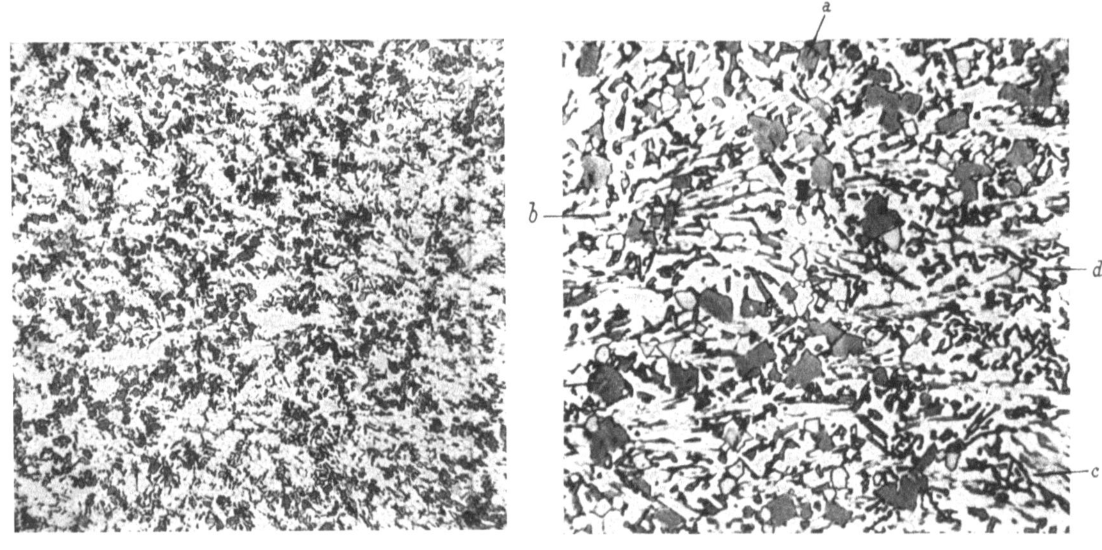

Vergr. 60fach.   Abb. 27. Nüral 1761.   Vergr. 200fach.

EC 124.

Abb. 28 zeigt das Gefüge dieser schwachübereutektischen Legierung der Mahle Komm.-Ges. mit ungefähr 12% Si, 1% Cu und geringen Prozentsätzen von Nickel und Magnesium. Das Gefüge zeigt wenige primär ausgeschiedene, übereutektische Si-Kristalle und meist nadelförmig erscheinende Kristalle des eutektischen Siliziums.

	gepreßt	gegossen
Spezifisches Gewicht.............	2,7	2,7 g/cm³
Wärmeleitfähigkeit...............	0,34	0,32 kcal/cm sek⁰ C
Wärmeausdehnungskoeffizient.....	$20 \cdot 10^{-6}$	$20 \cdot 10^{-6}$ 1/⁰ C

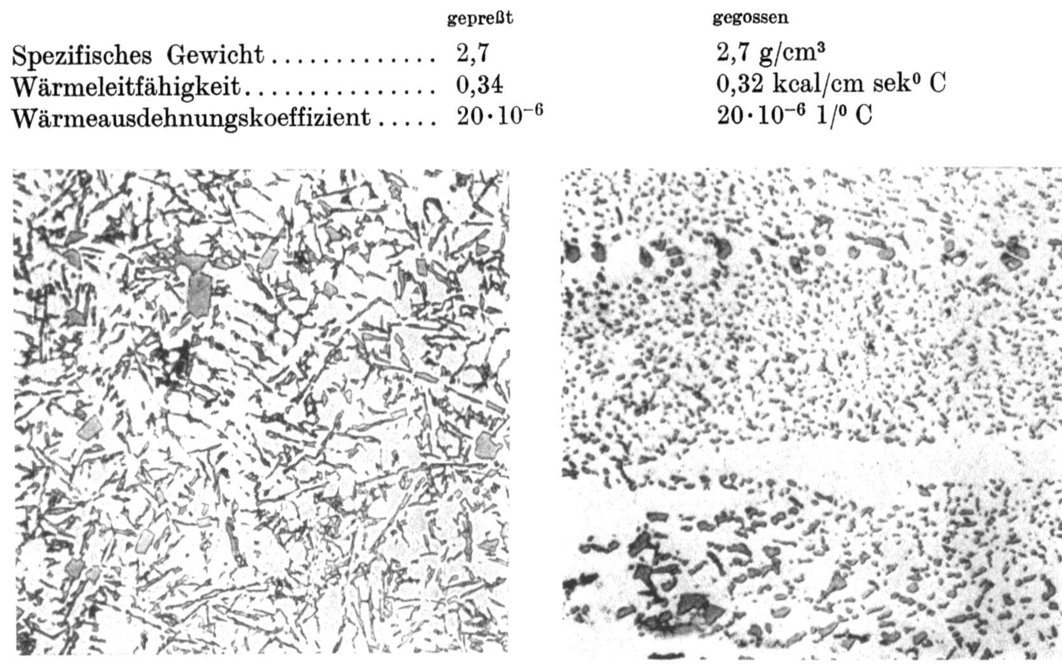

gepreßt   Abb. 28. Legierung EC 124. Vergr. 150fach.   Kokillenguß

Festigkeitswerte:

Zugfestigkeit bei	20°	....	33		23 kg/mm²	
,,	,, 300°	....	14		12 kg/mm²	
Dehnung	,, 20°	....	3 %		0,4 %	
,,	,, 300°	....	8 %		2 %	
Dauerbiegefestigkeit bei 20° C		....	10,5		7 kg/mm²	
Warmhärte	....	20° C	110 bis 130	100 bis 120 kg/mm²	BRINELL	
		200° C	90 ,, 100	90 ,, 100	,,	,,
		250° C	70 ,, 80	75 ,, 85	,,	,,
		300° C	28 ,, 30	30 ,, 32	,,	,,

Die Legierung besitzt gute Lauf- und Verschleißeigenschaften. Ihr verhältnismäßig geringer Wärmeausdehnungskoeffizient macht sie als Werkstoff für glattschaftige Kolben geeignet. Sie ist guß- und preßschmiedbar.

In Abb. 29 ist die Abhängigkeit der Dauerbiegefestigkeit von der Temperatur für die gepreßten Legierungen EC 124 und Y aufgetragen. In den schraffierten Bereichen liegen die Werte für die gegossenen, bzw. gepreßten Legierungen EC 101 und KS 280. Der Unterschied zwischen gegossenem und gepreßtem Material ist bedeutend.

Abb. 30 enthält für die beiden Legierungen EC 124 und Y die Zugfestigkeit, Dehnung und Kontraktion in ihrer Abhängigkeit von der Temperatur. Abb. 31 zeigt für diese beiden

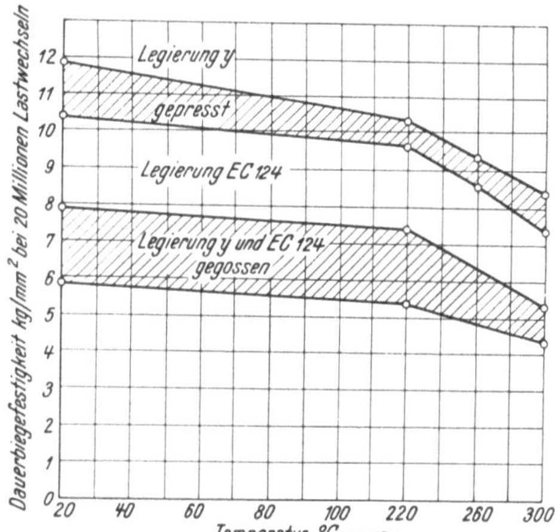

Abb. 29. Dauerbiegefestigkeit der Legierungen EC 124 und Y.

Legierungen den Temperatureinfluß auf die Brinellhärte für normal vergütetes und schwach vergütetes Material.

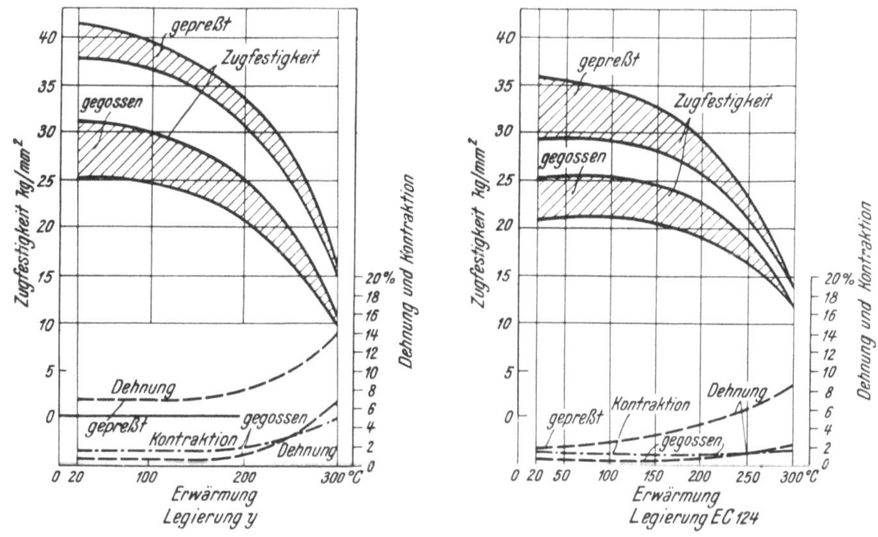

Abb. 30. Warmfestigkeit der Legierungen EC 124 und Y.

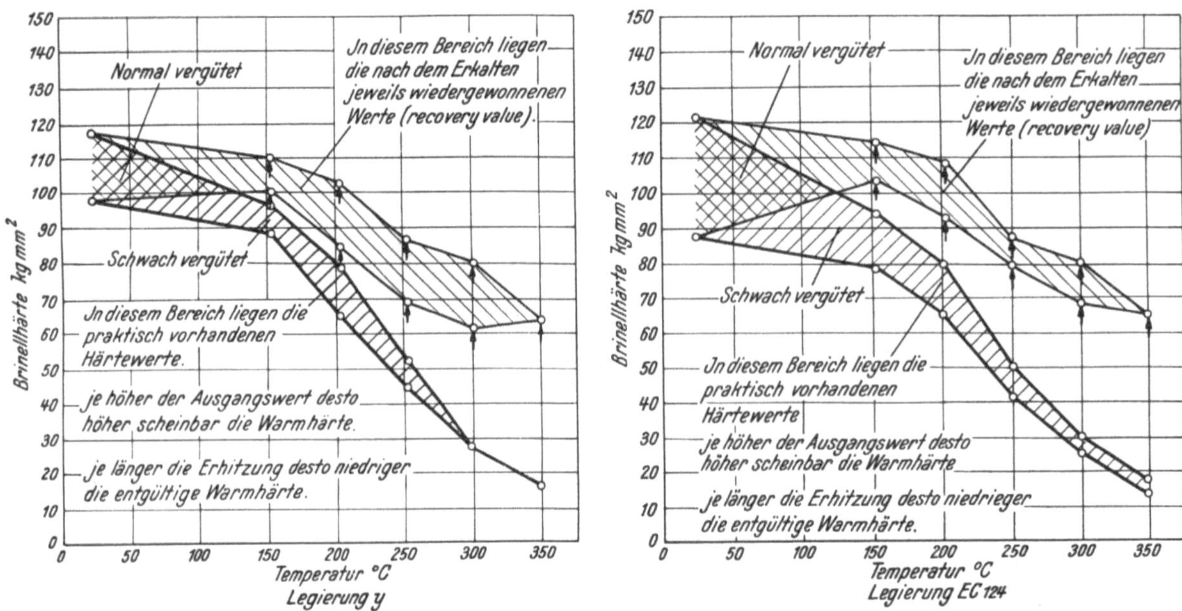

Abb. 31. Warmhärten der Legierungen EC 124 und Y.

EC 138.

Das Gefüge in Abb. 32 ist durch eine größere Menge unregelmäßig begrenzter, primärer Siliziumkristalle mit dunkelgrauer Farbe gekennzeichnet, die gruppenweise in einem netzförmig ausgeschiedenen Mehrstoffeutektikum verteilt sind. Das Mehrstoffeutektikum besteht aus meist nadeligen, grauen, eutektischen Si-Kristallen, den in Halbton erscheinenden Dentriten der intermetallischen Cu-Ni-Al-Verbindung und den verhältnismäßig zahlreich vorhandenen feindentritischen Kristallen der Verbindung Mg_2Si, die im Schliffbild schwarz erscheinen. Die intermetallische Verbindung Fe-Mn-Si-Al müßte der Zusammensetzung nach vorhanden sein, ist aber auf dem Bild nicht mit Sicherheit feststellbar. Sie sind hingegen im Schliffbild des gepreßten Werkstoffes stellenweise gut sichtbar. Diese Kristallart erscheint gewöhnlich im Halbton (hellgrau) und in Formen, die an Siliziumausscheidungen erinnern.

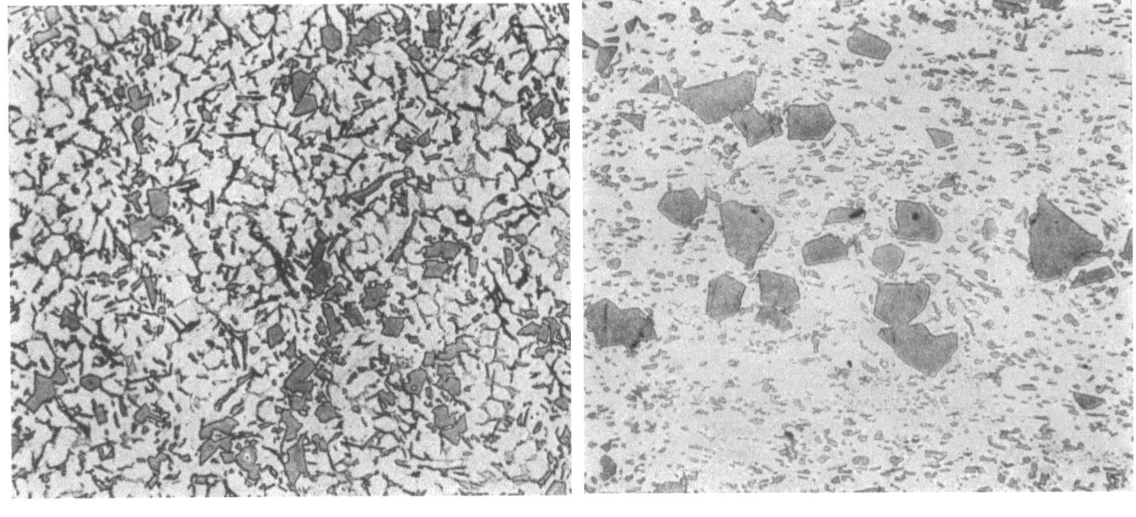

Abb. 32. Legierung EC 138. Vergr. 150fach.

Durch die Anreicherung der Legierung mit harten und widerstandsfähigen Si-Kristallen wird der Verschleißwiderstand der Legierung, ihr Widerstand gegen Abhobeln kleinster Teilchen beim Gleiten unter halbflüssiger Reibung besonders hoch. Infolge der schlechten Wärmeleitfähigkeit der Si-Kristalle ist es wesentlich, daß diese nicht zu grob und im Gefüge so gleichmäßig verteilt sind, daß sie überall genügende Wärmeflußquerschnitte frei lassen.

	geschmiedet	gegossen
Spezifisches Gewicht.............	2,68	2,68 g/cm³
Wärmeleitfähigkeit..............	0,30	0,28 kcal/cm sek⁰ C
Wärmeausdehnungskoeffizient.....	$18,5 \cdot 10^{-6}$	$18,5 \cdot 10^{-6}$ 1/⁰ C

Festigkeitswerte:

	geschmiedet	gegossen
Zugfestigkeit	—	20 kg/cm²
Elastizitätsmodul	770 000	800 000 kg/cm²
Dehnung	—	0,3 %
Härte bei .... 20⁰ C	110 bis 130	100 bis 120 kg/mm² BRINELL
200⁰ C	90 ,, 100	90 ,, 100 ,, ,,
250⁰ C	70 ,, 80	75 ,, 85 ,, ,,
300⁰ C	28 ,, 30	30 ,, 32 ,, ,,

Die geringe Wärmedehnung von $18,5 \cdot 10^{-6}$ bei einer guten Wärmeleitfähigkeit von 0,3 kcal/cm sek⁰ C macht diese Legierung für hoch beanspruchte Zweitaktkolben gut geeignet.

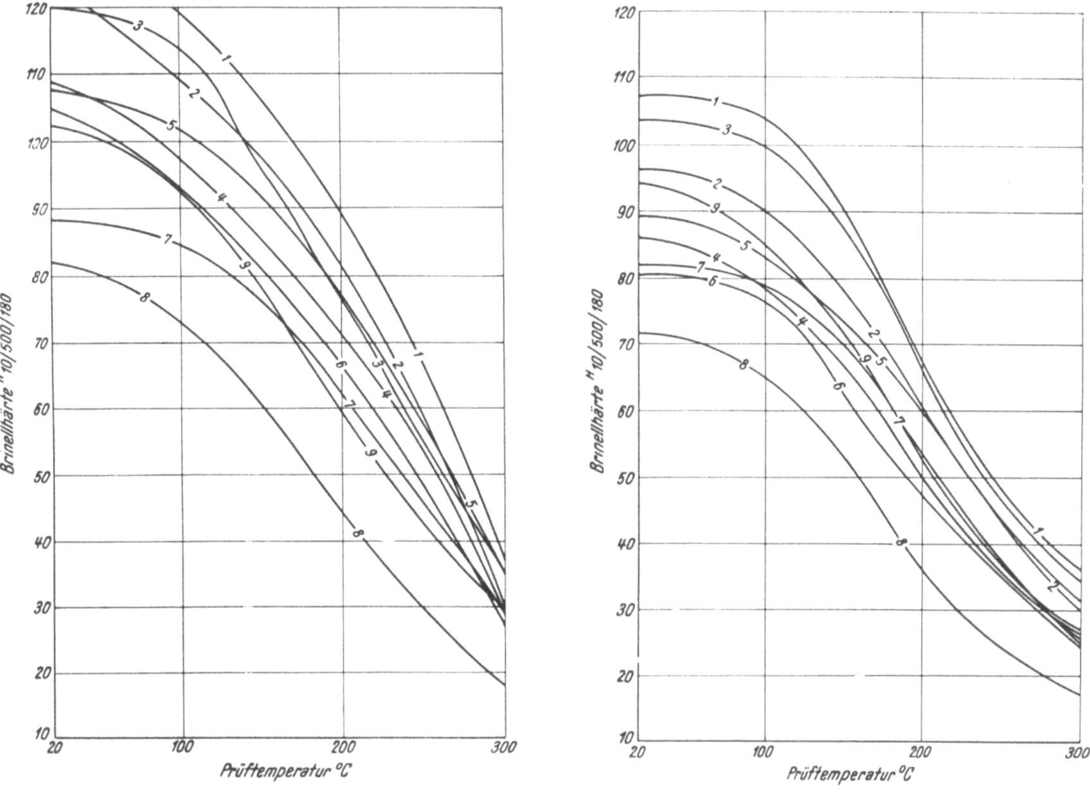

Abb. 33. Warmhärte von Kolbenwerkstoffen nach mehrmaligem Wärmependeln. Nach Versuchen von Dr.-Ing. NITZSCHE. *1* Nüral 1761, *2* Nüral 122, *3* KS 280, *4* Nüral 132a, *5* Nüral 142, *6* Nüral 132b, *7* EC 124 (geschmiedet), *8* Alusil, *9* KS 245.

4. Die Warmhärte von Kolbenlegierungen.

NITZSCHE hat auf Grund umfangreicher, mit verschiedenen Kolbenwerkstoffen durchgeführter Versuche festgestellt, daß die Warmhärte der Al-Legierungen sich nach mehrmaligem Temperaturwechsel stark ändert. Die Ergebnisse dieser Versuche sind in Abb. 33 zusammengefaßt. Der linke Teil des Bildes zeigt die Ausgangshärte, der rechte die wesentlich geringe Härte nach mehrmaligem Temperaturwechsel.

III. Die Gestaltung von Kolben.

Für den Entwurf von Kolben benötigt man vor allem die folgenden Größen: die Kolbenlänge, die Lage des Kolbenbolzens, die Lage des obersten Kolbenringes, die Anzahl der Kolben- und Ölabstreifringe, die Kolbenbodenstärke, die Maße des Kolbenbolzens und das Kolbenspiel.

Im folgenden werden, getrennt für die verschiedenen Motorbauarten, die Verhältnisse besprochen, welche diese Größen bestimmen und Erfahrungswerte derselben mitgeteilt.

1. Schnellaufende Diesel-Motoren.

a) Kolbengewichte.

Beim Entwurf des Triebwerks ist es erwünscht, schon von vornherein Anhaltspunkte für das Kolbengewicht zu besitzen. In Abb. 34 und 35 sind die Gewichte ausgeführter Kolben für Zylinderdurchmesser von 90 bis 350 mm aufgetragen. Abb. 36 zeigt einen

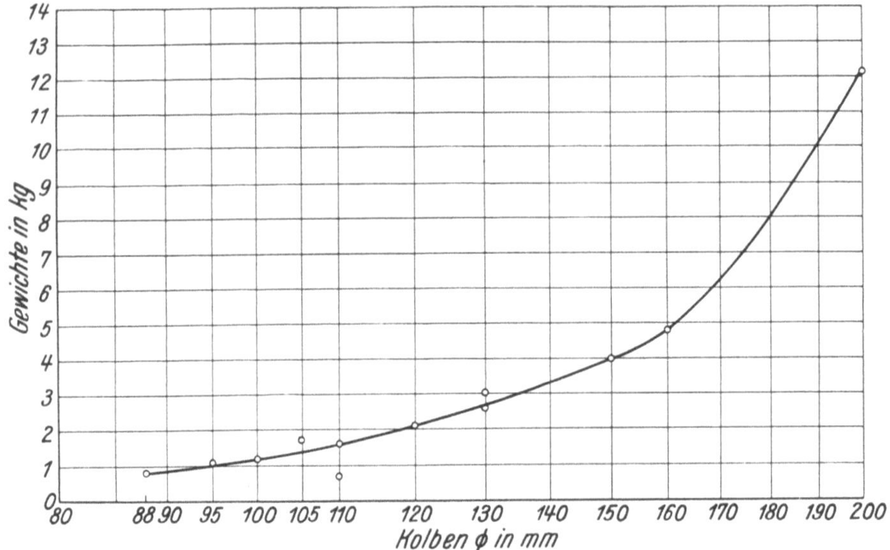

Abb. 34. Kolbengewichte schnellaufender Diesel-Motoren.

ausgeführten Kolben einer Fahrzeug-Diesel-Maschine, der in dieser Reihe liegt. Abb. 37 zeigt den Kolben eines schnellaufenden Fahrzeug-Diesel-Motors mit direkter Einspritzung. Die Maße des Kolbens, vor allem die Kolbenlänge, sind in diesem Fall von dem im Kolben untergebrachten Verbrennungsraum abhängig.

b) Kolbenlänge.

Für die Wahl der Kolbenlänge ist der Verwendungszweck der Maschine, das gewählte Verbrennungsverfahren und die erwünschte Lebensdauer des Kolbens maßgebend. Erfahrungsgemäß ist der Kolben nur geringem Verschleiß unterworfen. Dieser

tritt fast ausschließlich an der Zylinderlauffläche ein. Am Kolben vergrößert sich meist
nur das axiale Spiel der oberen Kolbenringe durch Verschleiß und Ausschlagen. Die
Kolbenringnormung (Zahlentafel 8) hat durch Zuordnung von drei Kolbenringhöhen
zu jedem Nenndurchmesser die Grundlage für das Nachstechen der Kolbenringnuten
und den Ersatz der Kolbenringe durch solche größerer Höhe geschaffen.

Es ist naheliegend, bei eingetretenem Zylinderverschleiß nur das Zylinderrohr aus-
zutauschen und den Kolben mit neuen Kolbenringen zu versehen. Die Anwendung von
meist unmittelbar wassergekühlten, aus-
wechselbaren Zylinderrohren ist daher üblich.
Die Ersatzteilpreise sind dafür entscheidend,
ob man ein Zylinderrohr oder einen neuen
Kolben einbaut. Im ersten Falle ist auch der
Kolben nachzuarbeiten und mit breiteren
Kolbenringen zu versehen. Im zweiten Falle
muß das Zylinderrohr auf die nächste Durch-
messerstufe ausgeschliffen und ein neuer
Kolben mit entsprechendem Übermaß
eingebaut werden. Der Fortschritt in der
wirtschaftlichen Fertigung der Kolben ist
sowohl gußtechnisch als auch bearbeitungs-
mäßig in den letzten Jahren so groß geworden, daß jeweils zu prüfen ist, welcher der
beiden Wege mit geringeren Kosten gangbar

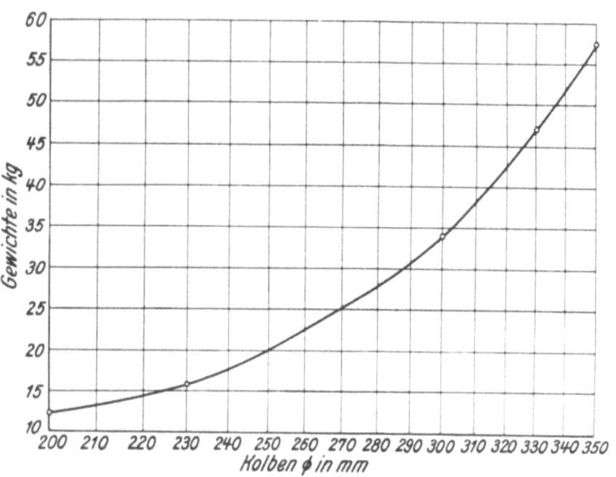

Abb. 35. Kolbengewichte schnellaufender Diesel-Motoren

ist. Im allgemeinen wird der Ersatz des Zylinderrohres billiger sein; in manchen Fällen
können jedoch die Ersatzteilpreise auch zugunsten neuer Kolben entscheiden.

Meist werden vier Ausschleifstufen für das Zylinderrohr vorgesehen, und zwar Nenndurchmesser —, 0,5, 1, 1,5 und 2 mm.

Bei der Wahl der Zylinderrohrwandstärke und bei der Berechnung des Triebwerkes
ist der größtmögliche Kolbendurchmesser zu berücksichtigen.

Bei luftgekühlten Motoren mit Rippenzylindern, deren Guß teuer ist, wird man das
Ausschleifen der Zylinderrohre und den Einbau neuer Kolben mit Übermaß vorziehen.

Die Gründe, welche zum verhältnismäßig langen Kolben bei schnellaufenden Fahrzeugmotoren geführt haben, sind nach den Erfahrungen der letzten Jahre nicht mehr
stichhaltig. Die Entwicklung der Motoren zu größerer Schnelläufigkeit führt zur äußersten
Beschränkung des Triebwerksgewichtes und damit auch des Kolbengewichtes. Das
Streben nach kleinen Motorgewichten und Motorbauhöhen rechtfertigt eine weitere
Beschneidung der Kolbenlänge. Die ausgezeichneten Laufeigenschaften der Kolbenlegierungen gestatten ohne Bedenken eine Erhöhung des spezifischen Gleitbahndruckes.

Die bei neueren schnellaufenden Motoren übliche Verwendung von Gegengewichten
zur Entlastung der Wellenlager und des Motorgehäuses führt zur Kürzung der
Kolbenlänge, da man dann mit kleinen Pleuelstangenlängen auskommen kann.
(Bauhöhe des Motors!)

Es wird daher sämtlichen Kolbenabmessungsdiagrammen schnellaufender Diesel-
Motoren bis 200 mm Zylinderdurchmesser nach Abb. 38 eine Kolbenlänge von 1,2 D
zugrunde gelegt, während im Bereich von 200 bis 350 mm Zylinderdurchmesser, der
hauptsächlich für Stationär- und Schiffsmotoren in Betracht kommt, eine Kolbenlänge
von 1,5 D vorgeschlagen wird.

Die Verbrennungshöchstdrucke schnellaufender Diesel-Motoren betragen je nach
dem zur Anwendung kommenden Verbrennungsverfahren 60 bis 80 at. Bei üblichen
Pleuelstangenverhältnissen von $L/r = 3,8$ bis $4,2$ und einer Kolbenlänge von 1,2 D
ergeben sich Gleitbahndrücke von 7,5 bis 10 at bei Kolbengeschwindigkeiten von 10 bis
12 m/sek.

Verbrennungsverfahren mit direkter Einspritzung und Brennraum im Kolben benötigen größere Kolbenlängen als $L/D = 1{,}20$, da bei diesen Verfahren die Kompressionshöhe größer als bei der normalen Kolbenbauart wird (MAN-Kugelbrennraum, Saurer).

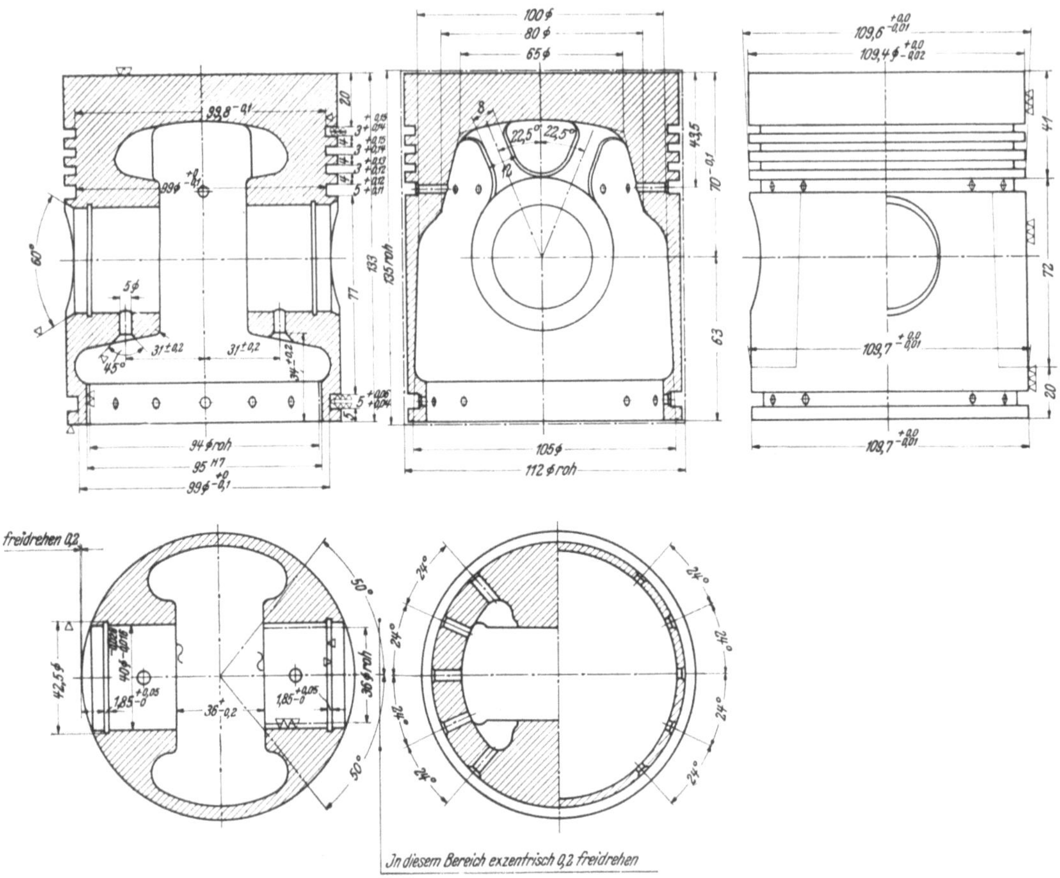

Abb. 36. Kolben eines schnellaufenden Diesel-Motors. Bauart Deutz.

c) Lage des Kolbenbolzens.

Die Lage des Kolbenbolzens bestimmt den Angriffspunkt des Gleitbahndruckes auf der Kolbengleitfläche.

Um eine gleichmäßige Verteilung des Gleitbahndruckes auf die Kolbengleitfläche zu erzielen, soll der Kolbenbolzen im Flächenschwerpunkt der Kolbengleitfläche sitzen. Bei kleineren Kolbendurchmessern bis etwa 200 mm tragen die Ringstege und auch die Zylinderfläche oberhalb des obersten Kolbenringes mit. Abb. 39 zeigt die Kompressionshöhe (Abstand der Kolbenbolzenmitte vom Kolbenboden) und die untere Schaftlänge ausgeführter Kolben. Die in der Darstellung ersichtlichen Streuungen sind durch die Eigenart der verschiedenen Motorkonstruktionen bestimmt. Die der empfohlenen Kolbenlänge $L/D = 1{,}2$ entsprechenden Werte liegen nach Abb. 39 an der unteren Grenze.

d) Lage des obersten Kolbenringes.

Von größter Bedeutung für die Güte einer Kolbenkonstruktion ist die richtige Lage des obersten Kolbenringes. Dafür sind verschiedene Überlegungen maßgebend:

Der oberste Kolbenring soll in der oberen Totlage des Kolbens noch im wasserumspülten Teil des Zylinderrohres liegen. Das ist besonders bei eingesetzten Zylinderrohren sorgfältig zu beachten, denn wenn der oberste Kolbenring in der Höhe des Bundes des Zylinderrohres liegt, so kann seine Wärmeabgabe an die Zylinderlaufbahn empfindlich gestört werden. Bei eingegossenen Zylinderrohren hat man darauf zu achten, daß der Kolbenring unterhalb der den Zylinderblock oben abschließenden Wand liegt, also

an einer außen vom Wasser unmittelbar gekühlten Stelle. Hierbei ist eine mögliche Kernverlagerung beim Gießen des Zylinderblockes zu berücksichtigen. Der oberste Kolbenring soll auch durch genügenden Abstand vom Kolbenboden von der unmittelbaren Einwirkung der Verbrennungsgase geschützt werden. Gleichartige Überlegungen gelten auch für luftgekühlte Motoren. Auch hier soll der oberste Kolbenring im gutgekühlten Teil des Zylinderrohres sitzen. Der Abstand des obersten Kolbenringes vom Kolbenboden kann jedoch nicht beliebig vergrößert werden, da dies zu große Kolbenlänge und schlechte Wärmeabfuhr aus dem Kolbenboden verursachen würde. Es ist vielmehr durch die Wahl des Abstandes die Zylinderkopf- und Zylinderrohrkonstruktion so abzustimmen, daß die Voraussetzung für eine günstige Lage des obersten Kolbenringes gegeben ist. Bei luftgekühlten Motoren wird damit

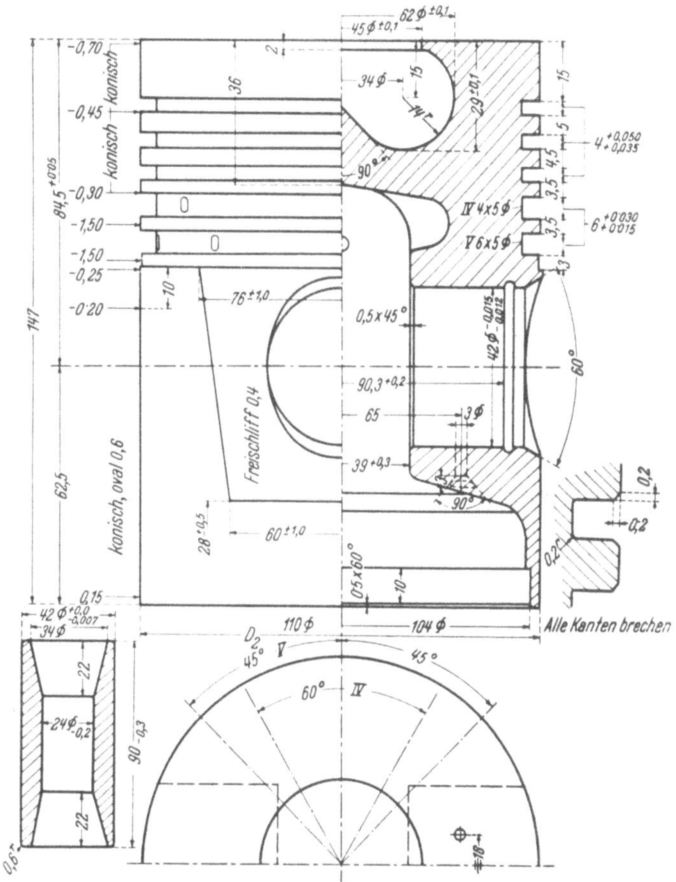

Abb. 37. Kolben eines schnellaufenden Diesel-Motors. Bauart Saurer.

die Neigung zum Festbrennen der Kolbenringe wirksam bekämpft. Durch einen größeren Abstand des obersten Kolbenringes vom Kolbenboden kommt dieser in einen Bereich, wo das Kolbenspiel, das besonders bei luftgekühlten Motoren am oberen Kolbenende beträchtlich sein kann, bereits kleiner ist. Dadurch wird der Kolbenring besser von der unmittelbaren Einwirkung der Verbrennungsgase geschützt. Auch nimmt die Warmhärte der Aluminiumlegierungen bei höheren Temperaturen stark ab. Jede Verlagerung des Ringes in einem Bereich niederer Temperatur, daher größerer Warmhärte des Materials, erhöht die Sicherheit gegen das Ausschlagen der Kolbenringnute. Bei Nichtbeachtung dieser Überlegungen schlägt sich die Kolbenringnute rasch aus und es entsteht infolge mangelnder Schulterdichtung eine stärkere Anpressung des Kolbenringes an die Zylinderlaufbahn, die abnormalen Zylinderverschleiß zur Folge hat. Dieser wird auch durch die bei höherer Temperatur geringere Schmierfähigkeit des Öls gefördert. Bei ungünstiger Lage des obersten Kolbenringes kann es, besonders bei luftgekühlten Motoren, zum Verkoken des Schmieröls und damit zum Festbrennen der obersten Kolbenringe kommen. Die Wärmeabgabe an die Zylinder wird dann völlig unterbunden, auch dichtet der Ring nicht mehr. Erkenntlich ist dieser Zustand am starken Durchblasen des Kolbens und dem vermehrten Austritt der Gase aus der Motorentlüftung. (Gasdurchlaß 0,2 bis 1 % des Ansaugevolumens ist normal.)

Der Kolbenring liegt bei Viertaktmotoren infolge der Massenkräfte abwechselnd an der oberen und unteren Nutschulter an. Das notwendige Spiel zwischen Ring und Ringnut verursacht beim Anlagewechsel einen Stoß, der durch das Öl in der Ringnut gedämpft wird.

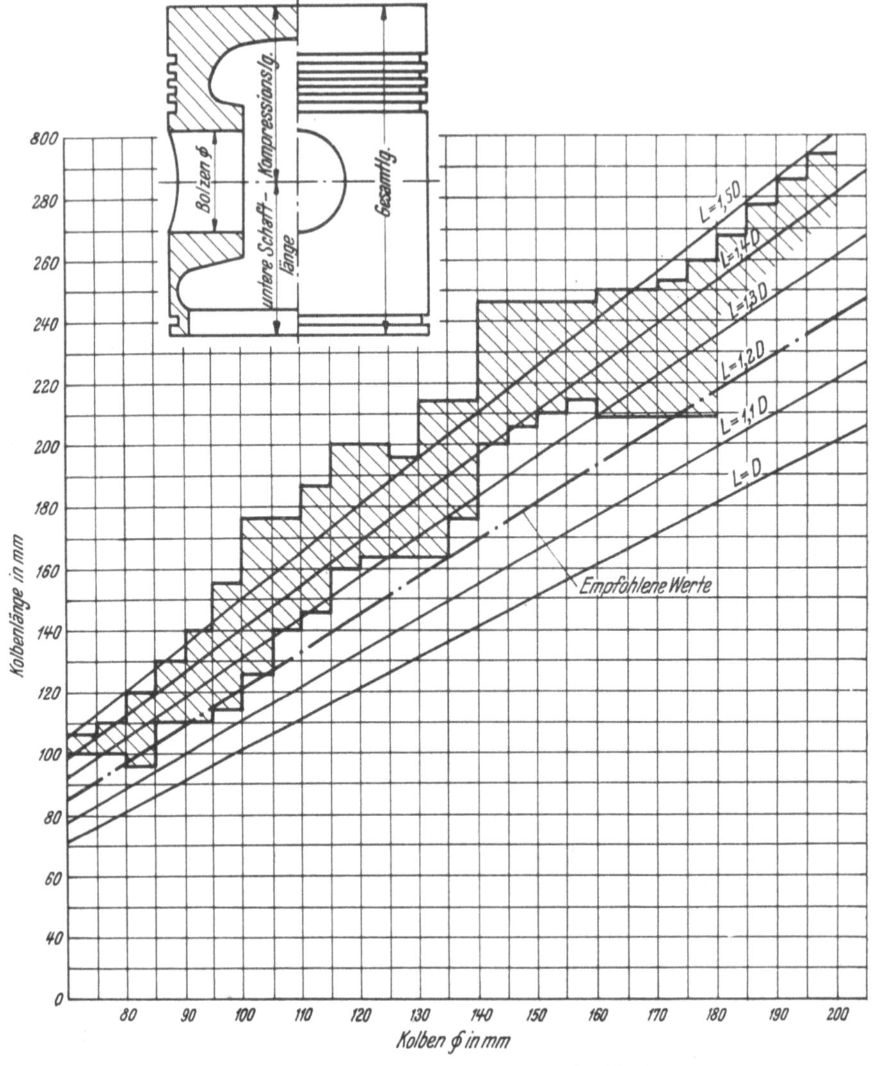

Abb. 38. Kolbenlängen schnellaufender Diesel-Motoren.

Bei luftgekühlten Motoren ist die Erhöhung des axialen Ringspieles zwischen Ringschulter und Ringnute zu empfehlen, da die Ringe dann auch bei leichter Neigung des Öls zum Verkoken besser freibleiben. Die auf den Ring wirkenden Massenkräfte ergeben, ohne Berücksichtigung des elastischen Stoßes bei schnellaufenden Motoren, Flächenpressungen in der Ringschulter von 9 bis 15 at. Jeder Kolbenring macht in seiner Ringnute unter dem Einfluß des Verbrennungsdruckes atmende Bewegungen. Infolge dieser starken mechanischen Beanspruchung ist daher bei der Auswahl des Kolbenmaterials auf gute Verschleißeigenschaften zu achten. Die heute verwendeten Al-Si-Legierungen besitzen diese in genügendem Maße.

Abb. 40 enthält die Abstände des obersten Kolbenringes vom Kolbenboden. Sie gelten für wassergekühlte Zylinderrohre. Die Streuung dieser Werte sind bei den ausgeführten Motoren groß. Die obere Begrenzung des Feldes zeigt die Abstände bei langsamer laufenden stationären Diesel-Motoren. Die unterste Begrenzung entspricht ausgeführten Werten schnellaufender Motoren. Die strichpunktierte Kurve kann Entwürfen schnellaufender wasser- und luftgekühlter Motoren zugrunde gelegt werden.

Bei Kolben mit geringem Abstand des obersten Kolbenringes vom Kolbenboden

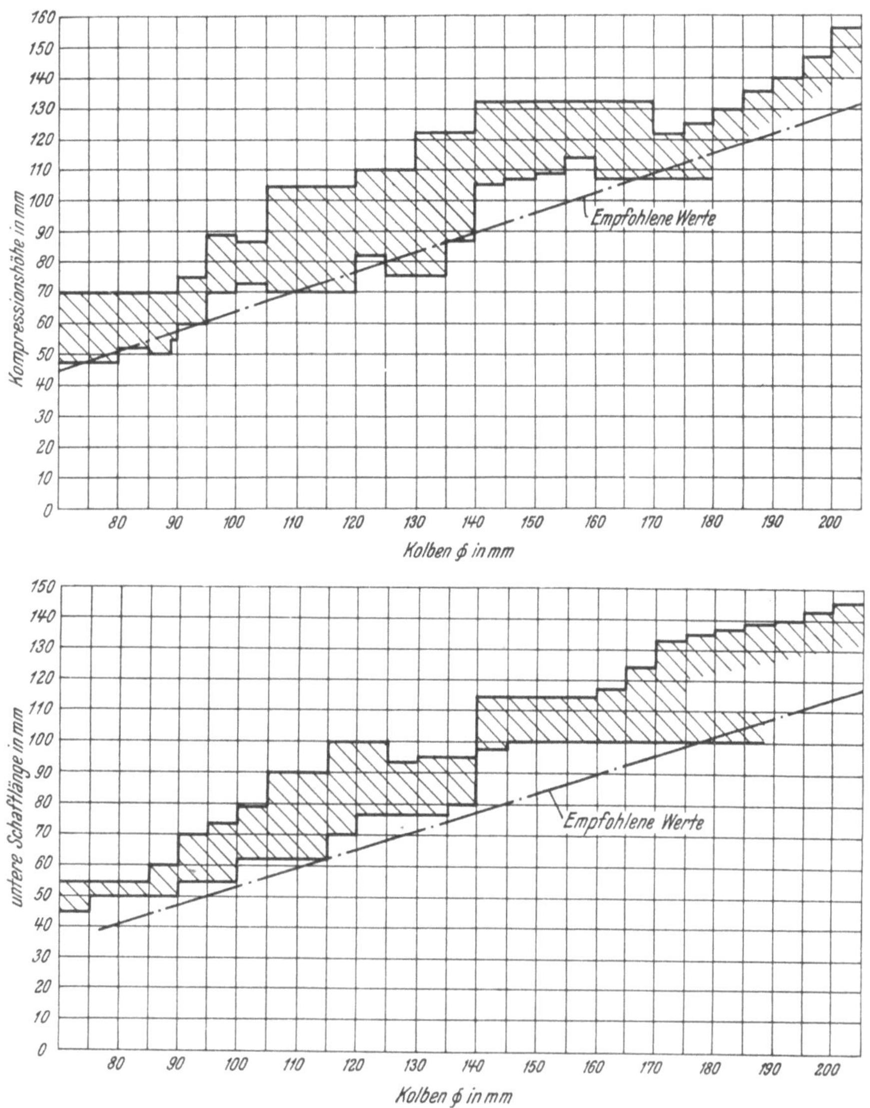

Abb. 39. Kompressionshöhe (oben), untere Schaftlänge (unten) von Diesel-Motorkolben.

kann durch Eingießen von Kolbenringträgern aus nickellegiertem Gußeisen das Ausschlagen der Kolbenringnuten verhindert werden. Das Material für diese Kolbenringträger mit der Bezeichnung Niresist ist ein austenitisches Gußeisen mit hohem Nickelgehalt. Es hat einen Ausdehnungskoeffizienten von $20 \cdot 10^{-6}$, der dem der eutektischen und übereutektischen Si-Al-Legierungen entspricht. Daher ist es möglich, den Ringträger einzugießen, ohne eine Lockerung im Betrieb befürchten zu müssen.

Niresist besitzt eine erheblich größere Wärmehärte als die Al-Legierungen. Das Wärmeleitvermögen ist mit 0,1 kcal/cm sek° C jedoch wesentlich geringer als das der üblichen Kolbenlegierungen von 0,26 bis 0,34 kcal/cm sek° C. Daher ist der oberste Kolbenring thermisch isoliert. Ein großer Teil der sonst von diesem abgeführten Wärme-

menge muß nun vom zweiten Ring übernommen werden, was unter Umständen zu einer
Verlegung der Schwierigkeiten vom ersten zum zweiten Ring führen kann.

Man findet deshalb auch Konstruktionen, bei welchen der Kolbenringträger auch
den zweiten Ring umfaßt. Dem mangelnden Wärmefluß durch die vom Ringträger
eingeschlossenen Ringe hat man durch entsprechende Bemessung des Kolbenringteils
Rechnung zu tragen. Im allgemeinen soll und kann der Entwurf des Kolbens so erfolgen,
daß die Verwendung von Ringträgern, welche den Kolben wesentlich verteuern, vermieden wird.

e) Anzahl der Kolbenringe.

Ausgehend von der Lage des obersten Kolbenringes kann nun die Lage der übrigen
Kolbenringe bestimmt werden. Bei thermisch hoch beanspruchten Kolben empfiehlt

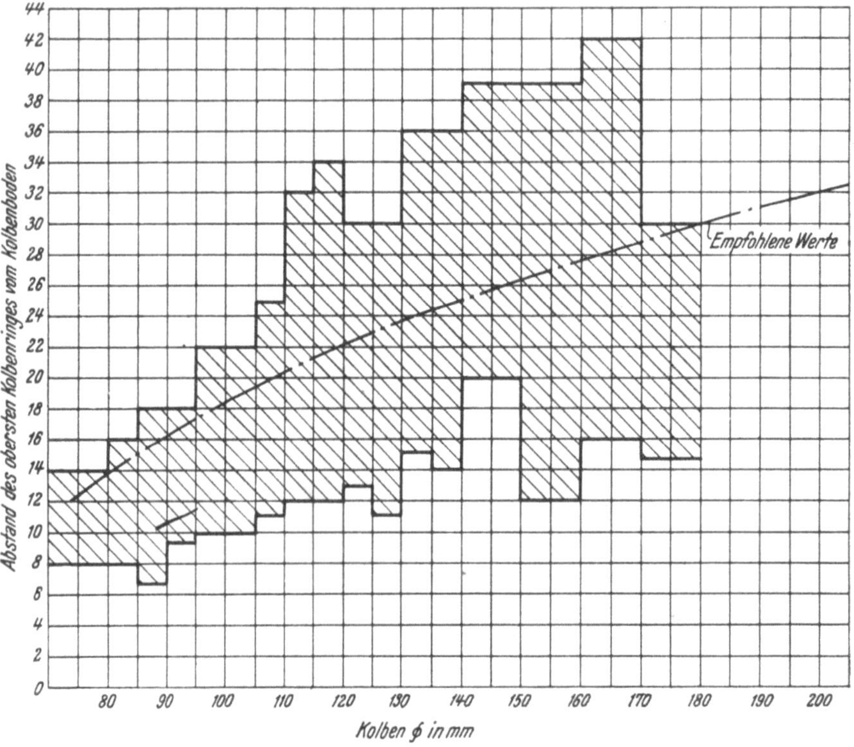

Abb. 40. Abstand des obersten Kolbenringes vom Kolbenboden bei Diesel-Motorkolben.

es sich, den Ringsteg zwischen den beiden obersten Kolbenringen etwas größer als nach
den Normen zu halten, um den dort übergehenden großen Wärmemengen Rechnung
zu tragen. Bei der Festlegung der Ringzahl ist zu beachten, daß ein größerer Teil der
gesamten vom Kolben aufgenommenen Wärmemenge von den Ringen an die Lauf-
büchse abgeführt wird.

Messungen von Kolbentemperaturen in Fahrzeugmotoren im Institut für Ver-
brennungskraftmaschinen der Technischen Hochschule Graz haben den Einfluß der
Kolbenringzahl auf den Temperaturverlauf bei einem mit Wirbelkammer ausgerüsteten
Fahrzeug-Diesel-Motor von 110 mm ⌀ Bohrung festgestellt.

Es wurde der Reihe nach erst der oberste und dann der zweite Kolbenring weggelassen. Der Einfluß auf die Kolbentemperatur ist zwar eindeutig vorhanden, jedoch
verhältnismäßig gering.

Nach Abb. 67 im Abschnitt 4 ist jedoch der Einfluß der Kolbenringzahl auf die
Gasdurchtrittsmengen bei normalem Stoßspiel bedeutend. Der Gütegrad der Maschine

wird bei abnehmender Ringzahl verschlechtert, die Abgastemperaturen steigen. Es werden daher die Kolbentemperaturen mit abnehmender Ringzahl weniger stark ansteigen, als dies bei gleichem Verbrennungsverlauf zu erwarten wäre. Da durch den Wegfall eines, bzw. von zwei oberen Kolbenringen der Wärmefluß durch den Kolbenboden

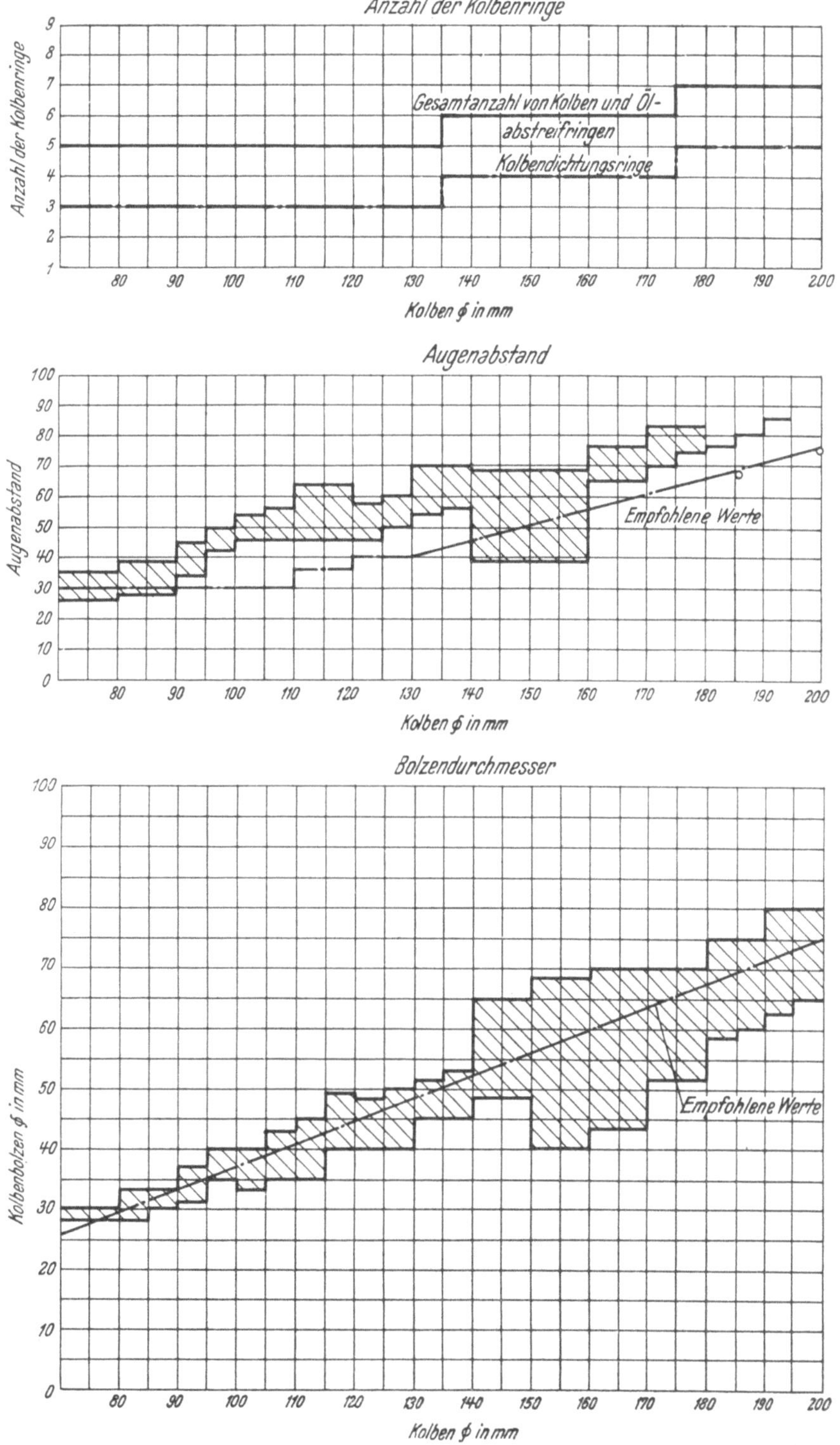

Abb. 41. Kolben für schnellaufende Diesel-Motoren.

steiler wird, ist der Temperaturverlauf über den Kolbenboden mit einem Ring flacher. Im gleichen Sinne wirkt der abnehmende Gütegrad der Verbrennung.

Abb. 41 zeigt die Zahl der Kolbenringe und Ölabstreifringe von bewährten Ausführungen. Es ist zweckmäßig, den neuen Kolben mit der schmälsten Kolbenringreihe (Reihe 3, Zahlentafel 8) auszurüsten, um später im Reparaturfalle Kolbenringe der Reihen 2 und 1 einbauen zu können. Bei der Festlegung des Ringabstandes soll die Kolbenringhöhe der Reihe 1 zugrunde gelegt werden.

Bis einschließlich 130 mm $\varnothing$ sind drei Kolbenringe allgemein ausreichend. Dabei kann noch ein Ölabstreifring oberhalb des Kolbenbolzens angeordnet werden. Von 140 mm Kolbendurchmesser aufwärts sind bis einschließlich 170 mm vier Kolbenringe und von 170 bis 200 mm bis zu fünf Kolbenringe vorzusehen.

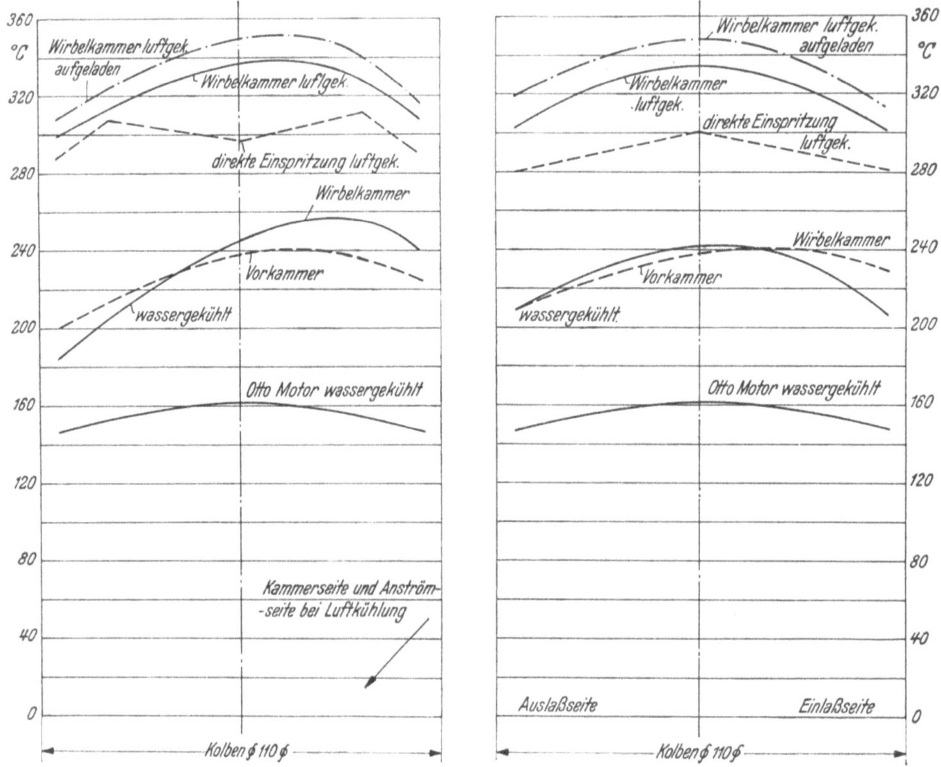

Abb. 42. Betriebstemperaturen von Kolbenböden nach Versuchen der Technischen Hochschule Graz.

Im ganzen Durchmesserbereich ist die Anwendung von zwei Ölabstreifringen zu empfehlen, wovon ein Ölabstreifring zweckmäßig oberhalb des Kolbenbolzens und ein Ölabstreifring am unteren Ende des Kolbens angeordnet wird. Da vom Benützer des Motors nie der Zylinderverschleiß an sich, sondern immer nur der steigende Ölverbrauch festgestellt wird, kann durch die Anordnung zweier Ölabstreifringe die Laufzeit bis zum Ausschleifen der Zylinderrohre wesentlich erhöht werden.

f) Kolbenbodenstärke.

Die Stärke des Kolbenbodens schnellaufender Diesel-Motoren ist vom Verbrennungsverfahren abhängig.

Ausführliche Versuche über Kolbentemperaturen von Fahrzeugdieselmotoren bei verschiedenen Verbrennungsverfahren wurden im Institut für Verbrennungsmaschinen der Technischen Hochschule Graz (Leitung Prof. Dr. A. PISCHINGER) von PACHERNEGG durchgeführt (Abb. 42).

Vorkammer- und Wirbelkammerverfahren sowie alle anderen Verfahren mit abgeschnürten (Diesel-) Brennräumen ergeben eine mehr oder weniger intensive örtliche Beheizung des Kolbenbodens durch die aus der Kammeröffnung ausströmenden heißen Gase. Bei dem Vorkammerverfahren mit zwei Brennstrahlen entsteht eine Temperaturspitze zwischen Kammer und Einlaßseite nahe dem Umfang des Kolbenbodens.

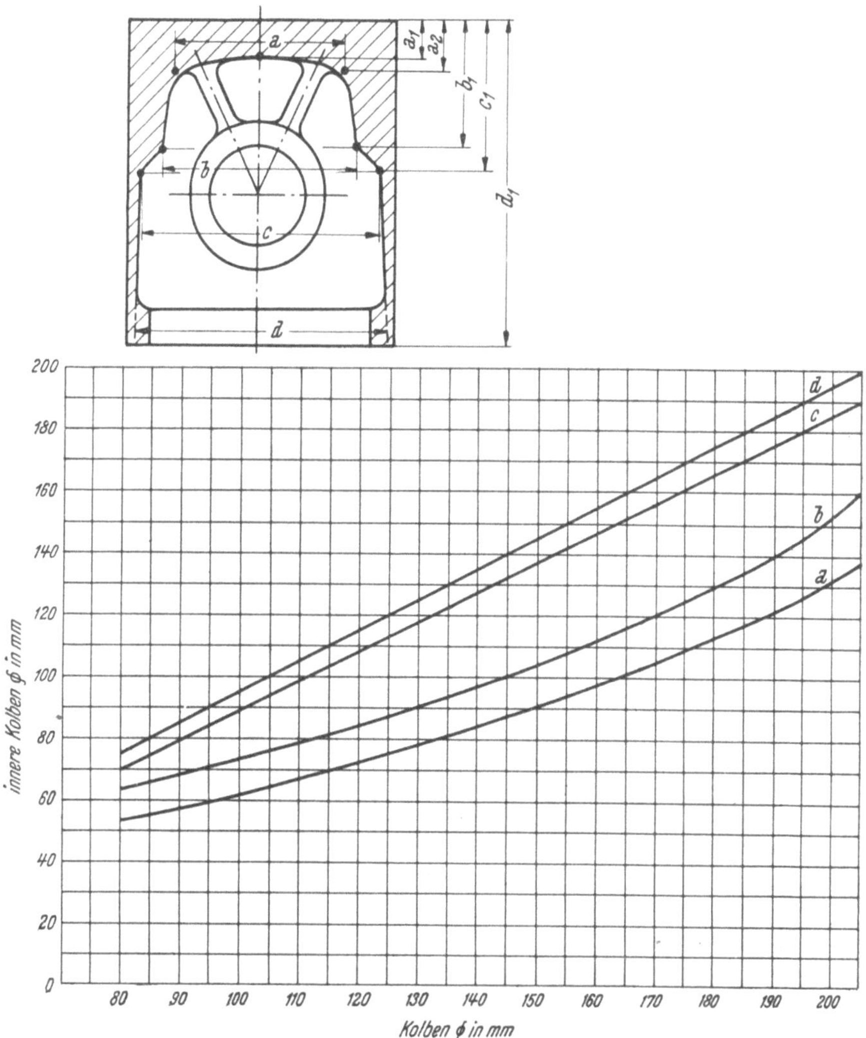

Abb. 43. Innenmaße von Diesel-Motorkolben.

Bei Verwendung einer Wirbelkammer und Wasserkühlung tritt eine ausgeprägte Temperaturspitze an der Stelle des Kolbenbodens auf, wo der Ausblasestrahl auf denselben auftrifft.

Bei Motoren mit Luftkühlung liegt das Temperaturniveau des Kolbens erheblich höher. Die dem Kühlluftstrom zugekehrte Zylinderseite wird besser gekühlt. Die beim Wirbelkammerverfahren auf derselben Seite liegende Temperaturspitze tritt gegenüber der Mitteltemperatur des Kolbenbodens weniger stark hervor, liegt jedoch wegen der Luftkühlung um etwa 40° C höher. Es ist daher Bedingung bei luftgekühlten Diesel-Motoren mit Wirbelkammer, die Richtung des Ausbläsestrahls mit der Richtung des Kühlluftstromes übereinstimmen zu lassen, da der umgekehrte Fall äußerst große Temperaturunterschiede im Kolbenboden ergibt.

Ein an der Technischen Hochschule Graz untersuchtes Verbrennungsverfahren mit direkter Einspritzung und einem Ellipsoidbrennraum im Kolben ergibt bei gleichen Kühlbedingungen gegenüber der Wirbelkammer eine tiefere Mitteltemperatur des Kolbenbodens. Die Vergrößerung der Kolbenoberfläche gegenüber dem Wirbelkammerverfahren ließe eine Temperaturerhöhung erwarten. Die Beheizung der Oberfläche ist jedoch gleichmäßiger, da nirgends der Kolbenboden unmittelbar durch einen Brennstrahl getroffen wird. Temperaturspitzen entstehen nur an den schlecht gekühlten Materialanhäufungen am oberen Rande des Kolbenbrennraumes.

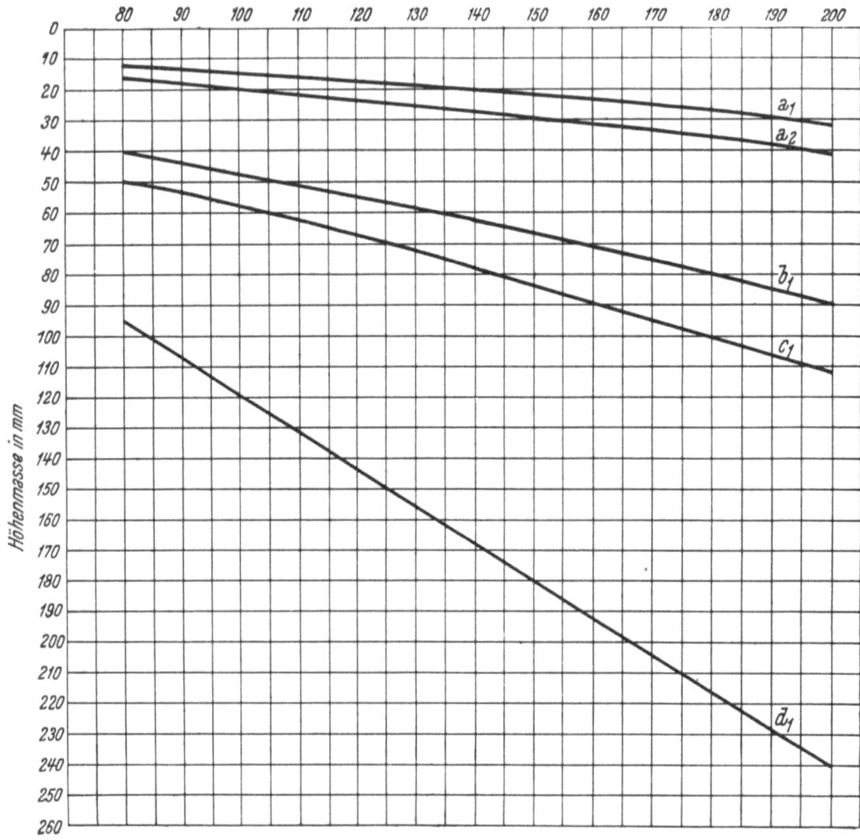

Abb. 44. Innenmaße von Diesel-Motorkolben.

Beim Otto-Verfahren (Verwendung eines Diesel-Kolbens) zeigen die Versuche deutlich die gleichmäßige Wärmebeaufschlagung des Kolbenbodens. Die Höchsttemperaturen liegen weit unter den bei den verschiedenen Diesel-Verfahren erreichten Werten.

Aus den Versuchen, von denen einige Ergebnisse in Abb. 42 dargestellt sind, geht eindeutig die hohe Bedeutung der Kolbenbodenstärke bei schnellaufenden Diesel-Motoren hervor. Der Kolbenboden hat die Aufgabe, örtlich anfallende Wärmemengen zum Kolbenrand weiterzuleiten. Seine richtige Bemessung kann zum Abbau der auftretenden Temperaturspitzen beitragen und sie mildern. Sowohl wegen des besseren Wärmeflusses als auch aus Festigkeitsgründen soll die Bodenstärke gegen den Kolbenrand zunehmen. Als zweckmäßigste untere Begrenzung des Kolbenbodens ergibt sich eine Kugelkalotte, die mit großem Übergangsradius in den Kolbenringteil übergeht.

Abb. 43 und Abb. 44 enthalten Werte von Kolbenbodenstärken bewährter Konstruktionen aus eutektischen Si-Al-Legierungen für schnellaufende Diesel-Motoren mit Vorkammer- und Wirbelkammerverfahren, die auch für luftgekühlte Motoren verwendet werden können.

Die Ursachen der hin und wieder entstehenden Wärmerisse im Kolbenboden sind nicht eindeutig geklärt. Nach HUG [1] dringen die Temperaturschwingungen des Verbrennungsvorganges nicht tief in den Kolbenboden ein. Die wechselnden Wärmedehnungen an der Oberfläche werden dann durch die unterliegenden Schichten, welche die Temperaturschwingungen nicht mitmachen, zum Teil durch Wärmespannungen unterdrückt, welche Dauerrisse verursachen können. Versuche, durch Verchromen des Kolbenbodens die Wärmeaufnahme zu verringern, die Oberfläche gegen die hohen Temperaturen zu schützen und damit durch Dämpfen der Temperaturschwingungen im Kolbenboden seine Beanspruchung zu vermindern, waren praktisch ohne Erfolg.

Die mechanische Beanspruchung des Kolbenbodens kann annähernd mit folgender Formel berechnet werden:

$$\sigma_b = \frac{D_i^2 \cdot p_{max}}{4 \cdot s^2} \ \mathrm{kg/cm^2}.$$

Darin ist p_{max} der größte Verbrennungsdruck (60 bis 80 at, je nach dem Verbrennungsverfahren und der Schnelläufigkeit der Maschine), D_i ist der Innendurchmesser des Kolbens, s die Kolbenbodenstärke. Die sich damit ergebenden Beanspruchungswerte sind jedoch nur Vergleichswerte, sie liegen zwischen 360 bis 530 kg/cm².

g) Kolbenringteil.

In den Abb. 43 und 44 sind die Hauptmaße des Kolbenringteiles dargestellt. Sie entsprechen dem Wärmeflußquerschnitt bewährter Kolbenkonstruktionen für eutektische Si-Al-Legierungen. Für Legierungen geringerer Wärmeleitfähigkeit sind die Querschnitte entsprechend größer zu formen. Auf den allmählichen Übergang der Querschnitte des Ringteiles in die des Kolbenschaftes ist größtes Gewicht zu legen.

HUG [1] hat ein Verfahren angegeben, mit dem der Wärmefluß durch den Kolbenboden und dem Kolbenringteil auf Grund bestimmter Annahmen rechnerisch ermittelt werden kann. Auf dieses Verfahren kann hier nicht näher eingegangen werden. Es kann bei der Gestaltung der Wärmeflußquerschnitte Hilfe leisten. Einen gewissen Einblick in die Verhältnisse geben die folgenden von HUG ermittelten Wärmeübergangszahlen:

$$\begin{array}{ll}
\text{Kolben-Kolbenring} \left\{ \begin{array}{l} \text{oben} \ .. \\ \text{unten} .. \end{array} \right. & \begin{array}{l} 600 \ \mathrm{kcal/m^2 \cdot h \cdot {}^0 C} \\ 14\,000 \ \mathrm{kcal/m^2 \cdot h \cdot {}^0 C} \end{array} \\
\text{Kolbenring-Laufmantel} \ldots\ldots & 30\,000 \ \mathrm{kcal/m^2 \cdot h \cdot {}^0 C} \\
\text{Kolben-Laufmantel} \ldots\ldots\ldots & 300 \ \mathrm{kcal/m^2 \cdot h \cdot {}^0 C}
\end{array}$$

Die angegebenen Zahlen sind ungefähre Mittelwerte. Man erkennt den guten Wärmeübergang über die Kolbenringe und den wesentlich schlechteren Wärmeübergang über den Kolbenschaft, der demnach zum Wärmeübergang nur wenig beiträgt.

h) Kolbenschaft.

An den Kolbenringteil schließt sich der Kolbenschaft an. Der Kolbenschaft hat den auftretenden Gleitbahndruck aufzunehmen. Da der Schaft nur ungefähr 10 % der vom Kolben abzuführenden Wärmemenge zu übernehmen hat, sind für seine Bemessung nur festigkeitsmäßige und gießtechnische Gesichtspunkte maßgebend. Anhaltspunkte für die Schaftbemessung geben die Maße c, d, c_1 und d_1 der Abb. 43 und 44. Beim Entwurf ist vor allem auf die notwendige Schräge des inneren Kokillenteiles und auf entsprechend große Übergangsradien vom Boden zum Kolbenringteil zu achten.

i) Kolbenbolzen.

Der Kolbenbolzen bildet die Gelenkverbindung vom Kolben zur Pleuelstange. Seine Verformung unter dem Verbrennungshöchstdruck darf nicht so groß sein, daß Rückwirkungen auf den Kolben selbst eintreten.

Abb. 41 enthält die Kolbenbolzendurchmesser ausgeführter Motoren. Der bisher übliche Mittelwert für den Bolzendurchmesser $d = 0{,}4\,D$ kann nach neueren Erfahrungen an schnellaufenden Diesel-Motoren auf $d = 0{,}365\,D$ erniedrigt werden. Die strichpunktierte Kurve im Diagramm entspricht dem neuen Vorschlag.

Vor zu schwachen Kolbenbolzen kann nicht genug gewarnt werden. Infolge zu großer Durchbiegung kommt es entweder zu Spaltrissen im Kolbenschaft oder zum Verziehen des Kolbens und damit zum Festklemmen der Kolbenringe. Ausweitung des Kolbenbolzenauges und Biegebrüche sind weitere Folgen von zu schwacher Bemessung des Bolzens. Ebenso wichtig ist die richtige Ausbildung des Kolbenbolzenauges. Die Übertragung der Verbrennungsdrücke vom Kolbenboden auf das Kolbenbolzenauge erfolgt zweckmäßig durch Rippen. Im allgemeinen genügen zwei schräg gestellte Rippen

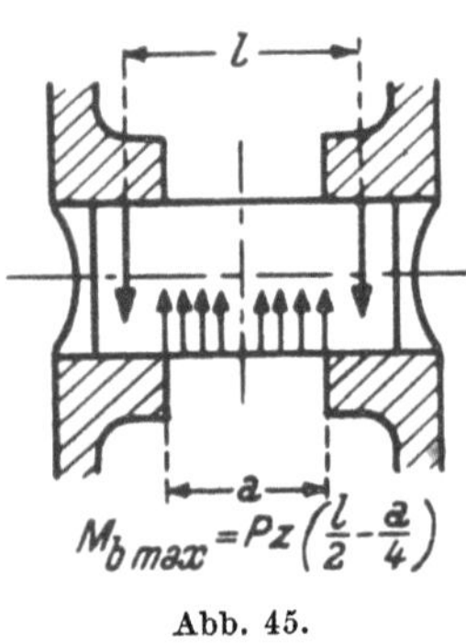

$$M_{b\,max} = P\,z\left(\frac{l}{2}-\frac{a}{4}\right)$$

Abb. 45.

nach Abb. 37. Das Auge muß so steif als möglich gestaltet werden. Das den Kolbenbolzen umgebende Material wird in der Richtung der Kolbenachse mit größerer Wandstärke ausgeführt. Es genügt eine Verschiebung des Halbkreismittelpunktes der Außenbegrenzung des Auges von 2 mm nach oben, während die Begrenzung nach unten zentrisch ausgeführt werden kann. Das Kolbenbolzenauge wird mit 10 bis 15° Schräge mit großem Übergangsradius zur Innenfläche des Kolbenmantels herangezogen.

Der Kolbenbolzen wird nach Abb. 45 als ein in der Mitte durch gleichmäßig verteilte Streckenlast auf die Länge des Pleuelstangenauges belasteter und in der Mitte des Kolbenbolzenauges aufliegender Träger auf Biegung gerechnet.

Abb. 41 zeigt die Abstände der Kolbenbolzenaugen ausgeführter Motoren und den vorgeschlagenen Mittelwert. Die Vergleichsbeanspruchungen ausgeführter Kolbenbolzen liegen bei 70 bis 75 at. Zünddruck bei $\sigma_b = 1400$ bis 1600 kg/cm^2.

Die Flächenpressung im Pleuelauge unter dem Verbrennungshöchstdruck der Stange beträgt 500 bis 600 kg/cm², im Kolbenbolzenauge 300 bis 350 kg/cm² (350 bis 500 kg/cm² zulässig). Das Verhältnis der Bohrung im Kolbenbolzen d_1 zum Außendurchmesser des Bolzens beträgt 0,8 bis 0,82. Vom Zylinderdurchmesser ist außer dem Längenverlust durch die Krümmung des Kolbenschaftes noch der Platzbedarf für die allgemein verwendeten Seeger-Sicherungen abzuziehen, um die Kolbenbolzenlänge festzustellen. Die Seeger-Ringe sind Innensprengringe aus gestanztem Federstahlblech mit besonders geformter Innenbegrenzung, die gleichmäßige Beanspruchung des Ringes ergibt. Diese Art der Kolbenbolzensicherung, die der Fa. Seeger u. Co. in Frankfurt geschützt ist, hat sich bestens bewährt und ist den Anlaufsicherungen des Kolbenbolzens durch Pilze vorzuziehen. Die Kolbenbolzenlänge soll so weit als möglich beschränkt werden, um Gewicht zu sparen.

Mit der Berechnung des Kolbenbolzens als Rohr, welches unter der Belastung seine runde Form verliert und sich abplattet, befassen sich verschiedene Untersuchungen [28], [29] und [30].

Bei Viertaktmotoren wechselt der Kolbenbolzen seine Anlage, wobei die zwischen Pleuelstangenauge, bzw. Kolbenbolzenauge und Kolbenbolzen vorhandene Schmierschicht den Anlagewechsel dämpft. Anfangs befürchtete man ein Ausschlagen des Kolbenbolzens in den Kolbenbolzenaugen und wählte deshalb sehr enge Passungen, die eine umständliche Montage des Kolbenbolzens und Unrundwerden des Kolbenschaftes zur Folge hatten. Die Passung des Kolbenbolzens ist so festzulegen, daß beim Anwärmen des Kolbens auf 121° C der Bolzen mit der Hand eingeführt werden kann. Die Kolbenbolzen sollen geläppt werden. Bei Betriebstemperatur des Kolbens wird durch diese Passung ein langsames Drehen des Bolzens erreicht, was den Verschleiß vermindert. Die Drehung des Kolbenbolzens in den Kolbenbolzenaugen verlangt dort die Zuführung von Schmieröl. Die Schmierung des Kolbenbolzens wird bei älteren Motorenbaumustern häufig durch zwei schräge Bohrungen von der Ölfangnut des über dem Kolbenbolzen liegenden Ölabstreifringes erreicht. Da durch den Anlagewechsel bei Viertaktmotoren eine Pumpwirkung des Kolbenbolzens in den Lagerstellen entsteht, genügt in den Kolbenbolzenaugen je eine der Kurbelwelle zugerichtete Bohrung parallel zur Kolbenachse.

Der bei Zweitaktmotoren entfallende Anlagewechsel erfordert eine sehr sorgfältig durchgebildete Schmierung des Bolzens. Man verwendet deshalb bei schnellaufenden Motoren besser Nadellagerung des Bolzens im Auge der Pleuelstange. Die Toleranz der Bohrung für den Kolbenbolzen im Kolben bei Diesel-Motoren beträgt — 0,010 bis 0,020.

Für den Kolbenbolzendurchmesser bis 30 mm	bis 50 mm	über 50 mm
0	0	0
— 0,006	— 0,007	— 0,008

Zahlentafeln 3 und 4 enthalten Angaben über die Gestaltung von Kolbenbolzen und von Seeger-Ringen.

j) Kolbenspiel.

Die in Abb. 42 dargestellten Temperaturverhältnisse an Kolben schnellaufender Diesel-Motoren lassen den Verlauf der Temperatur am Kolbenboden erkennen. Um ein gleichmäßiges Tragbild des Kolbens im Betrieb zu bekommen, ist es notwendig, das Kolbenspiel dem Verlauf der Kolbentemperatur am Kolbenschaft anzupassen. Der Übergang der Kolbenspiele über die Kolbenlänge sollte möglichst stetig erfolgen. In der Praxis hat man mit Erfolg die Übereinstimmung zwischen Temperaturverlauf und Kolbenspiel durch zwei konische Teile erreicht. Der erste Konus erstreckt sich auf den Ringteil. Seine Seitenneigung ist durch den starken Temperaturabfall in diesem gegeben. Daran schließt sich der Konus des Schaftteiles mit kleinerer Seitenneigung an. Da die Ausdehnungskoeffizienten der Kolbenlegierungen bekannt sind, bereitet die erste Festlegung des Kolbenspieles keine Schwierigkeiten. Nach dem Probelauf ergeben sich aus dem Laufbild des Kolbens die notwendigen Korrekturen. Das Kolbenspiel ist außer von der verwendeten Kolbenlegierung abhängig vom Arbeitsverfahren (Diesel- oder Otto-Motoren, Zwei- oder Viertakt), vom Verbrennungsverfahren (Vorkammer, Wirbelkammer oder direkte Einspritzung), von der Art der Kühlung (Wasser oder Luft) und von der maximalen Drehzahl und dem Nutzdruck. Dadurch ist die verschiedene Ausführung der Kolbenspiele bei gleichem Zylinderdurchmesser erklärt. Abb. 46 gibt Richtwerte zur ersten Festlegung von Kolbenspielen.

In der Richtung der Kolbenbolzenaugen wird der Kolben exzentrisch frei gedreht, um ein Anlaufen im Betrieb zu verhindern. Die Exzentrizität beträgt 0,15 bis 0,2 mm. Meist ergibt sich eine trapezförmige Lauffläche.

Engere Kolbenlaufspiele erreicht man durch Schleifen des Kolbenschaftes nach dem Kopierverfahren. Damit ist eine weitgehende Annäherung der Kolbenform an den Temperaturverlauf möglich. Beim Ersatz der idealen Kolbenform durch zwei Konusse sind die Erzeugenden der Konusse Tangenten der Idealform.

Das übliche, exzentrische Freidrehen der Kolben senkrecht zur Lauffläche wird auch durch Ovalschleifen des Kolbens ersetzt.

Die Ovalität beträgt im allgemeinen für schnellaufende Diesel-Motoren 0,08 bis 0,12 mm, in Sonderfällen 0,15 bis 0,2 mm.

Durch den Ovalschliff kann das Einbauspiel am Schaft um 0,02 bis 0,03 mm verringert werden.

Zahlentafel 3: Kolbenbolzen für Diesel-Motoren nach DIN 73122 Fl.
Maße in mm.

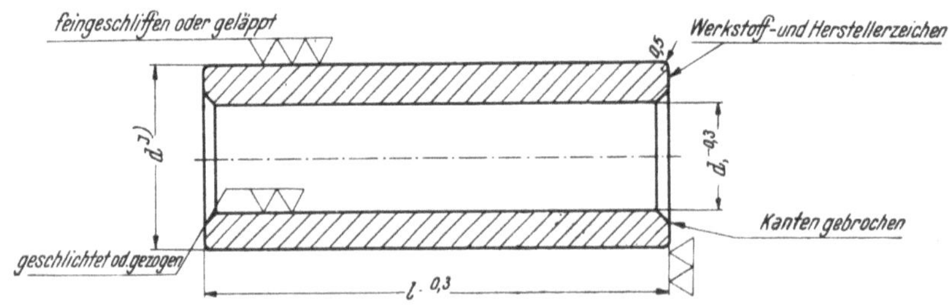

| d | Außendurchmesser | | | $d_1 - 0,3$ | $l - 0,3$ | Einsatztiefe am fertigen Bolzen | Gewicht kg / Stück ≈ |
| | gesamt h 4 | zul. Abweichungen Farbgruppe | | | | | |
		weiß	schwarz				
25				16	67		0,152
28	— 0,006	0 bis — 0,003	unter — 0,003 bis — 0,006	17	67		0,203
					72		0,218
30				18	66		0,232
					72		0,253
					78		0,274
32				19	71		0,288
					76		0,308
					82	0,7 bis 1,0	0,333
35				20	74		0,374
					80		0,404
					85		0,429
					90		0,455
38				23	79		0,442
					84		0,470
					90		0,504
					95		0,532
					100		0,560
40				23	88		0,577
					93		0,610
					99		0,648
	— 0,007	0 bis — 0,0035	unter — 0,0035 bis — 0,007		104		0,682
42				25	92		0,642
					98		0,684
					104		0,725
					109		0,761
45				28	97		0,737
					102		0,775
					107		0,814
					112	0,8 bis 1,2	0,851
					124		0,942
48				30	101		0,870
					106		0,911
					111		0,955
					117		1,010
50				30	110		1,078
					115		1,126
					121		1,185
52				30	115		1,272
	— 0,008	0 bis — 0,004	unter — 0,004 bis — 0,008		120		1,328
55				32	125		1,530
					130		1,592

Zahlentafel 4: SG-Ringe für Bohrungen nach DIN E 472

ungespannt   Maße in mm   Anwendung

Für d_1 = 12 bis 200

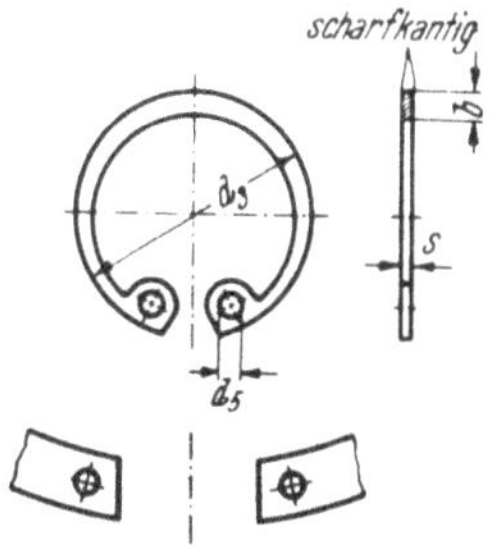

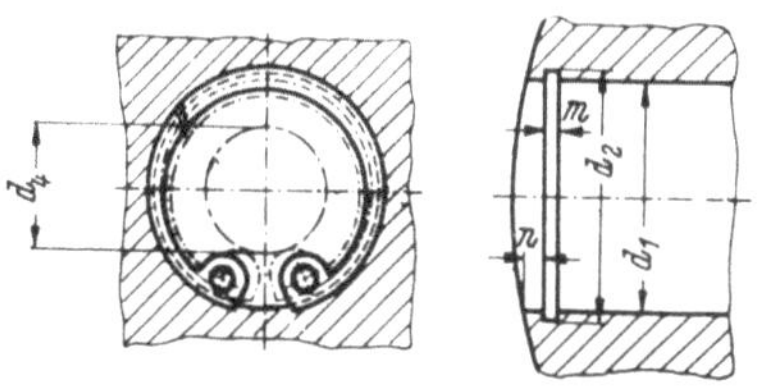

Für d_1 = 210 bis 300

Bohrung d_1	Dicke $s - 0{,}05$	$b \approx$	d_2	Zul. Abw.	d_3	Zul. Abw.	d_4 ge-spreizt	$d_5 + 0{,}2$	$m + 0{,}2$	n	Gewicht kg/1000	Zulässige axiale Belastung kg
12	1	1,6	12,5		13		4	1,7	1,1	1,5	0,37	
13	1	1,6	13,6		14,1		6	1,7	1,1	1,5	0,42	
14	1	2	14,6		15,1		6	1,7	1,1	1,5	0,52	
15	1	2	15,7		16,2		7	1,7	1,1	1,5	0,56	
16	1	2	16,8	+ 0,2	17,3	—,02	8	1,7	1,1	1,5	0,6	
17	1	2	17,8		18,3		9	1,7	1,1	1,5	0,65	
18	1	2	19		19,3		10	1,7	1,1	1,5	0,74	
19	1	2,4	20		20,5		11	2	1,1	1,5	0,83	
20	1	2,4	21		21,5		11	2	1,1	1,5	0,9	
22	1	2,7	23		23,5		13	2	1,1	1,5	1,1	
24	1,2	2,7	25,2		25,8		15	2	1,3	1,5	1,42	
25	1,2	2,7	26,2		26,8		15	2	1,3	1,5	1,5	
26	1,2	2,7	27,2		27,8		16	2	1,3	1,5	1,6	
28	1,2	3	29,4		30,1		18	2	1,3	1,5	1,8	
30	1,2	3	31,4		32,1		19	2	1,3	1,5	2,06	
32	1,2	3	33,7		34,4	—0,3	21	2,5	1,3	1,5	2,21	
34	1,5	3,5	35,7		36,5		23	2,5	1,7	2	3,2	
35	1,5	3,5	37		37,8		23	2,5	1,7	2	3,54	
36	1,5	3,5	38	+ 0,3	38,8		25	2,5	1,7	2	3,7	
37	1,5	3,5	39		39,8		26	2,5	1,7	2	3,74	
38	1,5	4	40		40,8		26	2,5	1,7	2	3,9	
40	1,75	4	42,5		43,5		28	2,5	1,95	2	4,7	
42	1,75	4	44,5		45,5		30	2,5	1,95	2	5,4	
45	1,75	4,5	47,5		48,5		32	2,5	1,95	2	6	
47	1,75	4,5	49,5		50,5		33	2,5	1,95	2	6,1	
48	1,75	4,5	50,5		51,5		34	2,5	1,95	2	6,7	
50	2	4,5	53		54,2		37	2,5	2,2	2	7,3	
52	2	4,5	55		56,2		39	2,5	2,2	2	8,2	
55	2	4,5	58		59,2		41	2,5	2,2	2	8,3	
58	2	5	61		62,2		44	2,5	2,2	2	10,5	
60	2	5	63		64,2		45	2,5	2,2	2	11,1	
62	2	5	65		66,3	—0,5	47	2,5	2,2	2	11,2	
65	2,5	5	68		69,3		50	2,5	2,8	2,5	14,3	
68	2,5	5,5	71		72,5		52	2,5	2,8	2,5	16	
70	2,5	5,5	73	+ 0,5	74,5		55	2,5	2,8	2,5	16,5	
72	2,5	5,5	75		76,5		56	2,5	2,8	2,5	18,1	
75	2,5	6	78		79,5		57	2,5	2,8	2,5	18,8	
78	2,5	6	81		82,5		62	2,5	2,8	2,5	20,4	
80	2,5	6,5	83,5		85,5		64	2,5	2,8	2,5	22	
85	3	6,5	88,5		90,5		69	3	3,3	3	25,3	
90	3	7	93,5		95,5		73	3	3,3	3	31	
95	3	7,5	98,5		100,5		77	3	3,3	3	35	
100	3	7,5	104		105,5		81	3	3,3	3	38	

Zahlentafel 4: SG-Ringe für Bohrungen nach DIN E 472 (Fortsetzung)

Bohrung d_1	Dicke $s \cdot 0{,}05$	b $\approx$	d_2	Zul. Abw.	d_3	Zul. Abw.	d_4 ge-spreizt	$d_5 + 0{,}2$	$m + 0{,}2$	n	Gewicht kg/1000	Zulässige axiale Belastung kg
105	4	8	109		112		84	3	4,3	4	56	
110	4	8,5	114		117		89	3	4,3	4	64,5	
115	4	9	119		122		92	3	4,3	4	74,5	
120	4	9	124		127		96	3	4,3	4	77	
125	4	10	129	+ 0,5	132		99	3,5	4,3	4	79	
130	4	10,5	134		137		105	3,5	4,3	4	82	
135	4	10,5	139		142	—1,0	110	3,5	4,3	4	84	
140	4	10,5	144		147		115	3,5	4,3	4	87,5	
145	4	10,5	149		152		120	3,5	4,3	4	93	
150	4	11,5	155		157		122	3,5	4,3	4	105	
155	4	11,5	160		164		127	3,5	4,3	4	107	
160	4	11,5	165		169		132	3,5	4,3	4	110	
165	4	11,5	170		174,5		137	3,5	4,3	4	125	
170	4	12	175		179,5		140	3,5	4,3	4	140	
175	4	12	180		184,5		145	3,5	4,3	4	150	
180	4	13,5	185		189,5	—1,5	147	3,5	4,3	4	165	
185	4	13,5	190		194,5		152	3,5	4,3	4	170	
190	4	13,5	195		199,5		157	3,5	4,3	4	175	
195	4	13,5	200		204,5		162	3,5	4,3	4	183	
200	4	13,5	205	+ 1,0	209,5		167	3,5	4,3	4	195	
210	5	14	216		222		175	3,5	5,3	7	270	
220	5	14	226		232		185	3,5	5,3	7	315	
230	5	14	236		242		195	4	5,3	7	330	
240	5	14	246		252		205	4	5,3	7	345	
250	5	14	256		262	—2,0	215	4	5,3	7	360	
260	5	16	268		275		222	4	5,3	7	375	
270	5	16	278		285		232	4	5,3	7	388	
280	5	16	288		295		242	4	5,3	7	400	
290	5	16	298		305		252	4	5,3	7	415	
300	5	16	308		315		262	4	5,3	7	435	

k) Oberflächenbehandlung von Kolbengleitflächen.

Selbst bei der heute üblichen Feinstbearbeitung der Kolbengleitflächen durch Schleifen oder Drehen mittels Diamant oder Hartmetallschneidwerkzeugen ist erst ein Einlaufvorgang im Motor nötig, um eine einwandfreie Lauffläche zu erreichen. Der Einlaufvorgang besteht in Abtragen und Einebnen der Bearbeitungsriefen. Bei Kaltstart besteht besonders bei Otto-Motoren, wenn der Vergaser mit einer Startdüse versehen ist, die Gefahr der ungenügenden Ausbildung des Ölfilms oder dessen Abwaschung durch flüssigen Kraftstoff. Es kommt praktisch zum Trockenlauf der Kolben und damit zur Entstehung von Freßriefen.

Es wurden daher verschiedene Verfahren zum Oberflächenschutz von Kolbenlaufflächen entwickelt, die nachstehend kurz beschrieben werden.

Die wichtigste Eigenschaft eines Laufflächenschutzes ist seine Fähigkeit, die Lauffläche beim vorübergehenden Fehlen des Schmierölfilms vor Zerstörung durch Fressen zu schützen, das ist seine Notlaufeignung. Diese ist entweder durch eine Ölspeicherfähigkeit oder durch Selbstschmiereigenschaften der Schutzüberzüge zu erreichen. Weiter soll durch genügende plastische Verformbarkeit des Schutzüberzuges der Einlaufvorgang erleichtert werden. Gute Bindung der Schutzschicht mit dem Kolbenwerkstoff ist Voraussetzung für ihre Wirksamkeit.

Die Schutzschicht muß eine genügende Widerstandsfähigkeit gegen Abrieb besitzen und in Brennstoff und Öl unlösbar sein.

α) Eloxalverfahren.

Durch elektrolytische Behandlung kann die Oberfläche von Leichtmetallkolben mit einer sehr fest haftenden harten Aluminiumoxydschichte von $^1/_{100}$ bis $^3/_{100}$ mm Stärke überzogen werden, die feinkapillare Poren aufweist, in denen sich Schmieröl speichern läßt. So entsteht eine vorübergehende Notlauffähigkeit. Diese dauert jedoch nur so

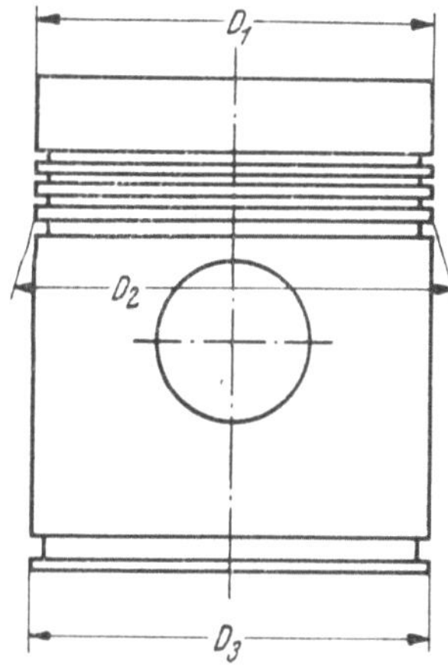

lange, bis das in den Poren befindliche Öl verharzt. Die Forderung nach einer plastischen Verformbarkeit der Schutzschichte wird beim Eloxieren nicht erfüllt. Dagegen ist diese Oberfläche ein guter Schutz gegen chemische Angriffe, wie sie gegebenenfalls bei Generatorgasmotoren eintreten können. Anwendbar ist das Eloxalverfahren nur auf vergossene Al-Si-Kolbenbaustoffe. Durch chemische Oxydation der Oberfläche wird eine weichere Schutzschichte erreicht, die etwas plastisch ist. Ihre Verformbarkeit ist jedoch durch ihre geringe Stärke eng begrenzt.

Die Eloxalschichte schützt infolge ihres hohen Schmelzpunktes den Kolbenboden gegen örtliche thermische Überlastungen.

β) Das Verzinnen der Kolbenlauffläche.

Das Verzinnen von Bleibronzelagern zur Erleichterung des Einlaufens ist bekannt. Analog kann auch die Kolbenlauffläche mit einem dünnen Zinnüberzug versehen werden. Durch das von der Fa. Mahle A. G. (Cannstadt) entwickelte Stannalverfahren lassen sich durch einen chemischen Ansiedevorgang aus einer zinnhaltigen Lösung gut haftende Zinnschichten erzeugen. Innerhalb einer kleinen Schichtstärke erfolgt dabei ein Austausch zwischen dem Aluminium des Kolbenmaterials und dem Zinn der Lösung. Das Verfahren ist sowohl auf gegossene als auch auf gepreßte Kolben anwendbar. Die Zinnschichte erfüllt alle

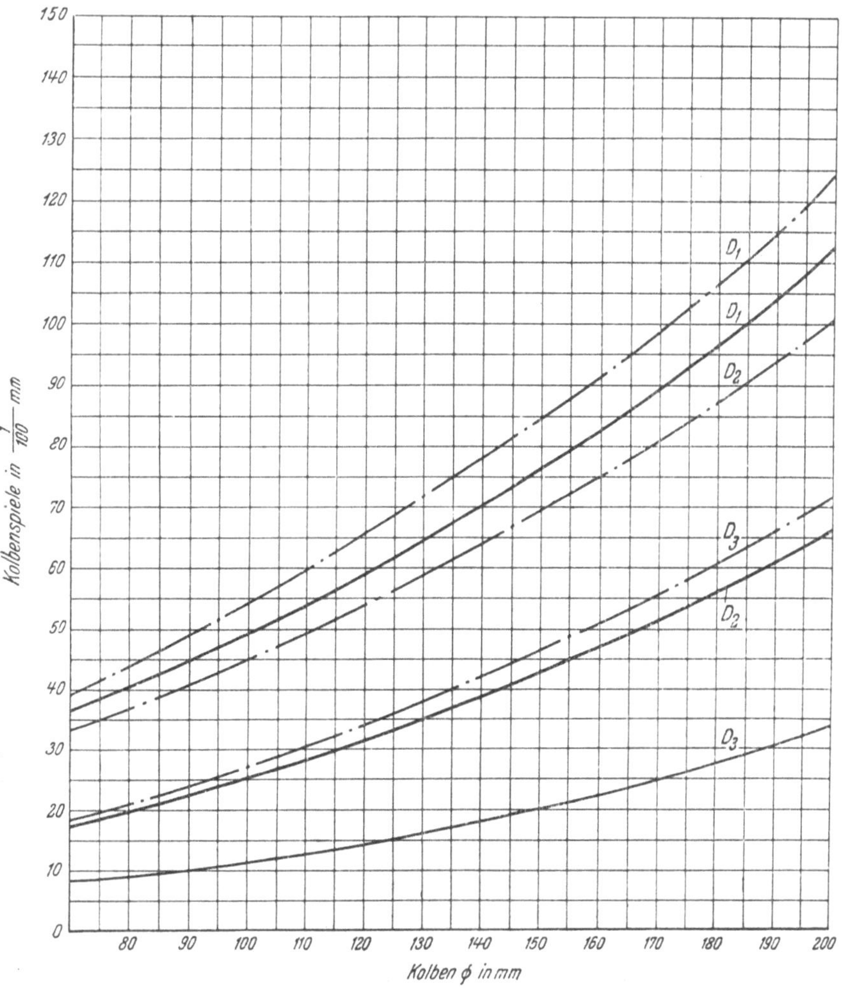

Abb. 46. Kolbenspiele von Diesel-Motor-Kolben.

Anforderungen, die man an eine Schutzschichte stellt. Die plastische Verformbarkeit kürzt den Einlaufvorgang. Die guten Gleiteigenschaften vermeiden bei Kaltstart und mangelhaftem Schmierfilm das Fressen des Kolbens. Die Bindung mit dem Grundmaterial ist ausgezeichnet.

γ) Das Verbleien der Kolbenlauffläche.

Ähnlich wie Zinn besitzt auch Blei ausgezeichnete Laufeigenschaften. Dazu kommt die Unempfindlichkeit gegen chemische Angriffe.

Die Aufbringung des Bleiüberzuges erfolgt elektrochemisch in einem bleihaltigem Bad. Gute Bindung mit dem Grundwerkstoff ist jedoch nur durch besondere Maßnahmen zu erreichen.

Bleiüberzüge sind in ihren Eigenschaften den Zinnüberzügen gleich zu stellen.

δ) Das Graphitieren der Kolbenlauffläche.

Alle bisher beschriebenen Laufflächenschutzschichten besitzen keine selbstschmierenden Eigenschaften. Es war daher naheliegend, daß man auch die Verwendung von graphithaltigen Schutzflächen infolge der ausgezeichneten Schmiereigenschaften in Betracht zog.

Die Verwendung von Kolloidgraphit als Zusatz zum Schmieröl schnellaufender Motoren zur Erleichterung des Einlaufvorganges ist bekannt. Durch das Mahle-Grafal-Verfahren ist es möglich, eine guthaftende Graphitschicht auf die Kolbenlauffläche aufzubringen.

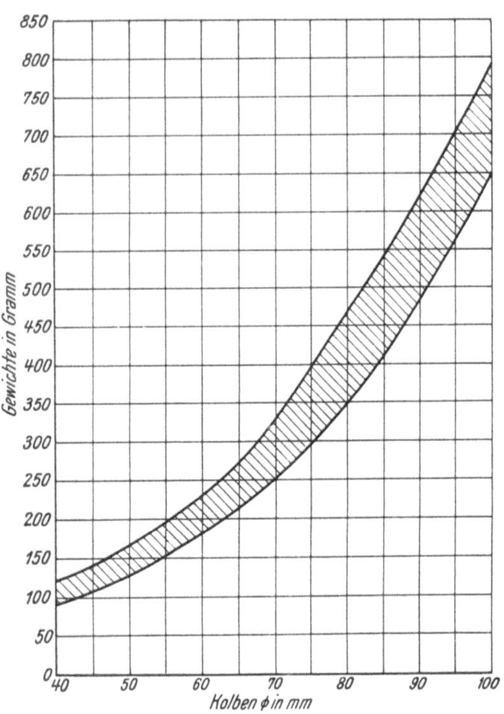

Abb. 47. Kolbengewicht von Otto-Motoren für Kraftwagen.

Diese Schicht wirkt beim neuen Kolben einebnend auf die Bearbeitungsrillen und hat die Eigenschaft, Schmieröl zu binden, wodurch sich ausgezeichnete Notlaufeigenschaften ergeben.

2. Schnellaufende Otto-Motoren für Kraftwagen.

a) Kolbengewichte.

Abb. 47 gibt Anhaltspunkte über Kolbengewichte für den ersten Entwurf der Maschine. Zwischen den zwei Kurven liegen die Gewichte heute ausgeführter Kolben.

b) Kolbenlänge.

Aus ähnlichen Gründen, wie sie im Abschnitt 1b angeführt sind, wird man das Ausschleifen der Zylinderbohrung und den Einbau neuer Kolben mit Übermaß als Regelfall für die Instandsetzung nach übermäßigem Zylinderverschleiß betrachten. Das im Fahrzeug-Diesel-Motor übliche eingesetzte Zylinderrohr findet bei Otto-Motoren trotz der großen damit verbundenen Vorteile nur selten Anwendung. Für luftgekühlte Motoren ist die Verwendung von Kolben mit Übermaß und das Ausschleifen der Zylinderrohre gegeben, da der Ersatz der mit Kühlrippen versehenen Zylinderrohre teuer ist.

Otto-Motoren modernster Bauart haben Kolbenlängen, die gleich dem Kolbendurchmesser sind.

Die Verbrennungshöchstdrücke betragen in schnellaufenden Otto-Motoren für Kraftwagen 35 bis 42 at, bei Verdichtungsverhältnissen von $\varepsilon = 5$ bis 6. Der Gleitbahndruck ist bei diesen Höchstdrücken auch bei einer Kolbenlänge gleich dem Kolbendurchmesser,

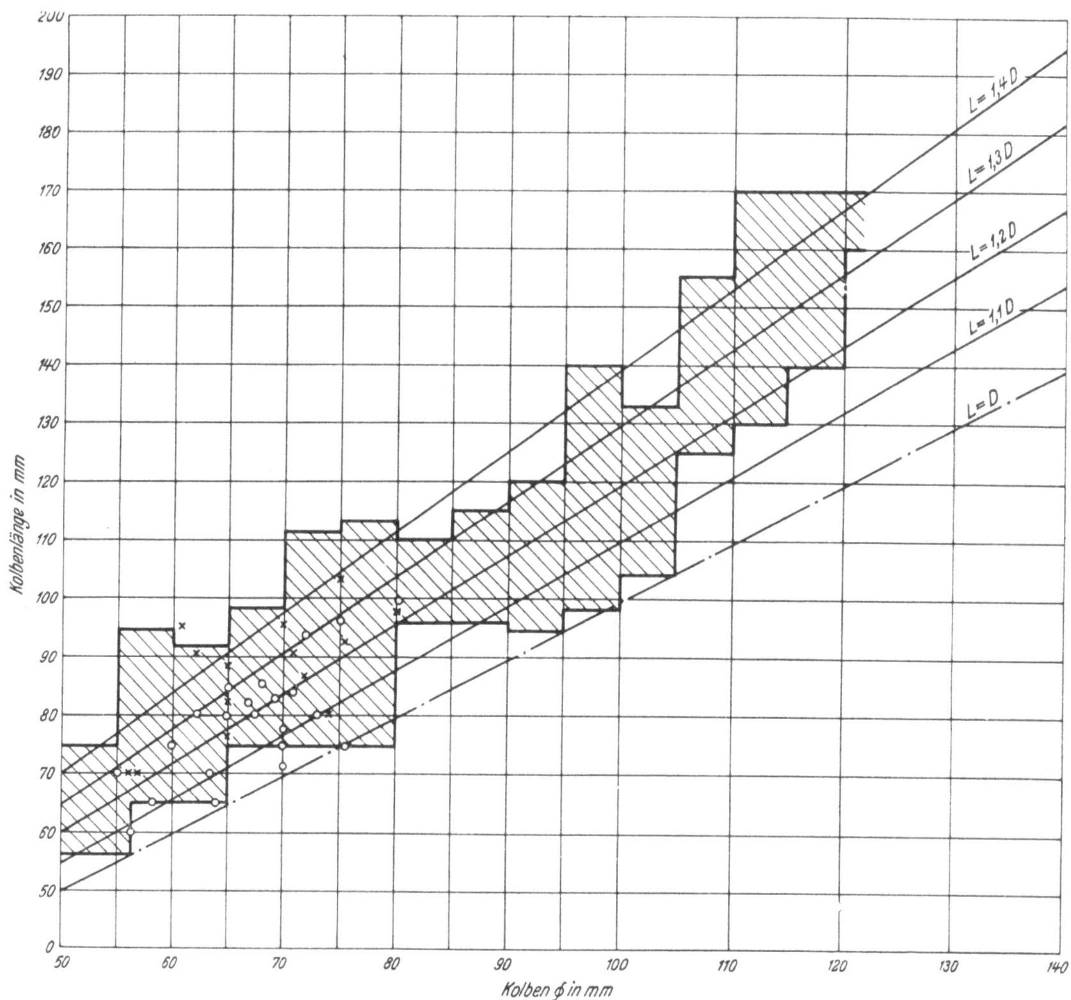

Abb. 48. Kolbenlängen von Otto-Motoren für Kraftwagen.

unbedenklich. Für die Neukonstruktion schnellaufender Otto-Motoren wird daher die Kolbenlänge gleich dem Kolbendurchmesser vorgeschlagen. Dieser Wert liegt an der unteren Grenze der in Abb. 48 dargestellten Verhältnisse.

Beim Otto-Verfahren kommt man infolge des niedrigeren Verbrennungshöchstdruckes mit einer geringeren Anzahl von Kolbenringen als bei Diesel-Motoren aus. Es entstehen daher auch bei kurzen Kolben keine baulichen Schwierigkeiten.

c) Lage des Kolbenbolzens.

Für die Lage des Kolbenbolzens sind die gleichen Erwägungen maßgebend, wie sie für Diesel-Motoren angestellt wurden. Abb. 49 enthält die Kompressionshöhen ausgeführter Kolben und Werte, die für bestimmte Kolbenlängen empfohlen werden.

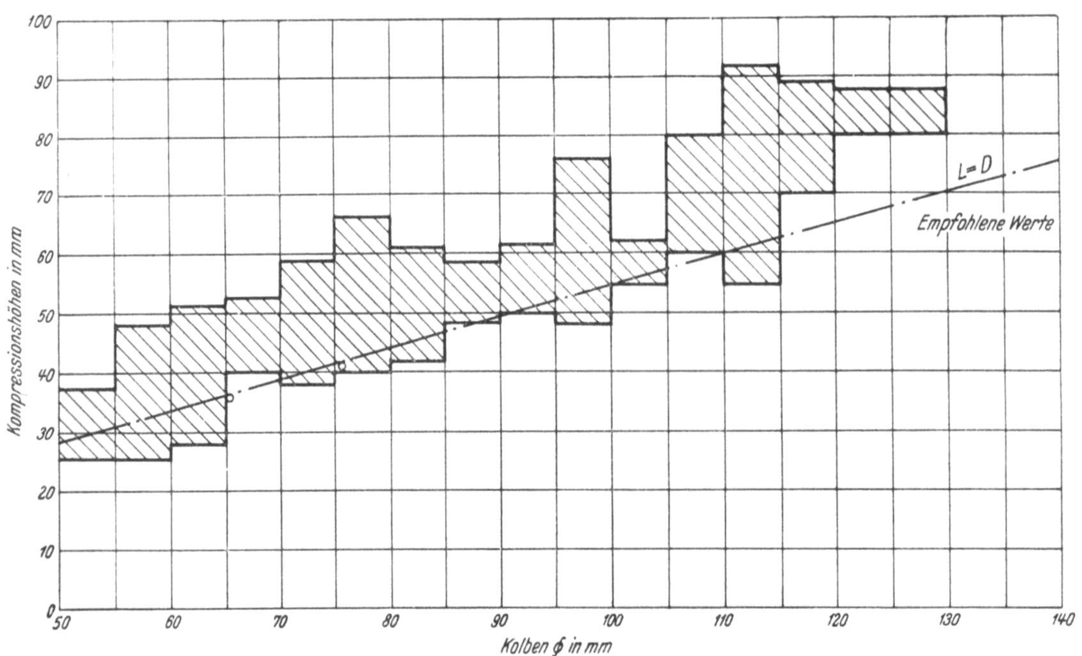

Abb. 49. Kompressionshöhen von Otto-Motoren für Kraftwagen.

d) Lage des obersten Kolbenringes.

Auch für Otto-Motoren gelten die im gleichen Abschnitt für Diesel-Motoren (1d) angeführten Grundsätze über die Lage des obersten Kolbenringes. BRECHT [27] hat durch Kalorimeterversuch den Einfluß der Ringlage untersucht. Durch Höherlegen des obersten Kolbenringes wird der Wärmefluß über die Ringe verkürzt und dadurch die Kolbentemperatur in der Boden- und Ringzone etwas gesenkt. Die Temperatursenkung ist um so größer, je größer die Wärmebeaufschlagung und je geringer die Anzahl der Kolbenringe ist.

Im Motor ist die Ringlage durch die Ausbildung der Kühlung des Zylinderrohres gegeben.

Durch Herabsetzen wird der Kolbenring gegen die thermische Einwirkung der Verbrennungsgase besser geschützt und kann seine Aufgabe als Dichtorgan besser erfüllen.

Abb. 50 gibt Richtwerte für den Entwurf.

e) Anzahl der Kolbenringe.

Messungen von BRECHT über den Einfluß der Ringzahl im Kalorimeterversuch (nach Abb. 51) und am laufenden Motor (nach Abb. 52) zeigen, daß eine Vermehrung der Kolbenringzahl über 3, bzw. 4 hinaus sehr wenig Einfluß auf die Kolbentemperatur hat. Wird aber z. B. der dritte Dichtungsring eines Kolbens mit drei Dichtungsringen weggelassen, so steigt die Höchsttemperatur in der Kolbenmitte von 320 auf 380° C. Dagegen erhöhen sich die Temperaturen im Ring- und Schaftteil auf der Druckseite um 40 bis 50° C. Die Wirkung der Kolbenringe in thermischer Hinsicht liegt sowohl in der Abdichtung, welche die Verbrennungsgase vom Kolbenschaft fernhält, als auch in der Ableitung der Wärme an der Zylinderwand. Die frühere Anschauung, daß der überwiegende Teil der anfallenden Wärmemenge durch die Kolbenringe abgeführt wird, wurde durch neue Messungen an schnellaufenden Motoren berichtigt. Auch der Kolbenschaft selbst ist an dem Wärmeübergang zur Zylinderwand wesentlich beteiligt.

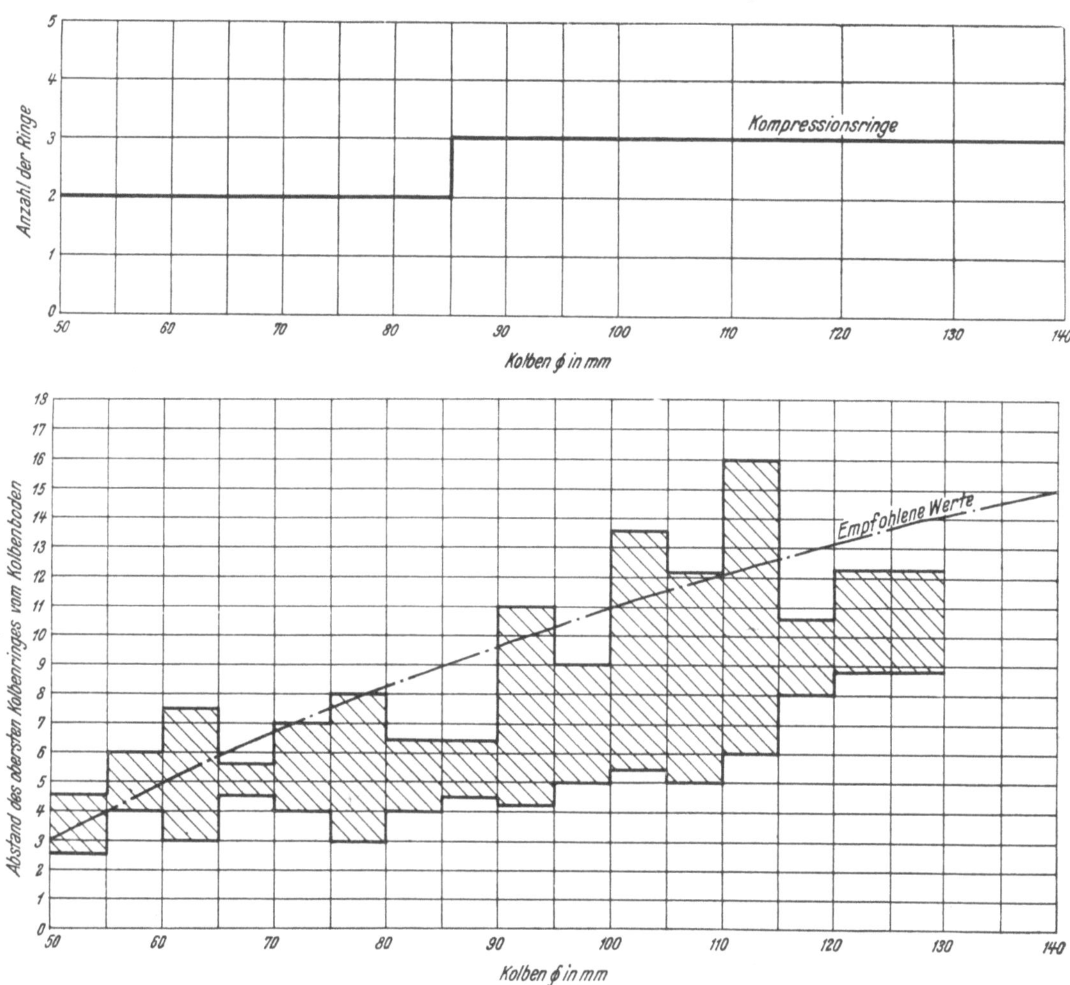

Anzahl der Kolbenringe (einschl. Ölabstreifungen).   Abstand des obersten Kolbenringes vom Kolbenboden.
Abb. 50. Kolben für Otto-Motoren von Kraftwagen.

Beim Weglassen der beiden unteren Dichtungsringe erhöht sich der Gasdurchlaß auf 0,9 m³/h gegenüber 0,5 m³/h bei drei Ringen. Das Durchblasen der heißen Verbrennungsgase führt zu einer Verlagerung des Wärmeeinfalles. Die tatsächliche Wärmeabfuhr setzt daher erst im unteren Teil der Ringzone und am Schaft ein. Die Verwendung einer geringeren Zahl von Verdichtungsringen für das Otto-Verfahren ist durch den kleineren Verbrennungshöchstdruck gegenüber dem Diesel-Verfahren begründet.

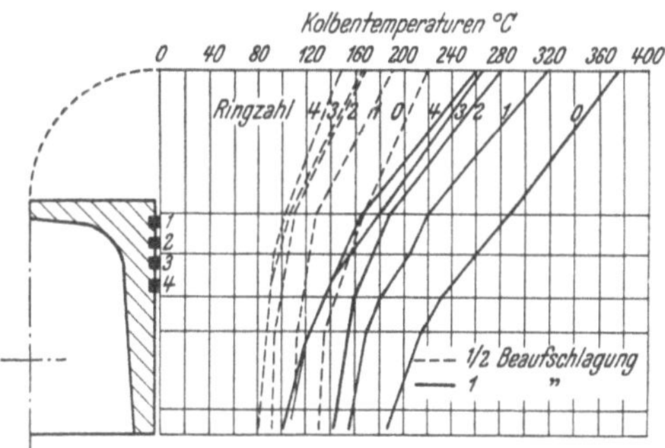

Abb. 51. Kolbentemperaturen nach BRECHT.

Eine Vermehrung der Zahl der Verdichtungsringe ist auch für luftgekühlte Motoren nicht zweckmäßig. Abb. 50 zeigt die übliche Zahl von Ringen.

f) Kolbenbodenstärke.

Wie die Messungen der Kolbenbodentemperatur an einem Diesel-Kolben im Otto-Verfahren zeigen, ist die Wärmebeaufschlagung des Kolbenbodens beim Otto-Verfahren gleichmäßiger als beim Diesel-Verfahren.

Daher kann beim Otto-Verfahren gegenüber dem Diesel-Verfahren die Kolbenbodenstärke weitgehend herabgesetzt werden unter Annahme gleicher Höchsttemperaturen am Kolbenboden.

BRECHT hat diesen Einfluß durch Kalorimeterversuch an einem Kolben von 100 mm Durchmesser (nach Abb. 53) festgestellt. Es wurden die Temperaturen in Kolbenboden von 14, 7, 3,5 mm gleichmäßiger Stärke und von 3,5 mm in der Mitte auf 14 mm übergehender Bodenstärke gemessen. Mit abnehmender Kolbenbodenstärke ergeben sich stark steigende Kolbenbodentemperaturen, besonders in der Mitte, während die Temperaturen am Kolbenschaft nicht wesentlich beeinflußt werden. Günstig scheint eine von der Mitte nach dem Schaft zunehmende Bodenstärke zu sein, was den bereits bei Diesel-Motoren gemachten Vorschlägen entspricht. Abb. 54 zeigt die Kolbenbodenstärke ausgeführter Otto-Motoren. Die angegebenen Werte gelten in der Mitte und sollen nach dem Rande zunehmen.

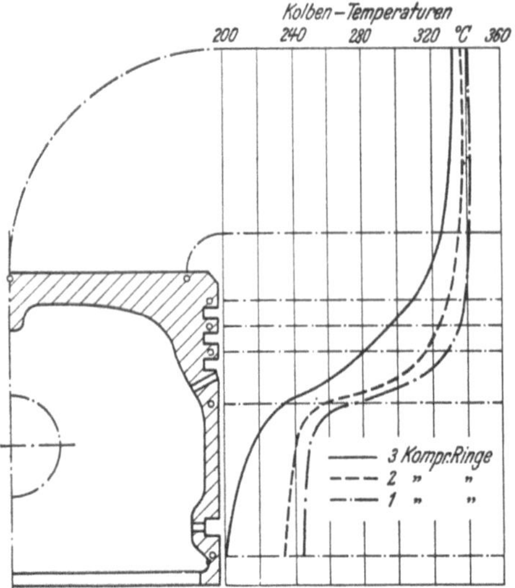

Abb. 52. Kolbentemperaturen nach BRECHT.

g) Kolbenbolzen.

Für die Bemessung der Kolbenbolzendurchmesser von Otto-Motoren sind ähnliche Gesichtspunkte wie bei Diesel-Motoren zu beachten. Auch bei Otto-Motoren soll der Kolbenbolzen so kräftig sein, daß Rückwirkungen auf den Kolbenschaft (Unrundwerden) mit Sicherheit vermieden werden. Kolbenbolzendurchmesser bewährter Ausführungen sind der Abb. 55 zu entnehmen.

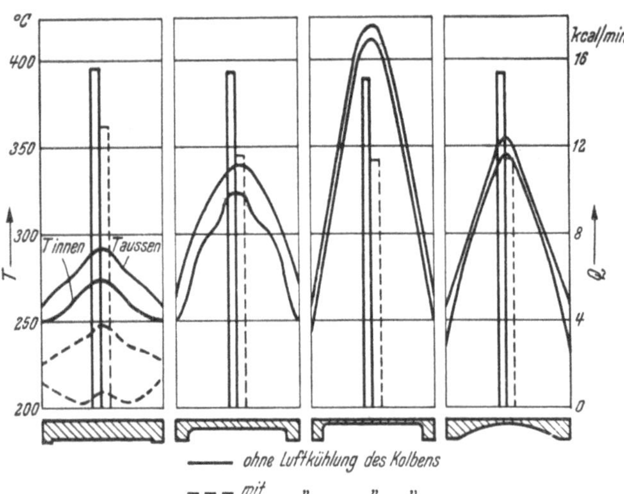

Abb. 53. Kolbenbodentemperaturen von Otto-Motoren nach BRECHT.

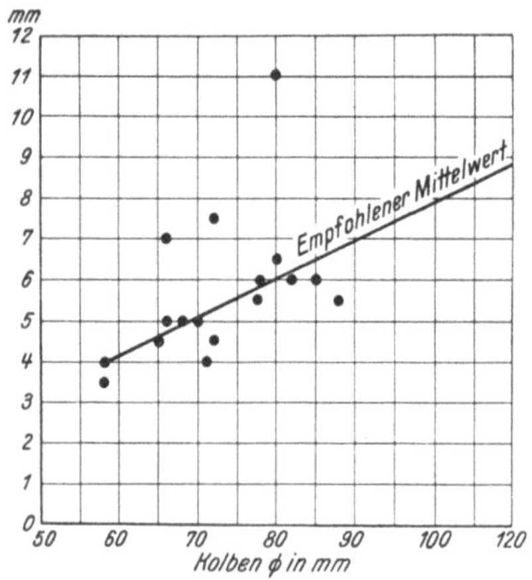

Abb. 54. Kolben für Otto-Motoren von Personenkraftwagen. Kolbenbodenstärke.

Für die Bemessung der Kolbenbolzen für Otto-Motoren kann die in Abschnitt 11 angegebene Vergleichsrechnung benützt werden.

Die empfohlenen Werte der Kolbenbolzendurchmesser liegen zwischen 0,28 und 0,3 des Zylinderdurchmessers. Schwächere Kolbenbolzen sind für Gebrauchsmotoren nicht zu empfehlen.

Zahlentafel 5: Kolbenbolzen für Otto-Motoren nach DIN 73 121 Fl.

Maße in mm.

d	Außendurchmesser			$d_1 - 0,2$	$l - 0,3$	r	Einsatztiefe am fertigen Bolzen	Gewicht kg / Stück $\lessapprox$
	gesamt h 4	zul. Abweichungen						
		Farbgruppe						
		weiß	schwarz					
15				11	39			0,025
					42			0,027
					45			0,029
					47			0,030
18	— 0,005	0 bis — 0,0025	unter —0,0025 bis —0,005	13	48	0,4	0,4 bis 0,7	0,046
					51			0,049
					54			0,051
					57			0,054
					60			0,057
					63			0,060
20				14	57			0,071
					60			0,075
					63			0,079
					66			0,083
22				16	67		0,5 bis 0,8	0,094
					69			0,097
	—0,006	0 bis — 0,003	unter —0,003 bis —0,006		72			0,101
					74			0,104
					77			0,108
25				18	72			0,133
					75			0,138
					78			0,144
					81			0,149
28				20	84	0,6	0,6 bis 0,9	0,197
					87			0,204
					90			0,211
30				21	96			0,271
					101			0,284
32				22	105		0,7 bis 1,0	0,347
					110			0,363
35	—0,007	0 bis — 0,0035	unter —0,0035 bis —0,007	24	114			0,454
					119			0,474
38				26	123			0,578
					129			0,606
40				28	133			0,665

Nur für Kraftrad- oder Motorfahrrad-Zweitaktmotoren

d	gesamt h 4	weiß	schwarz	$d_1 - 0,2$	$l - 0,3$	r	Einsatztiefe am fertigen Bolzen	Gewicht kg / Stück
12				8	42			0,020
					44			0,021
15	—0,005	0 bis — 0,0025	unter —0,0025 bis —0,005	11	56	0,4	0,4 bis 0,7	0,036
16				12	30			0,021
18				13	36			0,033

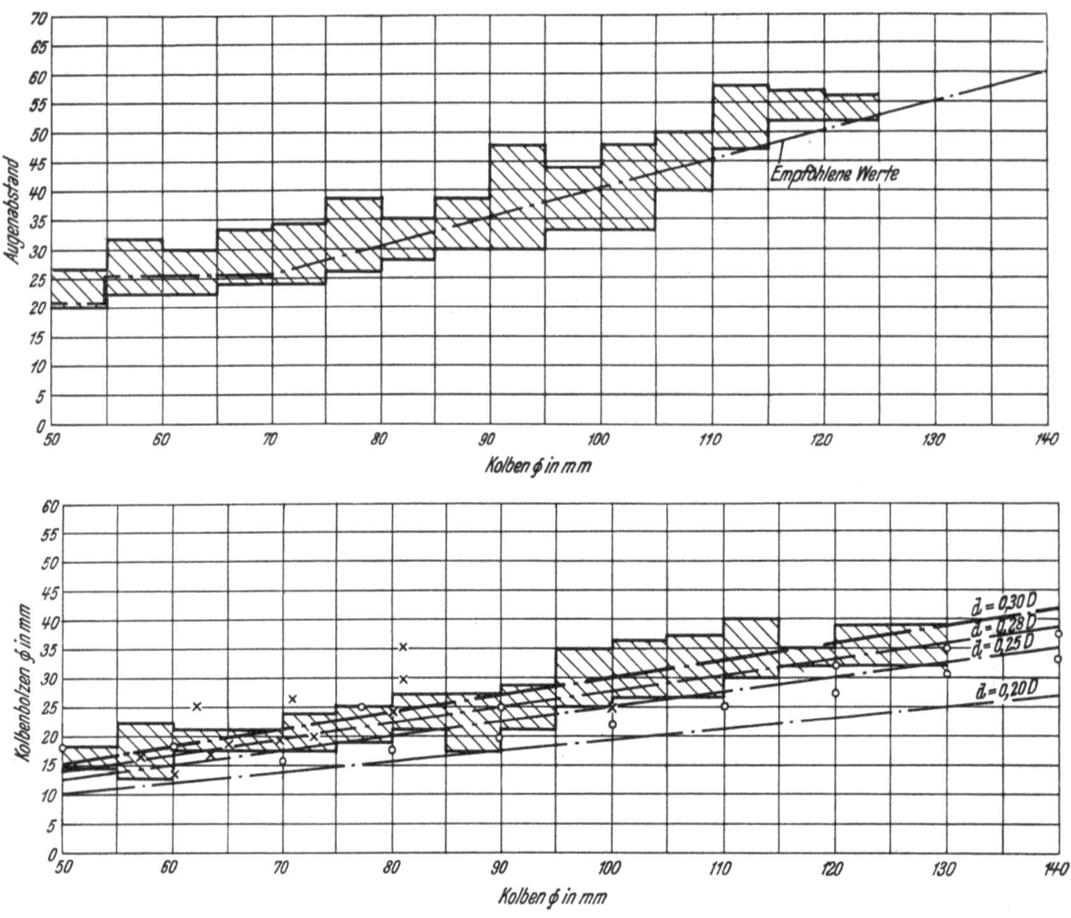

Abb. 55. Kolben für Otto-Motoren von Kraftwagen. Bolzendurchmesser und Augenabstand.

Zahlentafel 6: Drahtsprengringe für Kolbenbolzen nach DIN 73 123 Fl.

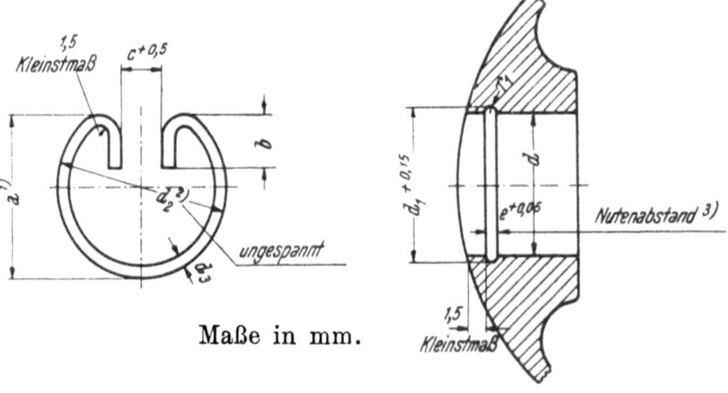

Maße in mm.

Bohrungs-durchmesser = Kolbenbolzen-Außendurch-messer d	a	b	c + 0,5	d_2 un-gespannt	d_3	$d_1 + 0,15$	e + 0,05	r_1	Gewicht kg / 1000 Stück
12	11,8	5	3	13,9	1,0	13,2	1,1	0,55	0,255
15	14,5		4	17,2	1,2	15,3	1,3	0,65	0,460
18	17,5	6	4,5	20,5		19,7			0,845
20	19,5		5	22,6	1,5	21,7	1,6	0,8	0,930
22	21,5		6	24,6		23,7			1,020
25	24,5	7	7	27,8	1,5	26,8	1,7	0,85	1,260

Die deutsche Normung der Kolbenbolzen für Otto-Motoren nach Zahlentafel 5 und 6 ist bezüglich der Außen- und Innendurchmesser der Kolbenbolzen brauchbar. Die den Kolbenbolzendurchmessern zugeordneten Längen der Kolbenbolzen entsprechen jedoch nicht den vorgeschlagenen Werten des Kolbenbolzendurchmessers und sind daher entsprechend abzuändern.

Der Abstand der Kolbenbolzenaugen ist aus Abb. 55 (Augenabstand) zu entnehmen. Er wird durch die bei Otto-Motoren noch üblichen Sonderkonstruktionen beeinflußt. Die empfohlenen Werte sind durch den strichpunktierten Linienzug gekennzeichnet.

Zahlentafel 6 enthält die Abmessungen von Sicherungsringen.

h) Kolbenspiel.

In Zahlentafel 7 (s. S. 48 u. 49) wurden die Kolbenspiele einiger Personenwagenkolben zusammengestellt. Es handelt sich hier meist um Schlitzmantelkolben aus Si-Al-Legierungen. Wie man aus der Tabelle ersieht, erfolgt das Freidrehen um die Kolbenbolzenaugen meist durch Ovalschleifen.

Abb. 56 gibt einen Überblick der gebräuchlichsten Kolbenspiele für wasser- und luftgekühlte Otto-Motoren.

i) Überblick über Kolbenabmessungen.

Einen Überblick über die Kolbenabmessungen deutscher Personenwagenkolben gibt Abb. 57. Die starken Streuungen der Abmessungen vom Kolben fast gleichen Zylinderdurchmessers sind in solchem Ausmaß konstruktiv nicht begründet. Es ist zu erwarten, daß die Forderung nach immer größerer Lebensdauer einerseits und nach sparsamem Materialaufwand anderseits allmählich eine gewisse Einheitlichkeit in den Kolbenabmessungen bringen wird.

k) Bauarten von Kolben für Kraftwagenmotoren.

Die Entwicklung der Kolbenbauarten für Kraftwagenmotoren ist durch das Bestreben gekennzeichnet, ein möglichst kleines

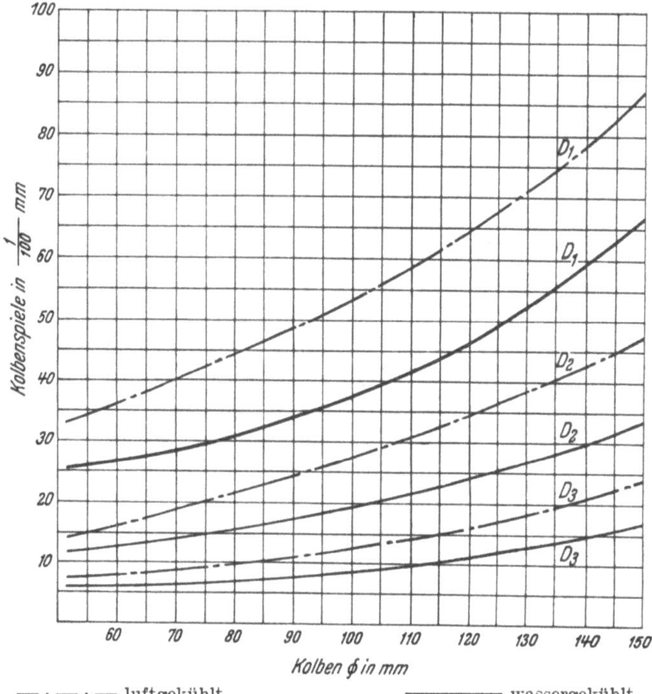

Abb. 56. Kolbenspiele für Kolben von Otto-Motoren für Kraftwagen.

Kolbenschaftspiel zu erreichen, damit den steigenden Anforderungen an die Laufruhe dieser Motoren immer besser entsprochen werden kann. Trotzdem man schon früh die Vorteile der Aluminiumkolben in bezug auf die mögliche Erhöhung der Verdichtung und der damit verbundenen besseren Brennstoffausnützung bei Otto-Motoren erkannt hatte, ließ der laufruhige Graugußkolben sich nur schwer verdrängen. Das lag an der großen Schwierigkeit, mit Aluminiumkolben einen ruhigen Lauf zu erzielen. Im folgenden werden die mit Rücksicht darauf entwickelten Kolbenbauarten besprochen.

Zahlentafel 7: Kolben- und Ring-Toleranzen von deutschen

Zylind. ⌀	d_1	d_1 = oval	d_2	d_3	d_4	d_5
58	57,97 ± 0,010	d_1 —0,08 ÷ 0,10	57,97 ± 0,010	57,85 ± 0,015		57,75 ± 0,015
60	59,92 ± 0,010	d_1 —0,09 + 0,12	59,87 ± 0,010	59,74 ± 0,015		59,69 ± 0,015
65	64,96 ± 0,010	d_1 —0,12 ÷ 0,15	64,96 ± 0,010	64,80 ± 0,015	64,75 ± 0,015	64,70 ± 0,015
66	65,95 ± 0,010	d_1 —0,16 ÷ 0,20	65,93 ± 0,010	65,0 ± 0,015	65,70 ± 0,015	
68	67,94 ± 0,010	d_1 —0,15 ÷ 0,18	67,90 ± 0,010	67,75 ± 0,015	67,70 ± 0,015	67,60 ± 0,015
70	69,94 ± 0,010	d_1 —0,14 ÷ 0,17	69,91 ± 0,010	69,78 ± 0,015	69,74 ± 0,015	69,70 ± 0,015
72	71,95 ± 0,015	d_1 —0,12 ÷ 0,15	71,95 ± 0,015	71,80 ± 0,010		
72,5	72,46 ± 0,010	d_1 —0,14 ÷ 0,17	72,45 ± 0,010	72,27 ± 0,015		
80	79,95 ± 0,010	d_1 —0,17 ÷ 0,20	79,93 ± 0,010	79,76 ± 0,015		
82	81,96 ± 0,010	d_1 —0,17 + 0,20	81,94 ± 0,010	81,80 ± 0,015		
85	84,93 ± 0,010	d_1 —0,14 ÷ 0,18	84,91 ± 0,010	84,70 ± 0,015		
85,5	85,43 ± 0,010		85,41 ± 0,010	85,20 ± 0,015		
86	85,93 ± 0,010		85,91 ± 0,010	85,70 ± 0,015		
87	86,96 ± 0,010	d_1 —0,17 ÷ 0,20	86,94 ± 0,010	86,75 ± 0,015		
88	87,91 $^{+0}_{-0,01}$		87,87 $^{+0}_{-0,01}$			

K = Nutbreiten für die Kolbenringe.

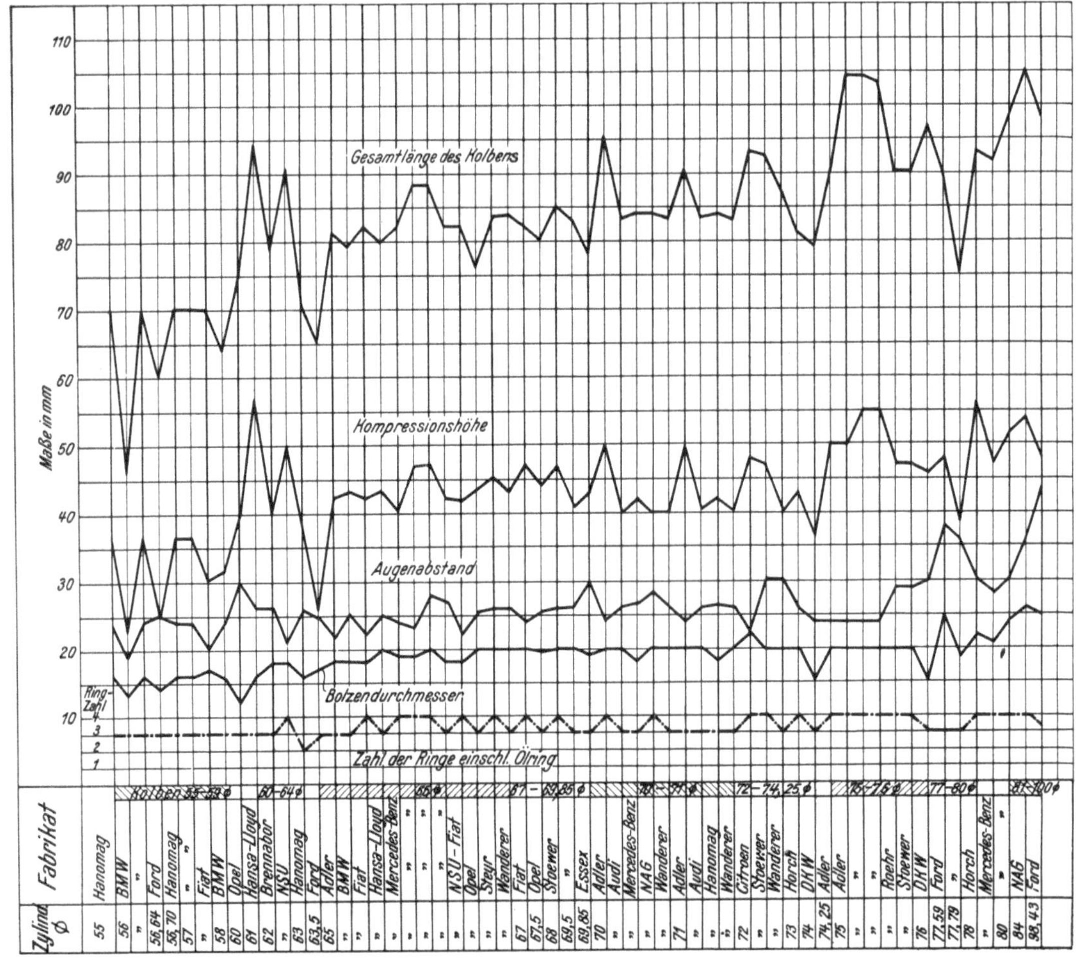

Abb. 57. Hauptabmessungen der Kolben von deutschen Personen-Kraftwagenmotoren.

Personen-Kraftwagenmotoren. (Eutektische Si-Al-Legierungen.)

d_6	d_7	d_8	0	K_1	K_2	K_3	Bemerkung
	52,9 +0 / −0,2	52,7 +0 / −0,2	4,5	+0,020 / +0,005	2 +0,02 / +0,01	2 +0,02 / +0,01		
		54,4 +0 / −0,2			2,52 +0,01 / −0	2,53 +0,01 / −0	2,54 +0,01 / −0	
	58,5 +0 / −0,2	59,0 +0 / −0,2	4,0	+0,02 / +0,005	2,5 +0,020 / +0,010	2,5 +0,020 / +0,010		
65,6 ±0,015	59,5 +0 / −0,2	60,0 +0 / −0,2	5,0	+0,02 / +0,005	2,5 +0,010 / +0,020	2,5 +0,010 / +0,020	2,5 +0,010 / +0,020	
	60,9 +0 / −0,2	61,4 +0 / −0,2	4,0	+0,025 / +0,015	2,0 +0,030 / +0,040	2,0 +0,030 / +0,040	2,0 +0,040 / +0,050	Ölabstreifring unten
69,6 ±0,015	62,9 +0 / −0,2	63,3 +0 / −0,2	4,0	+0,025 / +0,020	2,5 +0,025 / +0,035	2,5 +0,025 / +0,035	2,5 +0,025 / +0,035	
71,65 ±0.010	64,9 +0 / −0,2	65,4 +0 / −0,2	4,0	+0,020 / +0,005	2,5 +0,010 / +0,020	2,5 +0,010 / +0,020	2,5 +0,010 / +0,020	
72,17 ±0,015	65,4 +0 / −0,2	65,9 +0 / −0,2	4,5	+0,020 / +0,005	2,5 +0,010 / +0,020	2,5 +0,010 / +0,020	2,5 +0,010 / +0,020	
79,63 ±0,015	72,3 +0 / −0,2	72,8 +0 / −0,2	4,0	+0,020 / +0,005	2,5 +0,010 / +0,020	2,5 +0,010 / +0,020	2,5 +0,010 / +0,020	
81,68 ±0,015	74,1 +0 / −0,2	74,6 +0 / −0,2	4,0	+0,030 / +0,040	2,5 +0,030 / +0,040	2,5 +0,030 / +0,040	2,5 +0,040 / +0,050	
84,55 ±0,015	76,8 +0 / −0,2	77,3 +0 / −0,2	5,0	+0,020 / +0,005	3,0 +0,010 / +0,020	3,0 +0,010 / +0,020	3,0 +0,010 / +0,020	
85,05 ±0,015	77,3 +0 / −0,2	77,8 +0 / −0,2	5,0	+0,020 / +0,005	3,0 +0,010 / +0,020	3,0 +0,010 / +0,020	3,0 +0,010 / +0,020	
85,55 ±0,015	77,8 +0 / −0,2	78,3 +0 / −0 2	5,0	+0,020 / +0,005	3,0 +0,010 / +0,020	3,0 +0,010 / +0,020	3,0 +0,010 / +0,020	
86,60 ±0,015	78,6 +0 / −0,2	79,1 +0 / −0,2	4,5	+0,020 / +0,005	3,5 +0,010 / +0,020	3,5 +0,010 / +0,020	3,5 +0,010 / +0,020	
87,66 +0 / −0,02	80,0 +0 / −0,3	79,7 +0 / −0,2	6,0	+0,025 / +0,010	3,0 +0,025 / +0,010	3,0 +0,035 / +0,025	3,0 +0,035 / +0,025	2 Ölabstreifringe

C = Nutbreiten für die Ölabstreifringe.

α) Der Invar-Kolben (Nelson-Kolben).

Diese Konstruktion ist amerikanischen Ursprungs und ermöglichte die Einführung von Cu-Al-Legierungen von guter Wärmeleitfähigkeit, aber großem Ausdehnungskoeffizienten für Kraftwagenmotoren. Der Invar-Kolben eignet sich heute auch für Si-Al-Legierungen. Er ist durch folgende Merkmale gekennzeichnet:

Der Kolbenringteil ist vom Kolbenschaft durch einen Schlitz getrennt. Der Kolbenring-Tragkörper ist mittels kräftiger Rippen gegen die Kolbenbolzenaugen abgestützt. Der so vom Ringkörper isolierte Schaft besteht aus zwei zylindrischen Hälften, die am unteren Ende durchlaufend verbunden sind. Die Verbindung dieses Schaftes mit dem Kolbenringkörper und den Kolbenbolzenaugen erfolgt durch eingegossene Invar-Stahlstreifen. Invar-Stahl besitzt einen Wärmeausdehnungskoeffizienten von $2 \cdot 10^{-6}$. Dem gegenüber betragen die Ausdehnungskoeffizienten von Cu-Al-Legierungen 22 bis $25 \cdot 10^{-6}$, von Si-Al-Legierungen 17 bis $20 \cdot 10^{-6}$, von Grauguß $12 \cdot 10^{-6}$. Mittels der Invar-Streifen, die das Spiel des Kolbenschaftes ausschließlich beeinflussen, kann demnach eine kleinere Wärmeausdehnung des Schaftes erreicht werden, als mit Graugußkolben. Man verzichtet bei dieser Bauart allerdings auf die Wärmeableitung durch den Kolbenschaft, dadurch wird der obere Teil des Invarkolbens etwas höhere Temperaturen haben und mit entsprechend vergrößertem Spiel ausgeführt werden müssen. Die Verwendung von Si-Al-Legierung für diese Kolbenbauart mildert etwas diesen Nachteil. In der weiteren Entwicklung dieser Kolbentype wurde sie durch Verbreiterung des Invar-Streifens verbessert, es entstand der Breitplattenkolben nach Abb. 58. Der Kolbenschaft wird häufig noch mit einem Längsschlitz versehen, welcher die Anschmiegung des Kolbenschaftes an die Zylinderwand erleichtert und gleichzeitig eine Sicherung gegen das Fressen bei zu knapper Bemessung des Schaftspieles darstellt.

Die Nelson-Kolben werden nach Abb. 59 auch mit glattem Schaft ohne Fenster ausgeführt. Die Verminderung der Wärmedehnung kann dabei nach Abb. 60 an Stelle eines breiten Invar-Streifens durch zwei schmale Streifen erzielt werden. Diese Bauart bietet größere Dichtigkeit gegen das Durchdringen von Öl aus dem Kurbelraum. Eine weitere Abart entstand aus dem Invar-Kolben durch die Vereinigung der zwei Invar-Streifen zu einem Rahmen.

Bei Verwendung von Invar-Kolben erweist es sich besonders bei Hochleistungsmotoren als notwendig, den im vorigen Abschnitt besprochenen Niresist-Ringträger einzugießen,

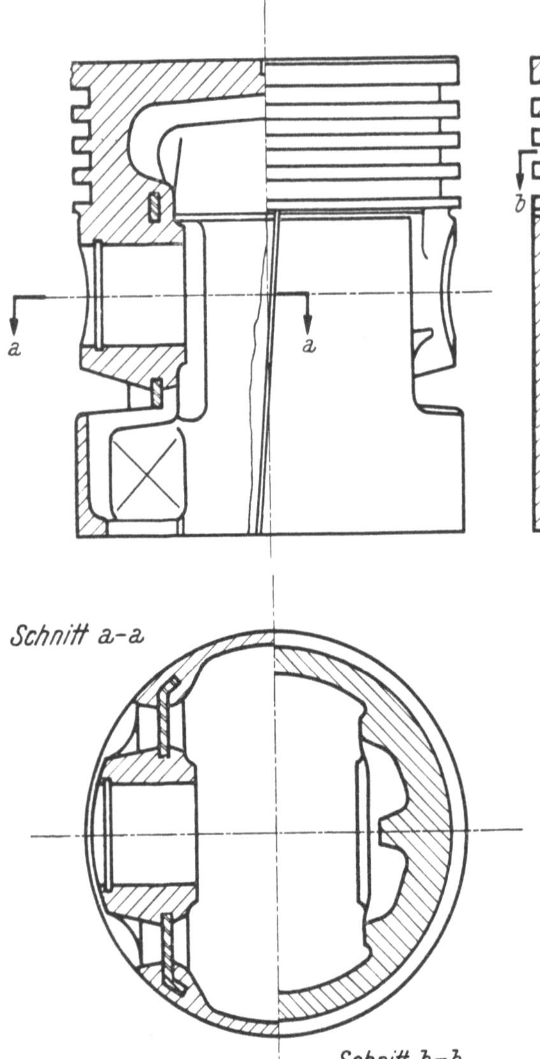

Abb. 58.   Nelson-Breitplattenkolben.
Ernst Mahle Komm.-Ges.

um den sonst übermäßig beanspruchten obersten Kolbenring etwas zu entlasten, da hier der Ringteil nahezu die gesamte vom Kolben aufgenommene Wärme abzuleiten hat.

β) Der Autothermic-Kolben.

Aus preislichen Gründen verwendet man in der letzten Zeit für größere Ansprüche an Laufruhe statt des teuren Nelson-Kolbens eine neue Konstruktion, die größere Geräuschlosigkeit im Lauf mit größerer Billigkeit verbindet. Die Wirkungsweise dieses Autothermic-Kolbens beruht nach Abb. 61 auf der Bimetallwirkung eines in das Leichtmetall eingegossenen Metallstreifens. Die auftretende Wärmedehnung wird in eine Krümmung der Kolbenwand umgesetzt, der Kolbenschaft wird oval, behält jedoch in der Druckrichtung bei warmer und kalter Maschine sein geringes Spiel.

γ) Der Schlitzmantelkolben.

Das Bestreben, die bei Verwendung von Invar-Kolben erreichten geringen Laufspiele auf billigere Weise zu erreichen, führte zur Entwicklung der Schlitzmantelkolben, die heute in verschiedenen Ausführungen gebaut werden. Die Lauffläche der Kolben wird durch verschieden angeordnete Schlitze so nachgiebig gemacht, daß man mit kleinen Laufspielen auskommt. Mit Querschlitzen unterhalb des Kolbenringteiles, die den

Wärmefluß zum Schaft unterbinden, erreicht man eine weit geringere Ausdehnung desselben. Da man bei der Anordnung von Querschlitzen bewußt auf eine Wärmeabführung durch den Schaft verzichtet, muß die gesamte auf den Kolben entfallende Wärmemenge durch die Kolbenringe auf die Zylinderlauffläche übergehen. Eine Verbindung von Kolbenschaft und Kolbenboden besteht nur durch die nach beiden Richtungen abge-

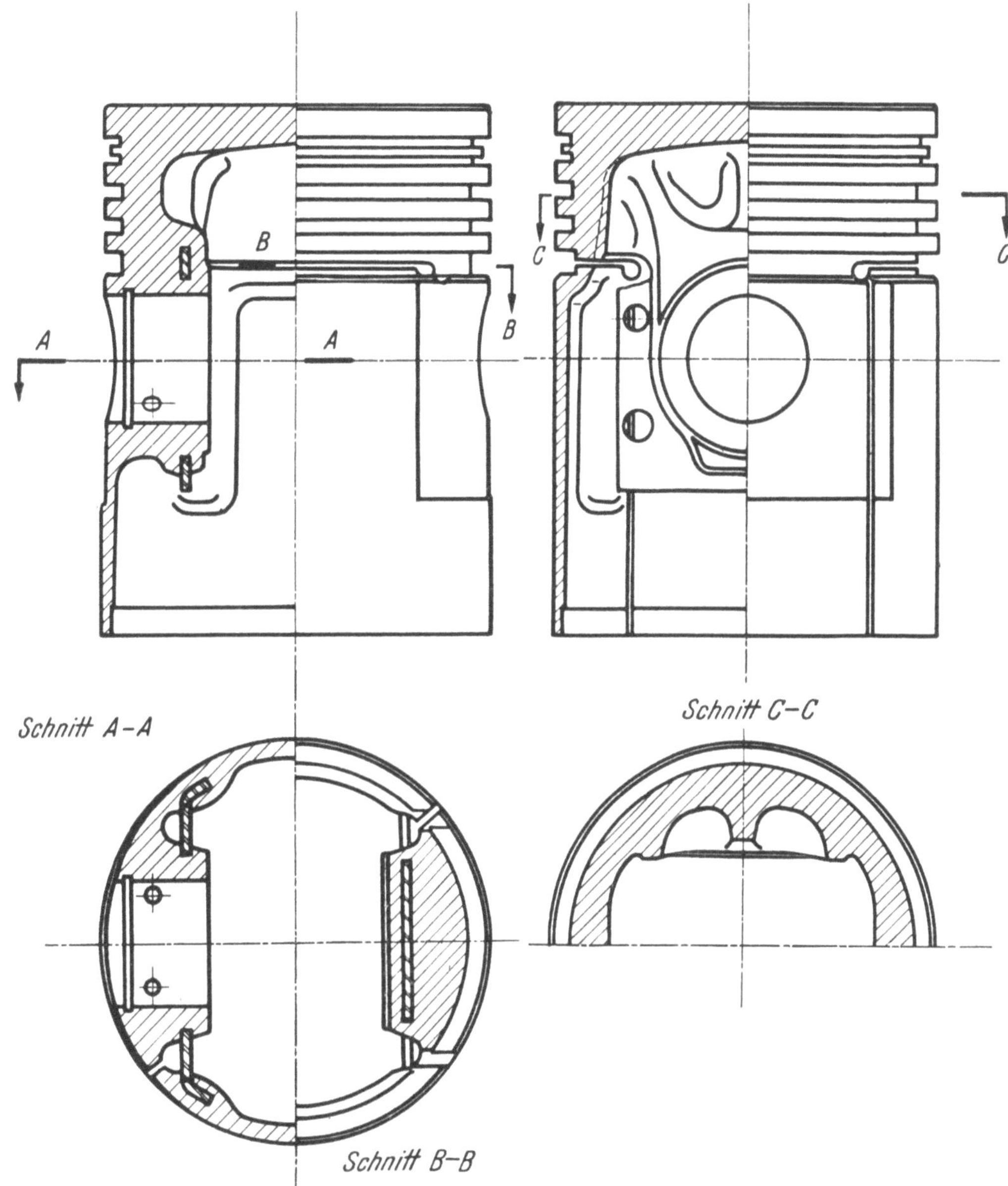

Abb. 59. Glattschaftige Nelson-Kolben (ohne Fenster). Breitplattenkolben.

stützten Kolbenbolzenaugen. Die zweckmäßige Abstützung der Augen gegen Schaft und Boden ist von größter Wichtigkeit. Einige erprobte Konstruktionen dieser Art seien im folgenden beschrieben.

Der T-Schlitzmantelkolben (Curved relief-Form) Abb. 62 wird heute von verschiedenen deutschen und amerikanischen Automobilfabriken bevorzugt. Die Kolbenbolzenaugen sind mittels kräftiger Rippen gegen den Kolbenboden abgestützt und liegen

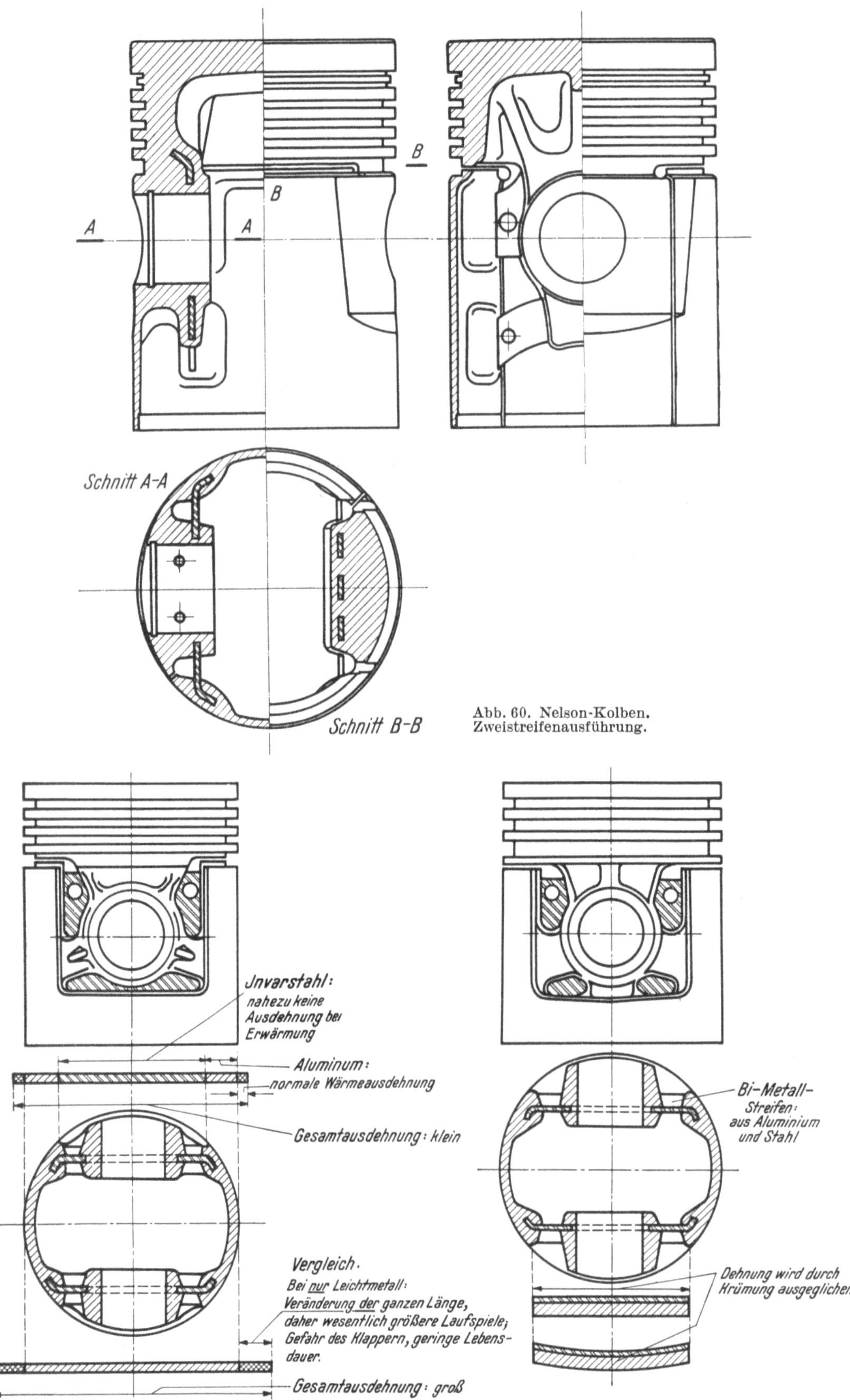

Abb. 60. Nelson-Kolben.
Zweistreifenausführung.

Abb. 61. Vergleich der Wirkungen eines Nelson-Kolbens (links) und eines Autothermic-Kolbens (rechts).

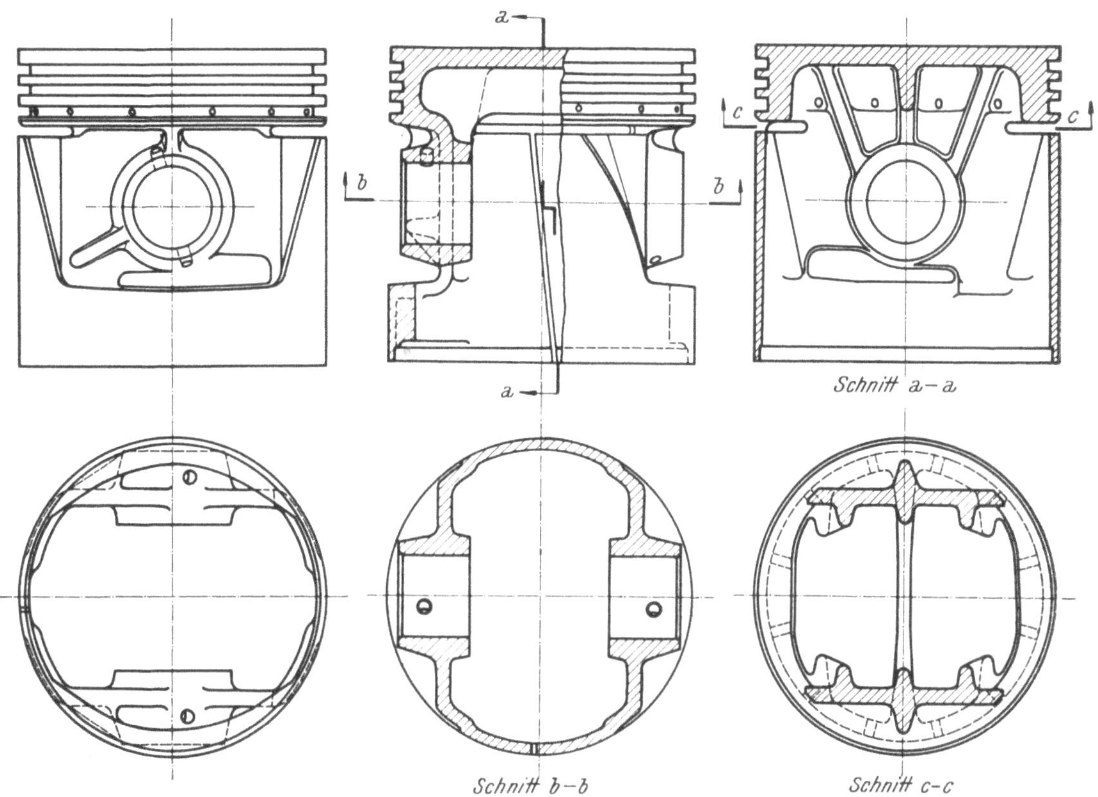

Abb. 62. T-Schlitzmantelkolben des Ford V-Achtzylinder (Curved relief-Form).

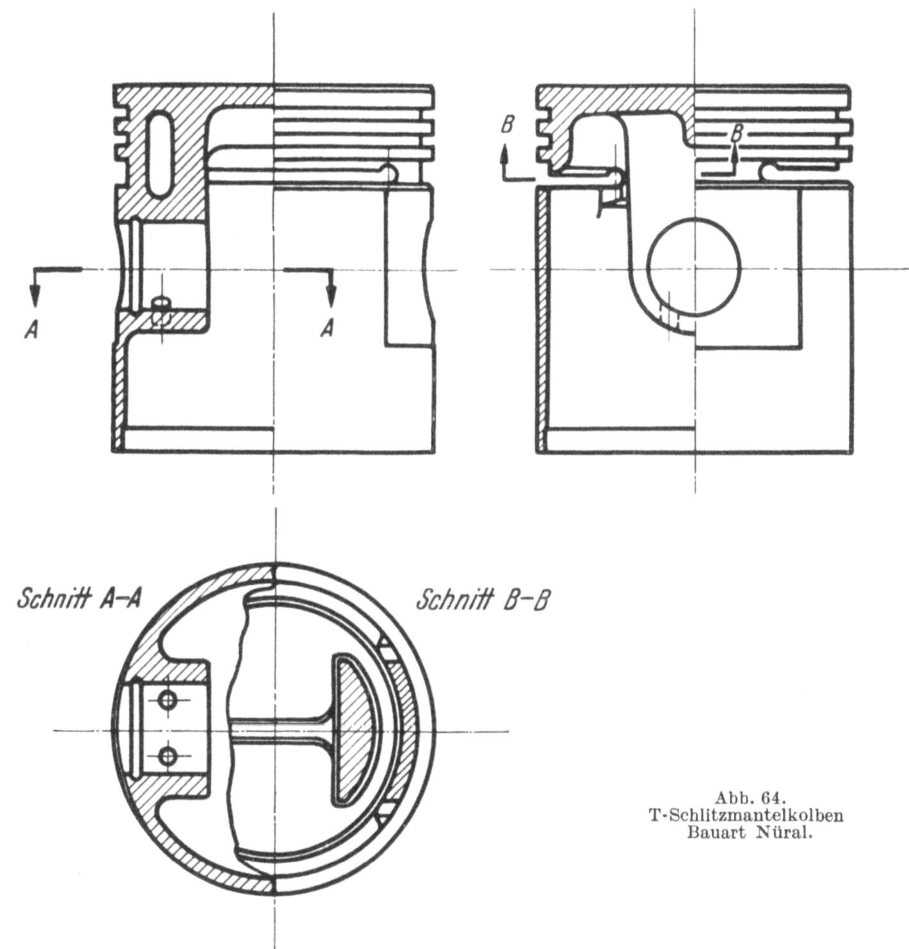

Abb. 64.
T-Schlitzmantelkolben
Bauart Nüral.

in eingezogenen Fenstern. Das starke Einziehen des Kolbenschaftes hat den Zweck, den vollständig durchgeschlitzten Kolbenmantel gut abzustützen.

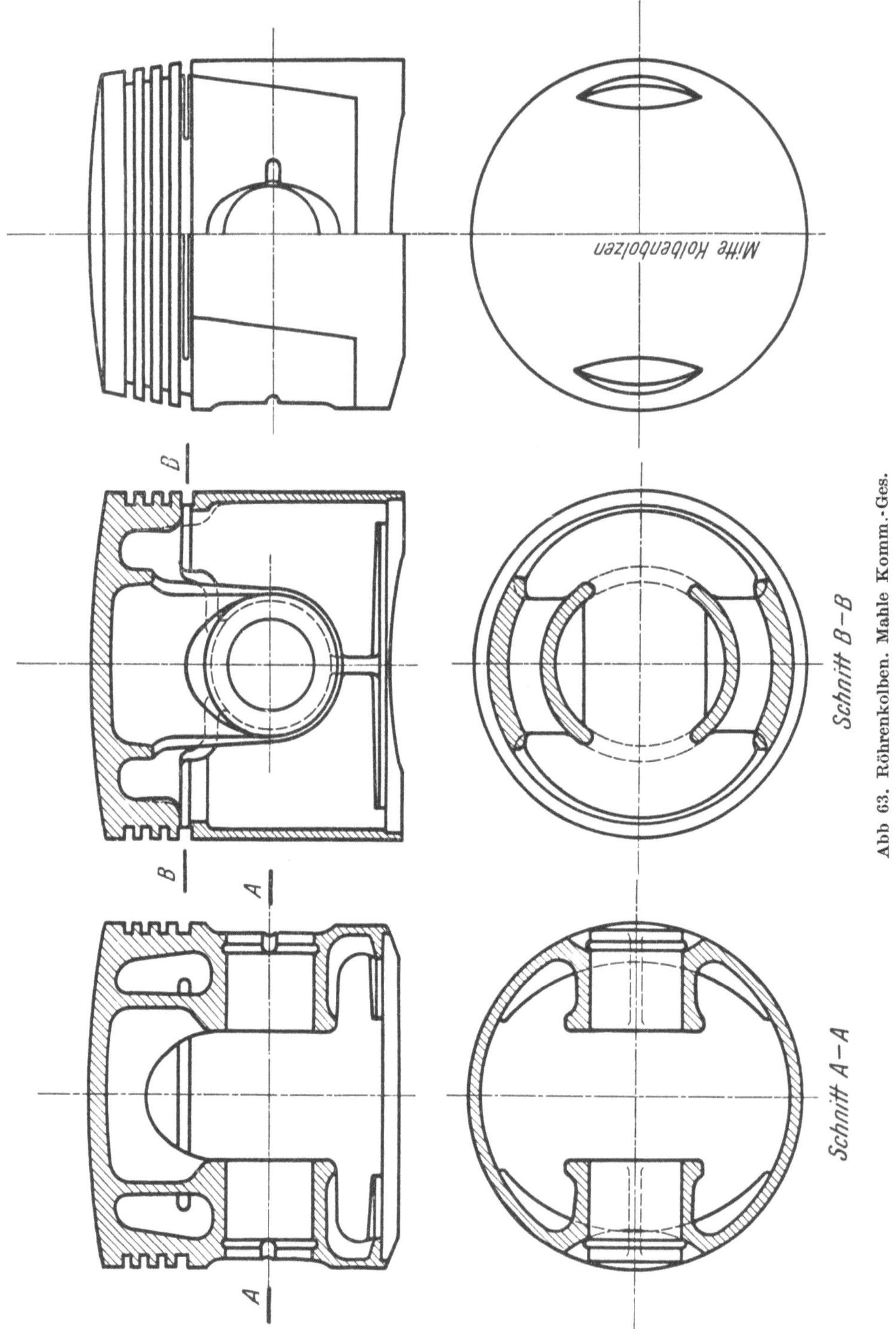

Abb 63. Röhrenkolben. Mahle Komm.-Ges.

Bei Schlitzmantelkolben ist der gegen den untersten Kolbenring zugekehrte Teil des geschlitzten Kolbenmantels etwa an der Ausgangsstelle des Horizontalschlitzes, unterhalb der letzten Kolbenringnut gefährdet, da der Kolbenmantel an dieser Stelle nicht federnd nachgibt und daher bei kleinem Kolbenspiel zum Fressen neigt. Bei der Bauart

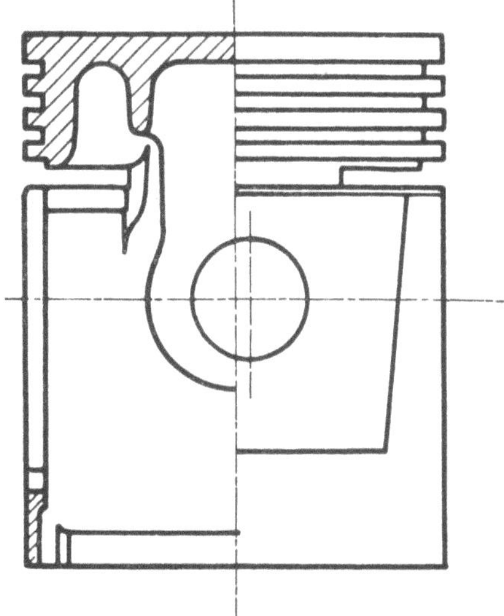

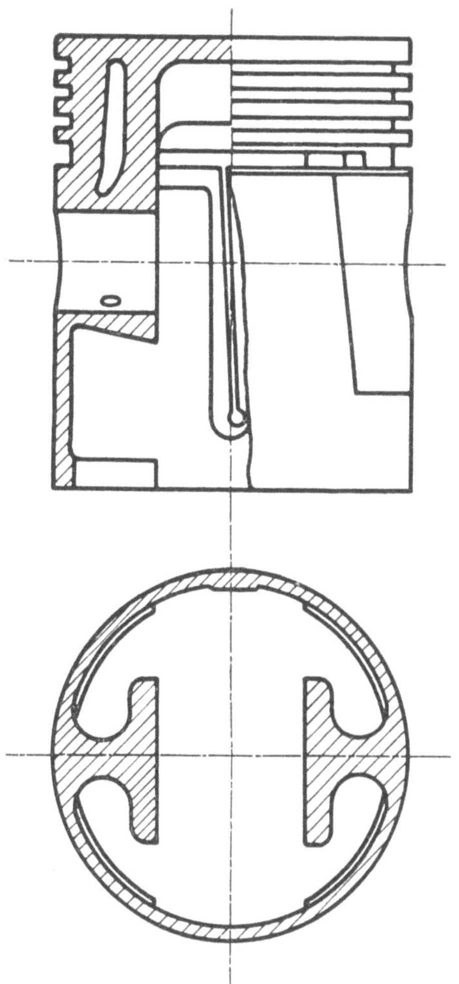

Abb. 65. T-Schlitzmantelkolben. Bauart Nüral.

nach Abb. 62 ist die gefährdete, dreieckförmige Stelle (Freßdreieck) frei gegossen. Die Begrenzung der Lauffläche ist nach dem Kolbenboden zu durch eine Kurve gebildet. Für diese Bauart können Cu-Al-Legierungen verwendet werden.

Die Mahle Komm.-Ges hat den *Röhrenkolben* entwickelt, der sich für die Ausführung als Schlitzmantelkolben besonders gut eignet. Diese Bauart zeichnet sich durch eine gute Verbindung der Kolbenbolzenaugen mit dem Kolbenboden aus. Sie erfolgt nach Abb. 63, Schnitt *B—B*, durch einen röhrenförmigen Querschnitt. Der Trennschlitz zwischen Kolbenboden und Schaft kann bei dieser Art der Ausführung auch anders wie in der Abbildung durchgehend ausgeführt werden. Die Abb. 64 zeigt einen Kolben mit T-Schlitz, die Kolbenform ist steifer als bei durchgehendem Querschlitz und verlangt die Verwendung von Si-Al-Legierungen mit geringem Wärmeausdehnungskoeffizient. Beim T-Schlitzmantelkolben nach Abb. 65 erfolgt die Verbindung von Boden und Bolzenaugen durch T-förmige Abstützrippen. Hier kann die vollständige Abtrennung des Schaftes vom Kolbenboden nicht zur Gänze durchgeführt werden, daher erfordert diese Bauart die Verwendung von Si-Al-Legierungen.

δ) Glattschaftige Kolben.

Die fortgeschrittene Entwicklung der Si-Al-Legierungen mit geringen Ausdehnungskoeffizienten macht die Verwendung von glattschaftigen Kolben nach Abb. 66 mit in bezug auf Geräuschlosigkeit erträglichem Spiel möglich. Vom Standpunkt der Wärmeleitung und der Kraftübertragung ist der glattschaftige Kolben allen anderen Bauarten überlegen. Er wird überall dort eingebaut, wo die Ansprüche an die Laufruhe gegenüber den Leistungseigenschaften des Kolbens zurücktreten, wie bei Motorradmotoren, Sportkraftwagen- und Rennmotoren.

Neuerdings verwendet man an Stelle der durch Kokillenguß hergestellten Kolben für besonders hohe Beanspruchungen Kolben aus gepreßter Leichtmetallegierung. Das gepreßte Material ist dem gegossenen in bezug auf Festigkeit überlegen. So ist z. B. die

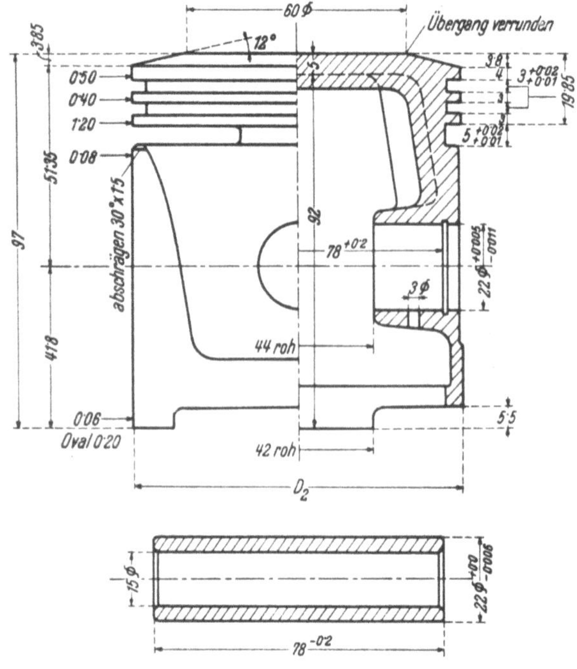

Abb. 66. Glattschaftiger Kolben. Opel 3,6l.

Dauerbiegefestigkeit der gepreßten Legierung EC-124 10,4 kg/mm² und liegt damit wesentlich höher als die der gegossenen Legierung mit 6,0 kg/mm². Entsprechend dieser höheren Dauerbiegefestigkeit können die auf Festigkeit beanspruchten Kolbenquerschnitte verkleinert werden, soweit sie nicht durch den Wärmefluß gegeben sind, so daß man mit gepreßten Kolben kleinere Kolbengewichte erreicht. Aus diesem Grund gewinnen gepreßte Kolben für die Weiterentwicklung schnellaufender Motoren immer mehr an Bedeutung. Es ist denkbar, daß der Kostenunterschied des bis jetzt teuren Preßvorganges gegenüber dem Gießen durch die Materialersparnis ausgeglichen werden kann. Ein Hauptvorteil des gepreßten Kolbens liegt in der Sicherheit gegen Splittern bei Beschädigungen, er ist daher bei Flugmotoren üblich.

3. Kolbenringe.

a) Abdichtwirkung selbstspannender Kolbenringe.

Von Dr. C. ENGLISCH.

α) Gasdurchtritt.

Voraussetzung für die richtige Wirkung selbstspannender Kolbenringe ist das Vorhandensein einer geschlossenen Linienberührung zwischen den Laufflächen des Ringes und des Zylinders über den ganzen Umfang, ferner das ·gasdichte Anliegen einer der Flanken des Kolbenringes an der entsprechenden Flanke der Kolbenringnut. Treffen diese Bedingungen zu, so ist die einzige Stelle, an welcher ein Gasdurchtritt erfolgen kann, die Stoßstelle des Ringes. Die durch diesen Spalt entstehenden Verluste sind äußerst gering, und zwar auch dann noch, wenn das Stoßspiel, das für den neuen Ring mit etwa $^1/_{200}$ bis $^1/_{250}$ des Ringdurchmessers gewählt wird, durch die natürliche Abnützung des Ringes merklich vergrößert wurde. Wenn auch Unvollkommenheiten in der Ausführung der Ringe, der Kolben und der Zylinder, ebenso wie auch durch Wärmespannungen hervorgerufene Abweichungen dieser Teile von der ursprünglichen geometrischen Form, ferner aber auch die Bewegungsverhältnisse des Kolbens und der Kolbenringe es mit sich bringen, daß der Gasverlust durch Kolbenringdichtungen stets etwas größer ist, als es die auf ideale Verhältnisse aufgebaute Rechnung ergibt, so sind die Verlustmengen bei ordnungsgemäß arbeitenden Ringen doch nur gering. Sie betragen, je nach der Drehzahl und dem Hubverhältnis, etwa 0,2 bis 1,0 % des Ansaugvolumens, wobei die kleineren Werte den höheren Drehzahlen und dem größeren Hubverhältnis zugeordnet sind.

Der Gasverlust durch eine gegebene Kolbenringdichtung ist, solange die Kolbenringe richtig arbeiten, von der Drehzahl nur in geringem Maß abhängig: die Durchtrittsmenge sinkt bei kleinen Drehzahlen mit steigender Drehzahl zunächst rasch, bei hohen Drehzahlen jedoch nur unbedeutend. Der Abfall mit steigender Drehzahl wird aber

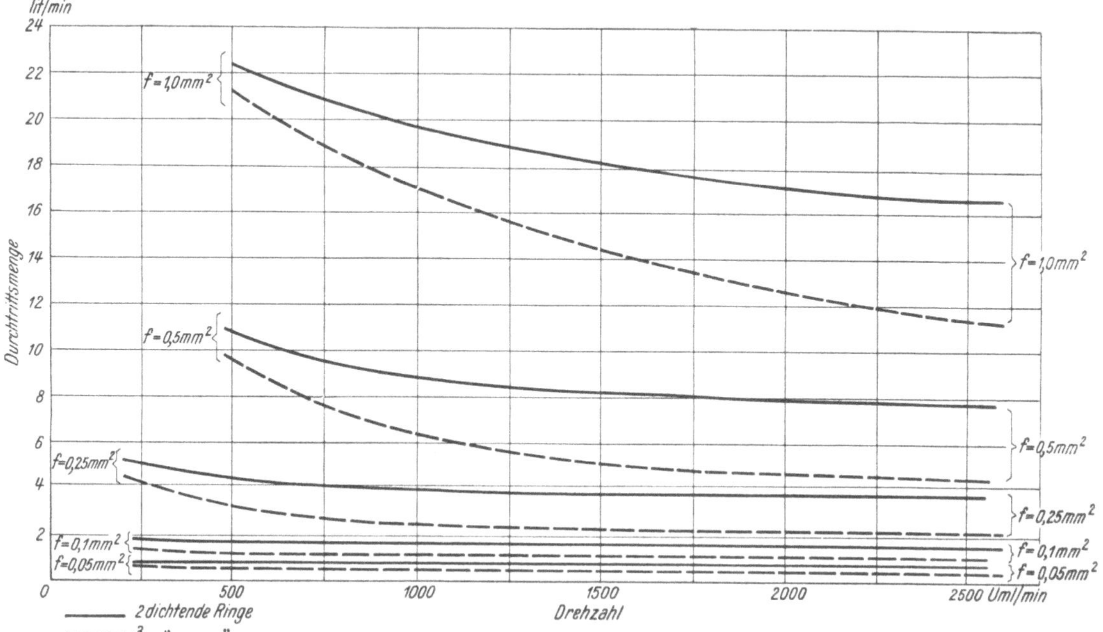

Abb. 67. Berechnete Gasdurchtrittsmengen durch Kolbenringdichtungen. f = freier Durchstromquerschnitt.

um so deutlicher, je **größer** der innerhalb der Ringdichtung vorhandene Durchflußquerschnitt ist. Die Durchflußmenge hängt daneben naturgemäß von der Größe des Durchflußquerschnittes, ferner von der Anzahl der zu einer Dichtung vereinigten Ringe so ab, daß mit steigender Ringzahl die Durchflußmenge kleiner wird, wobei der Einfluß jedes weiteren Ringes immer geringer wird als jener des vorhergehenden. Abb. 67 gibt einen Einblick in diese Verhältnisse.

β) Druckverlauf in Kolbendichtungen.

Der Druck, der sich hinter den Kolbenringen einstellt, folgt dem Druckverlauf im Verbrennungsraum; es kann hierbei angenommen werden, daß bei langsam laufenden Maschinen der Druck hinter dem ersten Ring mit dem Druck im Verbrennungsraum zeitlich und der Höhe nach völlig übereinstimmt. Bei rascher laufenden Maschinen, etwa bei Drehzahlen von 1500 aufwärts, bleibt aber bei den üblicherweise angewendeten axialen Spielen der Ringe in den Nuten der Druck hinter jenem im Verbrennungsraum der Höhe nach um so mehr zurück und erscheint in seinem zeitlichen Verlauf diesem gegenüber in der Phase um so mehr verschoben, je höher die Drehzahl ist.

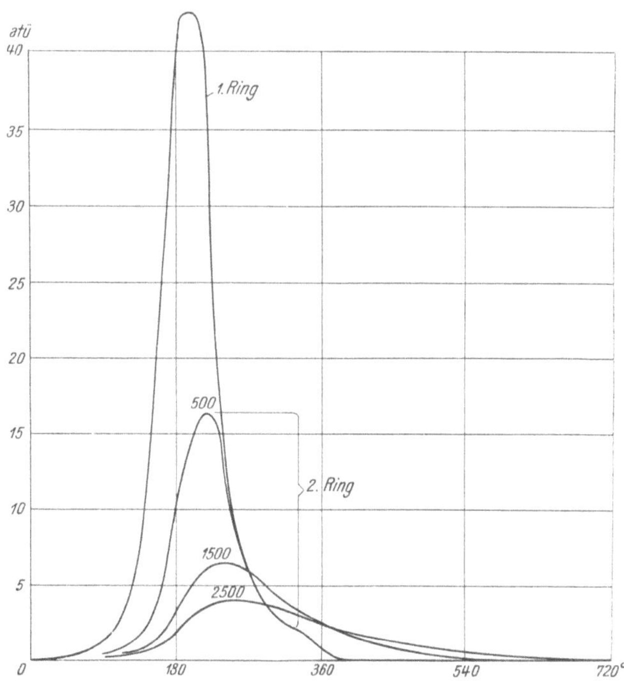

Abb. 68. Berechnete Drücke hinter dem zweiten Kolbenring. Einfluß der Drehzahl bei gleichbleibendem Durchtrittsquerschnitt f = 0,25 mm² Arbeitsdiagramm eines Diesel-Motors. Zwei dichtende Ringe

Der Druck hinter den weiter abwärts gelegenen Kolbenringen liegt nach Abb. 68 und 69 stets niedriger als der Druck im Verbrennungsraum, und zwar um so niedriger, je höher die Maschinendrehzahl ist und je mehr Kolbenringe zwischen dem betrachteten Ring und dem Verbrennungsraum liegen, dagegen um so höher, je mehr Ringe noch unterhalb dieses Ringes vorgesehen sind. Der Druck hinter den Ringen wird ferner nach Abb. 69 um so höher, je knapper die Nutenräume hinter den Ringen bemessen sind und je größer das axiale Spiel der Ringe in den Nuten ist. Dagegen nimmt die Phasenverschiebung im Druckverlauf hinter den Ringen in allen jenen Fällen zu, in denen die Druckhöhe herabgesenkt wird: also mit steigender Drehzahl, mit der Vergrößerung der Nutenräume und mit der Verringerung des axialen Spieles. Bei sehr hohen Drehzahlen kommt es, insbesondere bei Zweitaktmaschinen, nicht mehr zur völligen Entspannung der Nutenräume zu Ende des Arbeitsspieles, vielmehr kann ein mittlerer Druck hinter den Ringen erhalten bleiben,

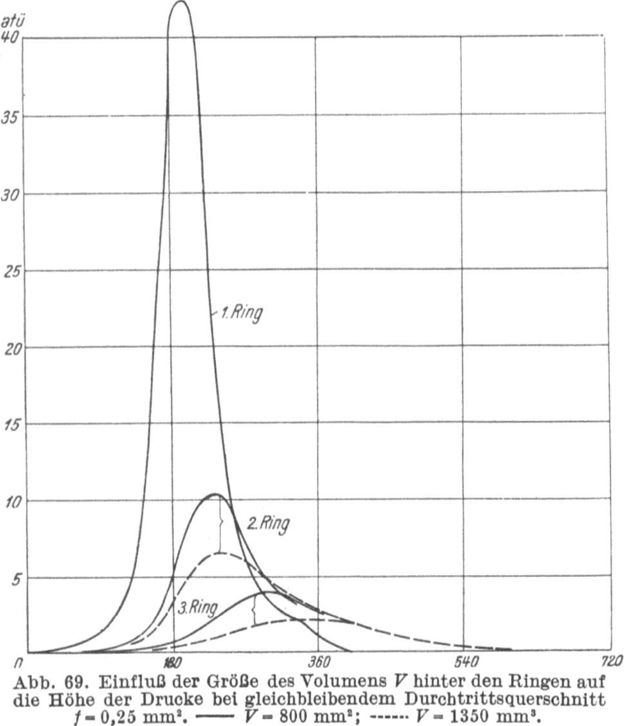

Abb. 69. Einfluß der Größe des Volumens V hinter den Ringen auf die Höhe der Drucke bei gleichbleibendem Durchtrittsquerschnitt $f = 0{,}25$ mm². —— $V = 800$ mm²; ------ $V = 1350$ mm³.

über den sich eine — besonders bei den weiter abwärts gelegenen Ringen nur recht geringfügige — Druckschwankung überlagert. Die Art des Druckverlaufes in den Kolbenringnuten spiegelt sich im Verschleißbild des Zylinders wider.

γ) Ringspannung. — Anpreßdruck.

Zur richtigen Wirkungsweise der selbstspannenden Kolbenringe ist eine gewisse Mindesteigenspannung des Ringes notwendig; ist diese nicht oder nicht in genügendem Maß vorhanden, so liegt der Ring unvollkommen an der Zylinderwandung an. Der volle Gasdruck vermag, wenigstens örtlich und plötzlich von außen her, auf die Lauffläche des Ringes zu wirken und diesen von der Zylinderwandung abzuheben, noch ehe sich ein wirksamer Gegendruck hinter dem Ring in der Ringnut einstellen kann.

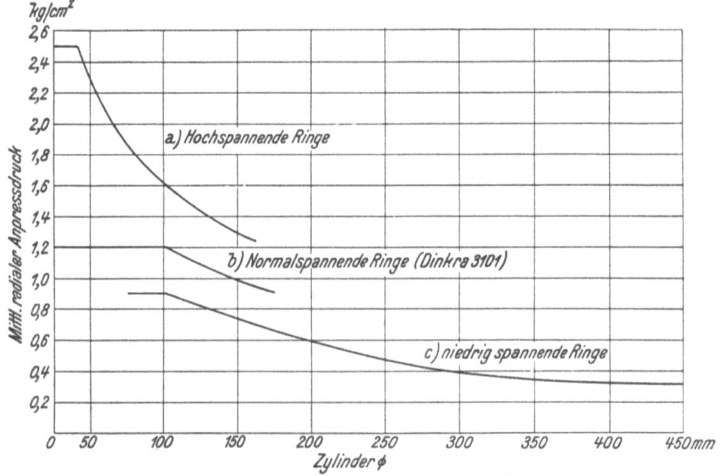

Abb. 70. Günstigster Anpreßdruck für Kolbenringe.

Der zu wählende Anpreßdruck der Kolbenringe steht in enger Wechselbeziehung mit der Drehzahl und dem Zylinderdurchmesser der Maschine; Abb. 70 gibt einen Anhalt für günstige Anpreßdruckwerte. Für besonders rasch laufende Fahrzeugmotoren werden hochspannende Ringe verwendet; ihr mittlerer Anpreßdruck kann bei kleinen Zylinderdurchmessern höher als 2 kg/cm² gewäblt werden, also etwa nach Kurve *a* der Abb. 70. Bei normalen Otto-Kraftwagenmotoren und schnell laufenden Diesel-Motoren verwendet man Werte des Anpreßdruckes nach Kurve *b*. Bei langsam laufenden Maschinen und größeren Zylinderdurchmessern können hohe Anpreßdrücke zu Schwierigkeiten führen; für ortsfeste Maschinen der üblichen Drehzahlen und andere Langsamläufer aller Art werden etwa die Werte der Kurve *c* gelten.

δ) Axiale Höhe der Ringe.

Von der axialen Höhe der Ringe wird unter anderem in hohem Maß der Wärmedurchgang vom Kolben zur Zylinderlauffläche bestimmt: hohe, gut tragende Ringe ergeben niedrigere Temperaturen des Kolbens und der Ringe selbst. Daher wird man in Fällen, in denen getrachtet werden muß, die Temperatur des Kolbens zu senken, hohe Kolbenringe wählen müssen. Abgesehen davon aber, daß der hohe Ring auch höhere Massenkräfte ergibt und daher nicht nur ein stärkeres Ausschlagen der Nuten bewirkt,

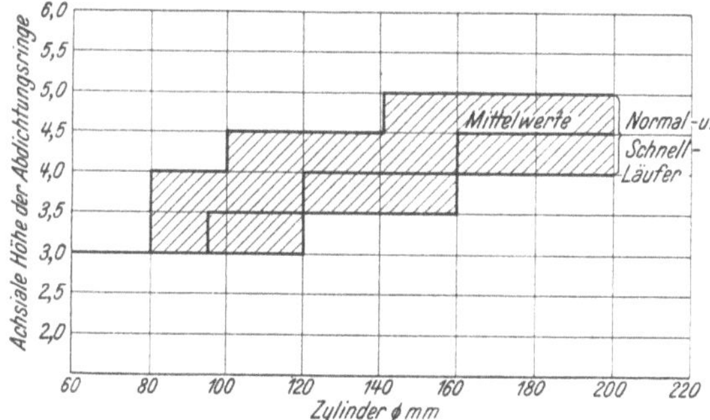

Abb. 71. Ringhöhen für Otto-Motoren.

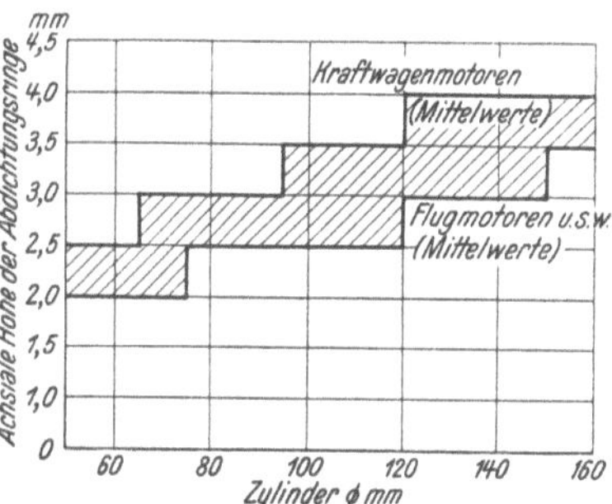

Abb. 72. Ringhöhen für Diesel-Motoren.

sondern auch infolge der höheren Massenkräfte schon bei niedrigeren Drehzahlen vom Sitz in den Nuten abgehoben wird, hat der niedrige Ring noch den weiteren Vorteil, an Bauhöhe zu sparen. Die Ringhöhe darf aber auch keinesfalls allzu sparsam bemessen werden: die notwendige axiale Steifigkeit des Kolbenringes darf in keinem Fall verlorengehen. Bei Verwendung übermäßig schmaler Ringe steigen überdies sowohl der Ringverschleiß als auch der Büchsenverschleiß bedeutend an; dennoch werden z. B. für Rennmotoren Graugußkolbenringe von nur 1 mm axialer Höhe verwendet.

Einen Anhalt für die zu wählende Ringhöhe von Otto-Motoren gibt Abb. 71, für Diesel-Motoren Abb. 72. Drehzahl und Höchstwert des Verbrennungsdruckes sind bei der Wahl der Ringzahl und der Ringhöhe mit zu berücksichtigen; hohe Drücke verlangen größere Ringzahl, hohe Drehzahlen gestatten Verringerung sowohl der Ringzahl als auch der Ringhöhe.

ε) Das „Flattern" der Kolbenringe.

Störungen an der beabsichtigten Wirkungsweise selbstspannender Kolbenringe treten unter Umständen bei rasch laufenden Maschinen auf; sie sind als das Flattern der Kolbenringe bekannt und äußern sich vor allem dadurch, daß der Gasdurchtritt aus dem Verbrennungsraum in den Kurbelraum durch die Kolbenringdichtung hindurch auf ein Vielfaches des normalen Durchtrittes ansteigt. In jedem Fall aber — und dies ist vielfach die kennzeichnendste Erscheinung — erhöht sich der Ölverbrauch beim Einsetzen dieser Ringstörungen ganz bedeutend.

Abb. 73 zeigt den Vergleich zwischen einer ungestörten und einer gestörten Gasdurchlaßkurve an der gleichen Maschine. Die Höhe der beobachteten Gasdurchblasmenge nach Kurve *b* läßt darauf schließen, daß es sich um ein völliges Versagen der Ringdichtung handelt. Flatternde Kolbenringe äußern sich durch vermehrtes Dunsten der Maschine aus dem Kurbelraum; in der Maschine ist ferner häufig ein tickendes oder klopfendes Geräusch zu hören, das bei sehr starkem Flattern auch in ein dumpfes Puffen übergehen kann.

Das Flattern der Kolbenringe scheint mit der Eigenschwingungszahl der letzteren nicht zusammenzuhängen. Eingeleitet wird diese Störung durch folgende Umstände:

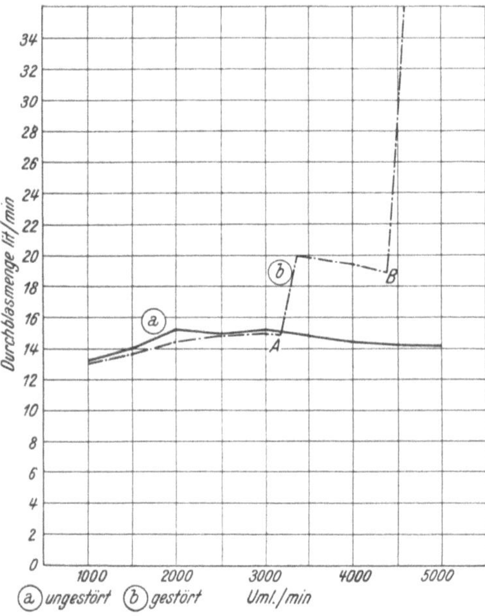

Abb. 73. Gemessene Durchtrittsmengen bei normalen Verhältnissen (a) und beim Flattern (b).

Der zweite, bzw. alle unterhalb des ersten Ringes gelegenen Kolbenringe sind bei rasch laufenden Maschinen nach Abb. 69 nur mehr durch verhältnismäßig recht niedere Drücke belastet. Bei Drehzahlen, die durchaus noch in den normalen Drehzahlbereich der Maschinen fallen, ist ein Abheben dieser Ringe von ihrem Sitz, also von der unteren Nutenflanke schon durch die Massenkräfte allein möglich. Unterstützt wird dieses Abheben überdies durch den Druck des durch die Kolbenringe von den Zylinderwandungen abgestreiften Öles. Falls dieses keine genügend großen Querschnitte vorfindet, durch welche es unbehindert abfließen kann, oder falls nicht Sammelnuten u. dgl. von genügendem Fassungsvermögen vorgesehen werden, um das gesamte abgestreifte Öl aufzunehmen, können die Drücke im Öl beträchtliche Höhe erreichen. Wird der Kolbenring von seiner unteren Flanke abgehoben, so wird der hinter dem Ring befindliche Gasdruck zerstört und die Abdichtwirkung des Ringes ist aufgehoben; die gesamte Dichtwirkung geht dann auf den ersten Kolbenring allein über. Die erste in den Durchblasekurven erkennbar werdende Störung in Punkt A, Abb. 73, geht stets vom Versagen der unteren Ringe aus.

Diese Störungen an den unteren Ringen lassen sich durch Verwendung von hoch-

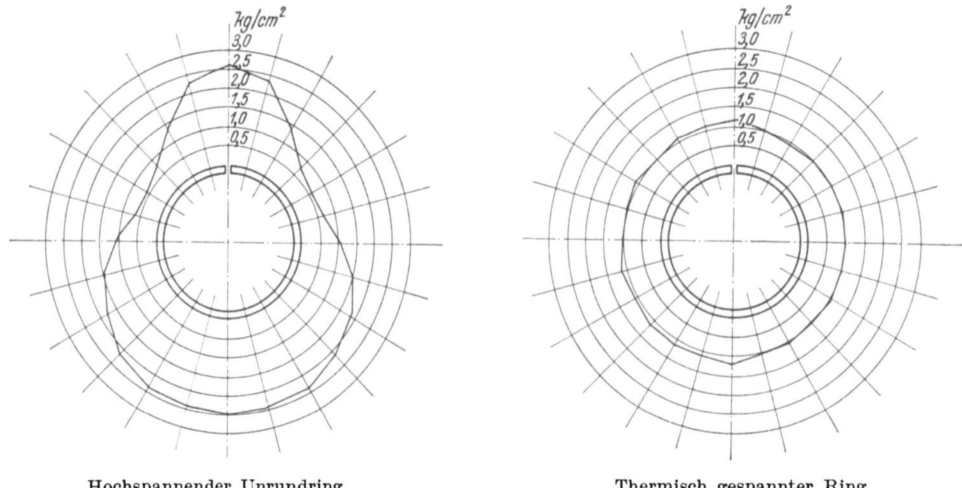

Hochspannender Unrundring.   Thermisch gespannter Ring.

Abb. 74. Radialdruckkurven von Kolbenringen.

spannenden Ringen mit geringer axialer Höhe beherrschen; es ist durchaus angebracht, den zweiten und gegebenenfalls den dritten Ring niedriger zu wählen, als den ersten Ring. Für das abgestreifte Öl sind genügende Ablauf- oder Sammelmöglichkeiten sowohl im Grunde der Ölringnut, gegebenenfalls auch unterhalb derselben, als auch zwischen dem Ölring und dem untersten Kompressionsring vorzusehen. Aus dem Vorstehenden ist auch der Wert der zwischen dem untersten Kompressionsring und dem Ölabstreifring häufig vorgesehenen Rille oder Nut erklärlich; auch ein Zurücksetzen des äußeren Ringstegdurchmessers zwischen diesen beiden Ringen bringt vielfach den gewünschten Erfolg, da auch durch diese Maßnahme dem abgestreiften Öl genügend Raum geboten werden kann, um sich ohne unzulässige Drucksteigerung beim Abwärtsgang des Kolbens ansammeln zu können.

Kommt bei noch höherer Drehzahl auch der erste Ring zum Versagen, so schnellt nach Punkt *B*, Abb. 73, die Durchblaskurve auf Werte hinauf, die das Fünf- und Mehr-

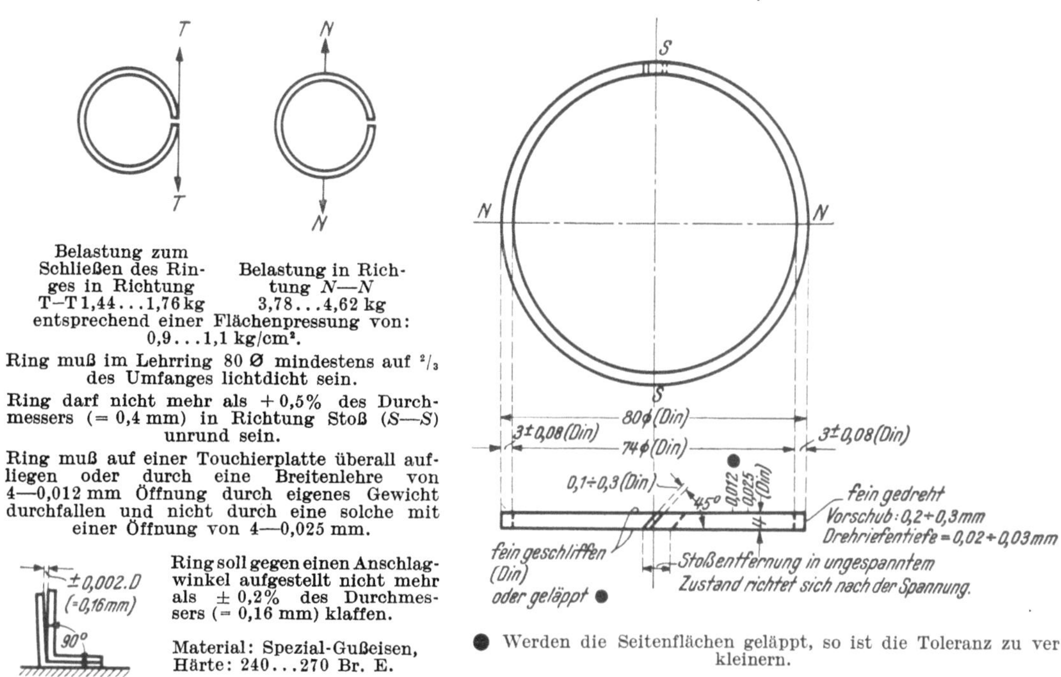

Abb. 75. Werk- und Prüfzeichnung eines Kolbenringes.

fache der normalen Durchblasmenge betragen. Das Flattern des ersten Ringes wird durch alle jene Umstände begünstigt, die den Druck hinter dem ersten Ring nicht zur vollen Ausbildung kommen lassen, sowie auch durch alle jene Verhältnisse, die ein Wirksamwerden des vollen Verbrennungsdruckes auf die Lauffläche des Kolbenringes erleichtern. So wird die Neigung zum Flattern z. B. durch folgendes gefördert: Zu geringe Ringspannung, ungenügender Anpreßdruck an den Stoßenden der Ringe; zu hohe Ringe; starkes Kippen des Kolbens; übermäßig tief eingestochene Kolbenringnuten; sehr knappes axiales Spiel des ersten Ringes in seiner Nut usw. Auch die Lage der Ringstöße relativ zum Kolben beeinflußt die Höhe der Flatterdrehzahl; diese liegt niedriger, wenn die Ringstöße senkrecht zur Richtung des Kolbenbolzens, höher, wenn sie parallel zu diesem liegen. Aus diesem Grunde kann ein Sichern der Kolbenringe gegen Verdrehen auch bei Viertaktmaschinen von Vorteil sein; allerdings neigen derart gesicherte Ringe etwas eher zum Festbrennen.

Von überragender Wichtigkeit und für die Lebensdauer der Ringe maßgebend ist dabei die Höhe des Anpreßdruckes an den Ringstoßenden, welche naturgemäß deren schwächsten Punkt vorstellen und an welchen durch die fortschreitende normale Abnützung der Ringe der Anpreßdruck rascher und in stärkerem Maß abfällt, als am übrigen Ringumfang. Für kleinere rasch laufende Motoren werden daher die nach dem Unrundverfahren hergestellten Ringe dank der diesen Ringen eigentümlichen Verteilung des Anpreßdruckes, den thermisch gespannten Ringen in letzter Zeit immer mehr und mehr vorgezogen. Einen Vergleich der Anpreßdruckverteilung bei beiden Ringarten ermöglichen die Abb. 74.

b) Kolbenringstoß.

Während man früher der Ansicht war, daß die Gasdichtheit wesentlich vom Kolbenringstoß abhängt und daher kompliziert überlappte Kolbenringstöße herstellte, gibt man heute fast allgemein dem schrägen Stoß nach Abb. 75 den Vorzug. Der Einfluß des Stoßes auf die Gasdichtheit ist gering, wie sich aus dem Abschnitt über die Abdichtwirkung schließen läßt. Der schräge Stoß läßt sich einfach und genau herstellen und ist robust und betriebssicher.

c) Ölabstreifringe.

Die Ölabstreifringe haben die wichtige Aufgabe, den Durchtritt des vom Motortriebwerk abgespritzten Öls zum Verbrennungsraum in zulässigen Grenzen zu halten. Dies gilt besonders auch dann, wenn schon ein größerer Zylinderrohrverschleiß eingetreten ist. Von besonderer Bedeutung ist die Wirkung der Ölabstreifringe bei luftgekühlten Diesel-Motoren, da diese durch das infolge der höheren Betriebstemperaturen notwendige größere Kolbenlaufspiel zu höherem Ölverbrauch neigen.

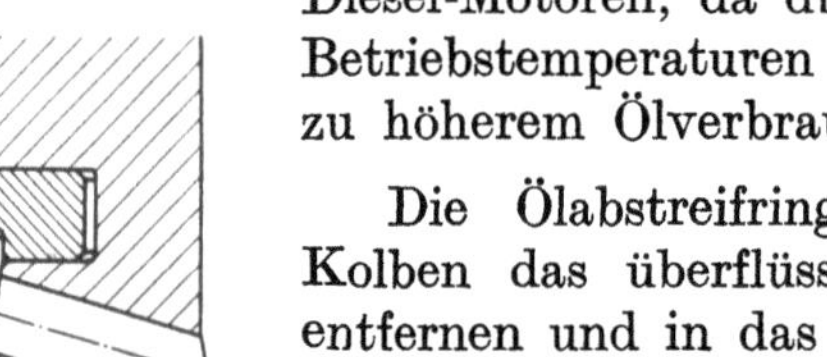

Die Ölabstreifringe sollen beim Abwärtsgang der Kolben das überflüssige Öl von der Zylinderlaufwand entfernen und in das Kolbeninnere zurückführen.

Meist wird der Ölabstreifring nach Abb. 76a als Schlitzring ausgebildet.

Er ist in der Lauffläche mit einer ringförmigen Eindrehung versehen, die als Ölsammelraum dient und die Flächenpressung der verbleibenden Ringstege gegen die Zylinderlauffläche erhöht. Das Öl wird durch Schlitze im Ring hinter diesen geführt und kann von dort durch zahlreiche Rückführungslöcher im Kolben in das Kolbeninnere abfließen. Bei Diesel-Motoren verstopfen sich die Schlitze infolge der im Schmieröl enthaltenen Verbrennungsrückstände leicht, weshalb die Schlitzbreite abweichend

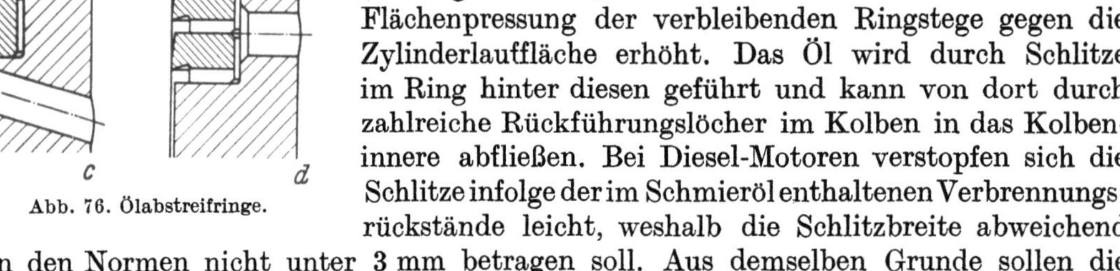

Abb. 76. Ölabstreifringe.

von den Normen nicht unter 3 mm betragen soll. Aus demselben Grunde sollen die Ölrückführungsbohrungen im Kolben nicht unter 3,5 mm Durchmesser haben.

Die Ölabstreifringe mit Schlitzen können in ihrer Abstreifwirkung durch Anordnung einer Ölsammelnut unterhalb des Ölabstreifringes verbessert werden, falls es die räumlichen Verhältnisse gestatten. Es wird dadurch auch die Abstreifwirkung der unteren Ringkante voll ausgenützt. Von der Ölsammelnut sind ebenfalls Rückführungsbohrungen ins Kolbeninnere vorzusehen. Zur Erhöhung der Öldichtheit bei eingetretenem Zylinderverschleiß ist die Anordnung eines Ölabstreifringes oberhalb des Kolbenbolzens, d. h. an die Dichtungsringe anschließend und eines Ölabstreifringes am Ende des Kolbenschaftes vorzusehen, wenn es die baulichen Verhältnisse gestatten.

Man verwendet Ölschlitzringe mit normaler und mit erhöhter Tangentialspannung.

Eine andere Bauart des Ölabstreifringes nach Abb. 76c besitzt die Abmessungen von Kolbendichtringen und kann deshalb bei Platzmangel besser untergebracht werden. Grundsätzlich ist für die Anwendung des Ölfasenringes nach Abb. 76c die Anordnung einer Ölfangnute mit Rückführungslöchern nötig.

Eine weitere Verstärkung der Ölabstreifwirkung wird durch die Verwendung von sogenannten Ölabstreifnasenringen nach Abb. 76b erreicht. Diese besitzen auf einem

Teil ihrer Ringbreite eine scharfe Eindrehung, so daß eine ausgeprägte Abstreifkante entsteht. Die übrigen Abmessungen entsprechen den Kolbendichtringen. Auch bei Verwendung der Nasenringe ist eine Ölsammelnut mit Rückführungslöchern für das Schmieröl notwendig.

An Stelle eines Ölschlitzringes größerer Breite können in derselben Nute auch zwei Ölabstreifnasenringe angeordnet werden. Allerdings müssen die Ringe auf der unteren Schulterfläche Einfräsungen für das Rückströmen des Öles zum Nutengrund aufweisen. Die Abstreifwirkung dieser Anordnung nach Abb. 76d ist sehr wirksam.

d) Beziehungen zwischen Anpreßdruck, Beanspruchung und Abmessungen der Kolbenringe.

Für die Beanspruchung der Kolbenringe sind zwei Spannungen maßgebend: die Biegungsspannung k_b im eingebauten Zustand, die durch den Anpreßdruck p an die Wände der Zylinder verursacht wird, und die Überstreifbiegespannung $k_{bü}$, welche beim Überstreifen des Ringes über den Kolbenkörper auftritt. Die Beanspruchungen hängen ab von den Verhältniszahlen D/a und s/a. Die Bedeutung der Buchstaben ist aus Abb. 77 ersichtlich. In Abb. 77 sind die Zusammenhänge für einen Elastizitätsmodul $E = 1{,}0 \cdot 10^6 \ \text{kg/cm}^2$ dargestellt. Bei abweichendem Elastizitätsmodul können die Werte des Anpreßdruckes und der Beanspruchungen der Kurventafel genügend genau linear umgerechnet werden. Richtwerte für durchschnittliche Anpreßdrücke und Beanspruchungen sind:

$$p \ = 1 \ \text{kg/cm}^2$$
$$k_b \ = 20 \ \text{bis} \ 23 \ \text{kg/mm}^2$$
$$k_{bü} = 1{,}5 \ k_b.$$

e) Kolbenringnormen.

Richtlinien für die Bemessung von Kolbenringen geben die Zahlentafeln 8 bis 17 oder die entsprechenden Angaben des SAE-Handbuches.

f) Kolbenringmaterial.

Ein brauchbares Kolbenringmaterial weist perlitisch-sorbitisches Gefüge auf, das von feinen Graphitplättchen unterbrochen ist. Vom Gefüge hängt die Verschleißfestigkeit des Ringes ab. Es ist nicht das Ziel der Materialauswahl, eine möglichst große Härte der Ringe anzustreben, sondern eine richtige Abstimmung der Härten von Zylinderwerkstoff und Kolbenringmaterial. Zur Erreichung gleichmäßigen Materialgefüges werden in neuerer Zeit die Kolbenringe im Einzelguß hergestellt. Eine größere Anzahl von Ringformen wird durch einen gemeinsamen Einguß verbunden, so daß jeder Ring unter gleichartigen Verhältnissen gegossen wird.

g) Bearbeitung der Kolbenringe.

Die Bearbeitung der Laufflächen der Kolbenringe erfolgt zweckmäßig durch Feindrehen. Derartig bearbeitete Ringe sind nach kurzer Zeit eingelaufen. Der Vorschub soll 0,2 bis 0,3 mm bei einer Drehriefentiefe von 0,02 bis 0,03 mm betragen. Von großer Wichtigkeit ist die Bearbeitung der Seitenflächen der Ringe. Nach dem Schleifen dieser Flächen werden sie für Leichtmetallkolben geläppt. Die Toleranz der Ringe wird dadurch auf 0,01 mm und weniger verringert.

Die Kolbenringe werden nach der Bearbeitung geprüft. Abb. 75 zeigt als Beispiel eine Werk- und Prüfzeichnung für einen Kolbenring von 80 mm $\varnothing$.

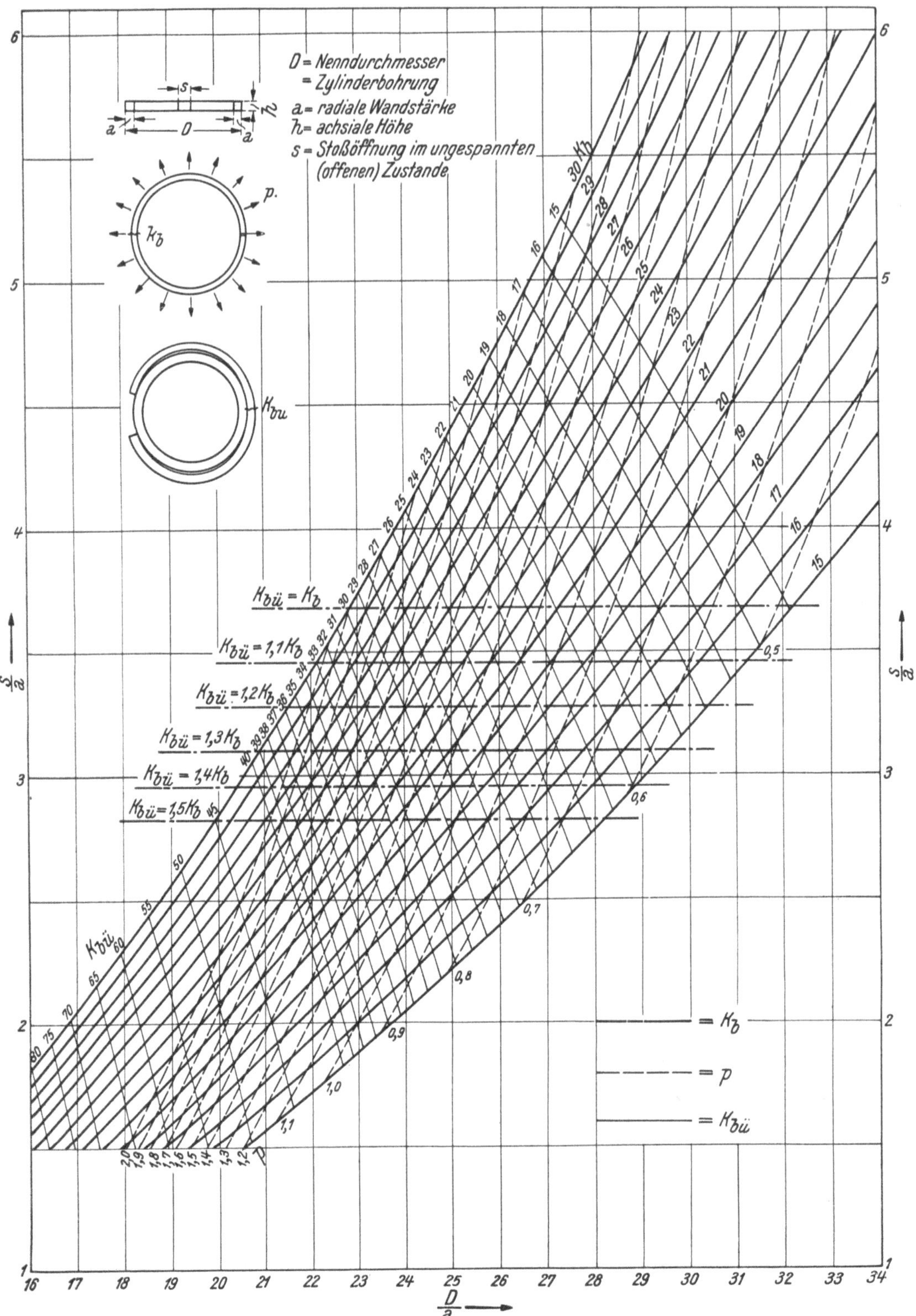

Abb. 77. Beanspruchung von Kolbenringen.

Zahlentafel 8: Verdichtungsringe mit normaler Tangentialspannung nach DIN 73 102 Fl/1.

Maße in mm.

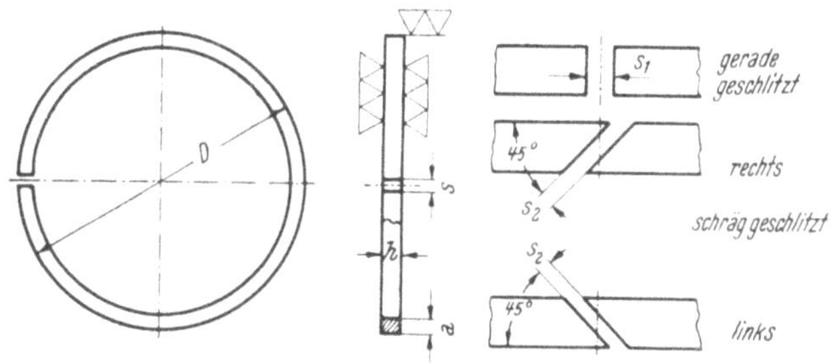

Nenndurchmesser = Zylinderdurchmesser D	Wanddicke		Ringhöhe h			Tangentiale Spannung kg ± 10 %			Schlitzweite		Flächenpressung kg/cm²	Gewicht g ≈		
	a	z. Abw.	1. Reihe	2. Reihe	3. Reihe	1. Reihe	2. Reihe	3. Reihe	gerade S_1	schräg S_2		1. Reihe	2. Reihe	3. Reihe
30	1,2					0,54	0,45	0,36				2,5	2	1,6
32	1,3					0,58	0,48	0,39				2,7	2,2	1,8
35	1,4					0,63	0,53	0,42	0,15			3,2	2,7	2,1
38	1,5					0,68	0,56	0,45	bis 0,3			3,7	3,1	2,5
40	1,6					0,72	0,6	0,48				4,2	3,5	2,8
42	1,7					0,76	0,63	0,51				4,7	3,9	3,1
45	1,8		3	2,5	2	0,81	0,68	0,54				5,3	4,4	3,5
48	1,9					0,86	0,72	0,58				6	5	4
50	2					0,9	0,75	0,6	0,2			6,5	5,4	4,3
52	2,1					0,94	0,79	0,63	bis 0,35			7,1	6	4,8
55	2,2					0,99	0,83	0,66				7,9	6,6	5,3
58	2,3	+0,08				1,05	0,88	0,7				8,7	7,3	5,8
60	2,4					1,08	0,9	0,72				9,4	7,9	6,3
62	2,5					1,3	1,11	0,93	0,25		1,2 ± 0,12	12	10,2	8,5
65	2,6					1,37	1,17	0,98	bis 0,4			12,9	11,1	9,2
68	2,7					1,43	1,23	1,02				14	12	10
70	2,8					1,47	1,26	1,05				15	12,9	10,7
72	2,9					1,51	1,29	1,08				16	13,7	11,4
75	3					1,58	1,35	1,13				17,2	14,8	12,3
78	3,1		3,5	3	2,5	1,64	1,4	1,17				18,5	15,9	13,2
80	3,2					1,68	1,44	1,2	0,3			19,6	16,8	14
82	3,3					1,72	1,48	1,23	bis 0,45			20,7	17,7	14,8
85	3,4					1,79	1,53	1,28				22,1	19	15,8
88	3,5					1,85	1,59	1,32				23,6	20,2	16,9
90	3,6					1,89	1,62	1,35				24,8	21,3	17,7
92	3,7					1,93	1,65	1,38				26	22,3	18,6
95	3,8					2	1,71	1,43	0,35			27,6	23,7	19,7
98	3,9					2,05	1,76	1,47	bis 0,55			29,2	25,1	20,9
100	4					2,1	1,8	1,5				30,6	26,2	21,9
105	4,2					2,3	2	1,73		0,28		38,6	33,8	28,9
110	4,4					2,4	2,1	1,8		bis 0,48		42,4	37,1	31,8
115	4,6	±0,12				2,5	2,2	1,88				46,4	40,6	34,8
120	4,8					2,63	2,3	1,98		0,32	1,1 ± 0,11	50,5	44,2	37,9
125	5					2,75	2,4	2,05		bis 0,52		54,7	47,8	41
130	5,2					2,89	2,51	2,15				59,3	51,9	44,5
135	5,4					2,97	2,6	2,22				63,9	55,9	48
140	5,4		4	3,5	3	2,8	2,5	2,1		0,35		66,4	58,1	49,8
145	5,6					2,9	2,55	2,2		bis 0,55		71,3	62,4	53,5
150	5,8					3	2,62	2,25				76,4	66,9	57,3
155	6					3,1	2,7	2,33		0,4	1 ± 0,1	81,4	71,3	61,1
160	6,2					3,2	2,8	2,4		bis 0,6		87,1	76,2	65,3
165	6,4					3,3	2,9	2,5		0,42		92,8	81,2	69,6
170	6,6					3,4	3	2,6		bis 0,62		98,5	86,2	73,9

Zahlentafel 9: Verdichtungsringe mit hoher Tangentialspannung nach DIN 73102Fl/2.

Maße in mm.

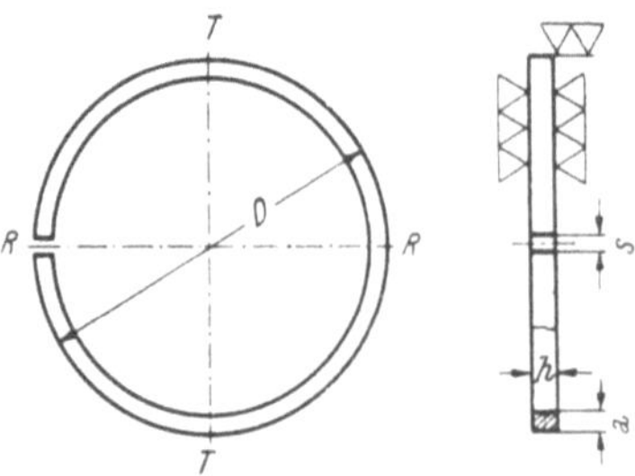

Nenndurchmesser = Zylinderdurchmesser D	Wanddicke		Ringhöhe h		Tangentiale Spannung kg ± 10 %		Schlitzweite	Gewicht g	
	a	z. Abw.	1.Reihe	2.Reihe	1. Reihe	2. Reihe	S	1. Reihe	2. Reihe
50	2,3							6,3	5
52	2,4				1,45	1,15	0,2 bis 0,35	6,8	5,4
55	2,5		2,5	2				7,5	6
58	2,6				1,55	1,25		8,2	6,6
60	2,7							8,8	7,1
62	2,8				1,9	1,6		11,3	9,4
65	2,9	±0,08					0,25 bis 0,4	12,3	10,3
68	3				1,95	1,65		13,3	11,1
70	3,1							14,2	11,8
72	3,2				2,05	1,75		15,1	12,6
75	3,3							16,2	13,5
78	3,4				2,1	1,8		17,3	14,5
80	3,5		3	2,5			0,3 bis 0,45	18,3	15,3
82	3,6				2,2	1,85		19,4	16,1
85	3,7							20,6	17,1
88	3,8				2,25	1,9		21,9	18,2
90	3,9							22,9	19,1
92	4				2,35	1,95		24,1	20,1
95	4,1						0,35 bis 0,55	25,5	21,2
98	4,2	±0,12						26,9	22,4
100	4,3				2,45	2,05		28,4	23,4
105	4,5				2,85	2,45		36,1	30,9
110	4,6						0,4 bis 0,6	38,7	33,2
115	4,8		3,5	3	3	2,55		42,2	36,2
120	5							45,9	39,3
125	5,2				3,15	2,7	0,45 bis 0,65	49,7	42,6
130	5,4							53,7	46

4. Der Werkstoff für Kolbenbolzen.

Der Kolbenbolzen unterliegt schlagartigen Beanspruchungen beim Anlagewechsel in den Lagern. Durch die hohen Flächenpressungen bei geringer Gleitgeschwindigkeit ergeben sich hohe Gleitflächenbeanspruchungen. Gefordert wird daher vom Werkstoff ein zäher Kern und eine möglichst harte Oberfläche. Am besten entsprechen diesen Forderungen gehärtete Einsatzstähle.

Für Diesel- und Otto-Motoren für Kraftwagen verwendet man die Einsatzstähle EC 60 (DIN-Norm 1663) oder solche mit ähnlichen Eigenschaften.

Zahlentafel 10:

Verdichtungsring zu Zweitaktmotoren für Motorfahrräder nach DIN 73 102 Fl/3.

Maße in mm.

Form E

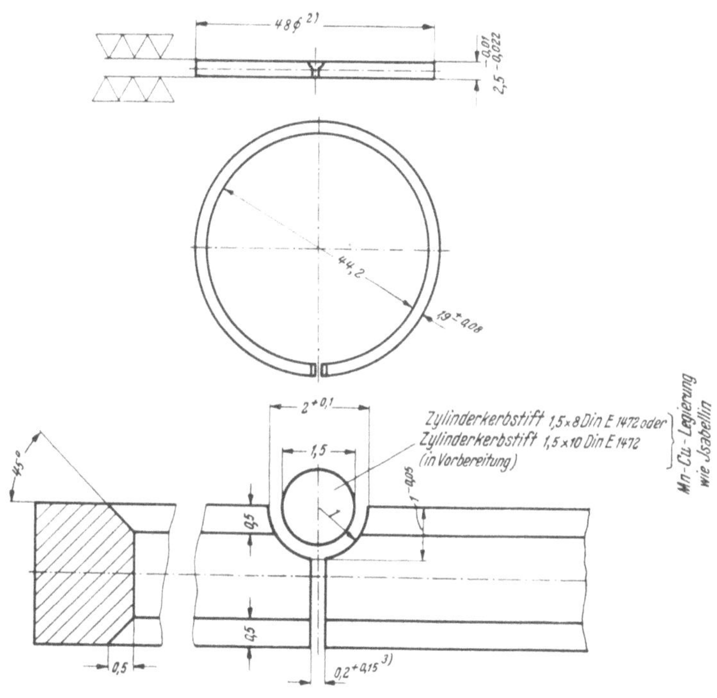

Die Zusammensetzung von EC 60 ist:

C %	Cr %	Mn	Si
0,12 bis 0,18	0,6 bis 0,9	0,4 bis 0,6	0,35

Die Festigkeitswerte sind:

Zugfestigkeit	Streckgrenze	Dehnung (10 d)	Einschnürung
70 bis 90 kg/mm²	70 kg/mm²	14 bis 9 %	60 bis 50 %

Die Kerbzähigkeit liegt bei 8 mkg/cm², die Dauerbiegefestigkeit bei 30 kg/mm².

Für die sehr hoch beanspruchten Kolbenbolzen von Flugmotoren verwendet man Stähle noch höherer Festigkeit, z. B. den Chrom-Molybdän-Nickel-Einsatzstahl E 22 S der deutschen Edelstahlwerke mit den folgenden Festigkeitswerten:

Zugfestigkeit	Streckgrenze	Dehnung	Einschnürung
115 bis 140 kg/mm²	90 bis 115 kg/mm²	9 bis 6 %	45 %

Kerbzähigkeit 10 mkg/cm².

Zahlentafel 11:

Kolbenringe für Zweitaktmotoren und Kolbenringsicherung nach DIN 73 105 F1

Maße in mm.

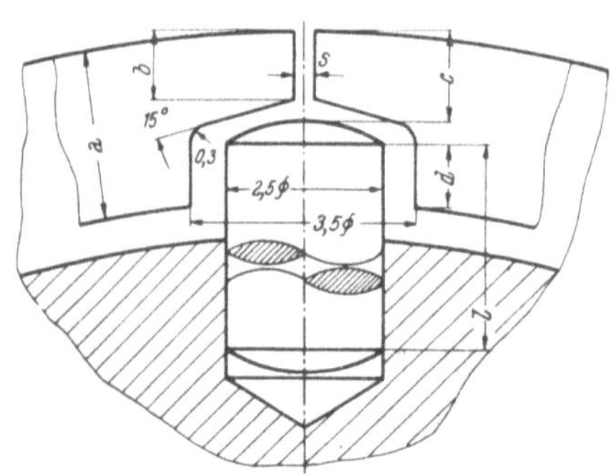

Zylinder-durchmesser	a	b ± 0,1	c [1]	d	I	S
38	1,5	0,5	0,9	0,3		0,15 bis 0,3
45	1,8	0,6	1	0,5	6	
52	2,1	0,8	1,2	0,6		0,2 bis 0,35
55	2,2		1,2	0,7		
58	2,3	0,9	1,3			
60	2,4		1,3	0,8		
62	2,5	1	1,4			0,25 bis 0,4
65	2,6		1,4	0,9		
68	2,7	1,1	1,5			
70	2,8		1,5	1		
72	2,9	1,2	1,6			
75	3		1,6	1,1		
78	3,1	1,3	1,7		8	
80	3,2		1,7	1,2		0,3 bis 0,45
82	3,3	1,4	1,8			
85	3,4		1,8	1,3		
88	3,5	1,5	1,9			
90	3,6		1,9	1,4		
92	3,7	1,6	2			
95	3,8		2	1,5		0,35 bis 0,55
98	3,9	1,7	2,1			
100	4		2,1	1,6		

B. Die Kurbelwellen.

I. Allgemeines.

Die Kurbelwelle ist in den Wellenlagern im Gehäuse gelagert. Die von der Pleuelstange im Kurbelzapfen eingeleiteten Gas- und Massenkräfte ergeben Reaktionskräfte in den Wellenlagern und ein nach außen abgeleitetes, arbeitleistendes Moment. Die Massenkräfte der Kurbelwelle selbst werden von den Wellenlagern aufgenommen.

Der Kraftfluß durch die Kurbelwelle erzeugt mechanische Beanspruchungen.

---

[1] Bezieht sich auf fertigbearbeiteten Kolbenaußendurchmesser

Zahlentafel 12:

Ölabstreif-Schlitzringe mit normaler Tangentialspannung nach DIN 73 104 Fl/1.

Maße in mm.

Form A

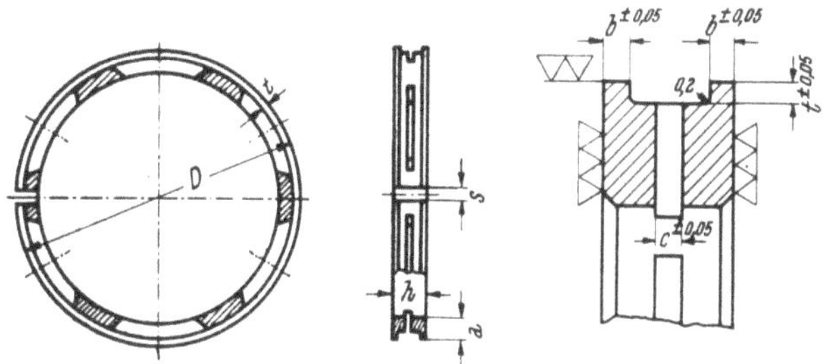

Nenndurchmesser = Zylinderdurchmesser	Wanddicke		Ringhöhe h			Tangentiale Spannung kg ± 10 %			Schlitzweite	Laufsteg	Nutentiefe	Schlitze	Schlitze Breite c ± 0,05			Gewicht g ≈		
D	a	z.Abw.	1. Reihe	2. Reihe	3. Reihe	1. Reihe	2. Reihe	3. Reihe	S	b ± 0,05	t ± 0,05	Anzahl	1. Reihe	2. Reihe	3. Reihe	1. Reihe	2. Reihe	3. Reihe
50	2					0,8	0,73	0,65				6				5,2	4,8	4,5
52	2,1								0,2 bis 0,35		0,6					5,8	5,3	4,9
55	2,2		4,5	4	3,5	0,9	0,8	0,7		0,7			1,35	1,2	1,05	6,6	6	5,4
58	2,3															7,4	6,8	5,8
60	2,4					0,98	0,88	0,78			0,7					8,5	7,5	6,5
62	2,5								0,25 bis 0,4							9,7	8,4	7,4
65	2,6	+0,08				1,15	1,03	0,9								11	9,2	8,5
68	2,7															12,2	10,8	9,3
70	2,8		5	4,5	4	1,25	1,13	1			0,8					13,5	12	10,5
72	2,9									0,8			1,5	1,35	1,2	15	13,4	11,4
75	3					1,35	1,23	1,1								16,3	15	13
78	3,1											8				17,4	16,6	14,9
80	3,2					1,6	1,45	1,3	0,3 bis 0,45		0,9					18,8	18,5	16,5
82	3,3															20,3	19,8	17,6
85	3,4					1,7	1,55	1,4								21,7	20,6	18,7
88	3,5		5,5	5	4,5											23,3	22,4	20
90	3,6									0,9	1		1,65	1,5	1,35	25	23	21,5
92	3,7					1,8	1,65	1,5								26,8	24,8	22,6
95	3,8								0,35 bis 0,55							28,6	26,4	24,2
98	3,9										1,1					30	28	26
100	3,9					1,9	1,8	1,7								32,5	29,7	27,8
105	4		6	5,5	5	2,15	2	1,8								35,2	32,8	30,2
110	4,2	+0,12							0,4 bis 0,6	1	1,2		1,8	1,65	1,5	39,2	36,4	33,4
115	4,4					2,3	2,15	1,95								44	40	37,6
120	4,6					2,6	2,45	2,3			1,3	10				48	44,5	42
125	4,8								0,45 bis 0,65							52,1	48,7	46,2
130	5					2,8	2,65	2,5			1,4					57,3	53,2	50,8
135	5,2		6,5	6	5,5					1,1	1,5					62	58,6	54,6
140	5,4					3	2,85	2,7	0,5 bis 0,7				1,95	1,8	1,65	65,8	61,8	58,9
145	5,6										1,6					70	65	63,3
150	5,8					3,2	3,05	2,9								74,5	69,7	67,7
155	6								0,55 bis 0,75		1,7	12				79,2	75,1	72
160	6,2															85,4	81,4	78,1
165	6,4		7	6,5	6	3,35	3,2	3,05	0,6 bis 0,8	1,2			2,1	1,95	1,8	90	86	82,8
170	6,6										1,8					96	91,5	87,5

Zahlentafel 13:

Ölabstreif-Schlitzringe mit hoher Tangentialspannung nach DIN 73 104 Fl/2.

Maße in mm.

Form B

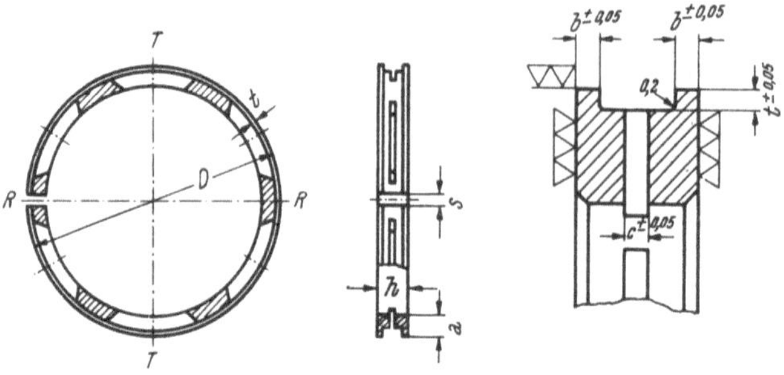

Nenndurchmesser = Zylinderdurchmesser D	Wanddicke a	Wanddicke z. Abw.	Ringhöhe h 1. Reihe	Ringhöhe h 2. Reihe	Tang. Spannung kg ± 10% 1. Reihe	Tang. Spannung kg ± 10% 2. Reihe	Schlitzweite S	Laufsteg b ± 0,05	Nutentiefe t ± 0,05	Schlitze Anzahl	Breite c ± 0,05 1. Reihe	Breite c ± 0,05 2. Reihe	Gewicht g ≈ 1. Reihe	Gewicht g ≈ 2. Reihe
50	2,3												7,9	6,8
52	2,4				1,55	1,35			0,6				8,6	7,2
55	2,5		4,5	4			0,2 bis 0,35	0,7		6	1,35	1,2	9,4	8
58	2,6												10	9,6
60	2,7				1,65	1,45			0,7				10,8	10
62	2,8												11,5	10,5
65	2,9	± 0,08			1,9	1,7	0,25 bis 0,4						13,7	12,4
68	3								0,8				15	13,3
70	3,1		5	4,5	1,95	1,75		0,8			1,5	1,35	16,4	14,5
72	3,2												17,5	15,2
75	3,3				2	1,8							18,6	16,3
78	3,4												19,8	17
80	3,5				2,2	2	0,3 bis 0,45		0,9	8			22,6	20,6
82	3,6												24,2	21,8
85	3,7				2,25	2,05							25,4	23,2
88	3,8												27	24,4
90	3,9		5,5	5				0,9	1				28,2	25,2
92	4				2,35	2,15							30,3	27,6
95	4,1						0,35 bis 0,55				1,65	1,5	31,6	28,3
98	4,2								1,1				33	30,1
100	4,2	± 0,12			2,55	2,35							36,7	33,5
105	4,3												39,5	36,2
110	4,5		6	5,5	2,6	2,4	0,4 bis 0,6	1	1,2		1,8	1,65	43,1	39,7
115	4,6									10			46,7	42,5
120	4,8				2,75	2,55			1,3				52,5	48
125	5		6,5	6			0,45 bis 0,65	1,1			1,95	1,8	58,4	52,6
130	5,2				3	2,8			1,4				62	57

Die Massen der Kurbelwelle und die mit ihr verbundenen Triebwerksteile, wie Kolben, Pleuelstangen und Schwungrad, geben mit der Elastizität der Welle ein schwingungsfähiges System, das durch die periodisch wirkenden Kräfte zu Schwingungen erregt werden kann, die oft erhebliche mechanische Beanspruchungen verursachen.

Die Lagerstellen unterliegen Gleitflächenbeanspruchungen.

Zahlentafel 14: Schlitzeinteilung für Ölabstreif-Schlitzringe nach DIN 73 104 Fl/3.

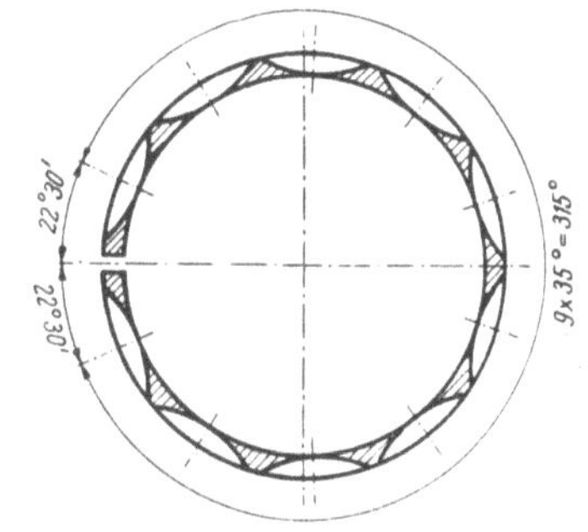

6 Schlitze
für Ringdurchmesser bis unter 60 mm

8 Schlitze
für Ringdurchmesser von 60 bis unter 100 mm

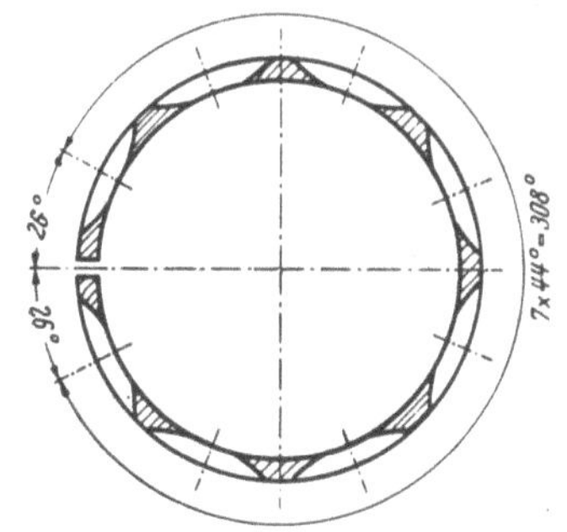
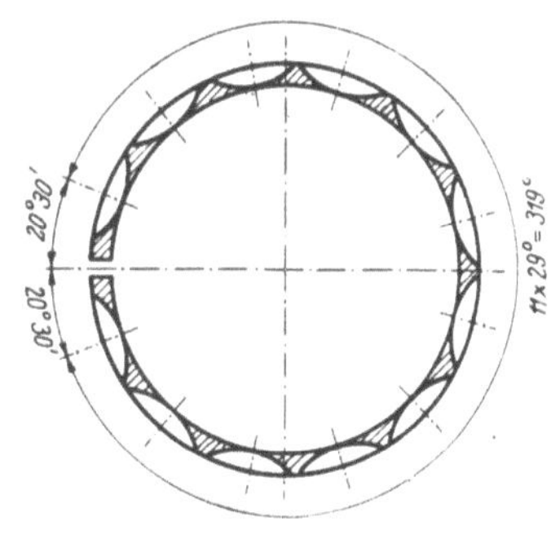

10 Schlitze
für Ringdurchmesser von 100 bis unter 140 mm

12 Schlitze
für Ringdurchmesser von 140 bis 172 mm

Fräserdurchmesser zur Herstellung der Schlitze 60 mm.

Für die Gestaltung der Kurbelwelle sind demnach bestimmend:

1. Festigkeitsbeanspruchungen durch Gas- und Massenkräfte,
2. Gleitflächenbeanspruchungen,
3. Beanspruchungen durch Schwingungen.

Bei schnellaufenden Maschinen steht die Schwingungsbeanspruchung in dem Vordergrund, d. h. sie ist vor allem maßgebend für die Bemessung der Welle. Daneben ist die Gleitflächenbeanspruchung wesentlich, nur wenige Querschnitte sind auch auf statische Beanspruchung durch die auf die Kurbelwelle wirkenden Kräfte nachzuprüfen.

Die Schwingungsrechnung ist in Heft 8/II ausführlich besprochen. Die dazu notwendigen Kolben- und Schubstangengewichte können für die erste Annahme aus den entsprechenden Abschnitten dieses Heftes entnommen werden. Ihre Durchführung setzt einen Entwurf der Welle voraus. Mit den nachfolgend angegebenen Verhältniswerten wird in den meisten Fällen ein von vornherein annähernd richtiger Entwurf ermöglicht. Dieser ist dann in bezug auf die Schwingungsverhältnisse nachzuprüfen. Außerdem sind die Gleitflächenbeanspruchungen und Vergleichswerte der Spannungen für einige Querschnitte nachzurechnen.

Bei Reihenmotoren besteht die Kurbelwelle aus mehreren hintereinander angeordneten Kurbeln, die mit Rücksicht auf Zündabstand und Massenausgleich, wie in Heft 8/II

Zahlentafel 15:

Ölabstreif-Nasenringe mit normaler Tangentialspannung nach DIN 73 103 Fl/2.

Maße in mm.

Form B

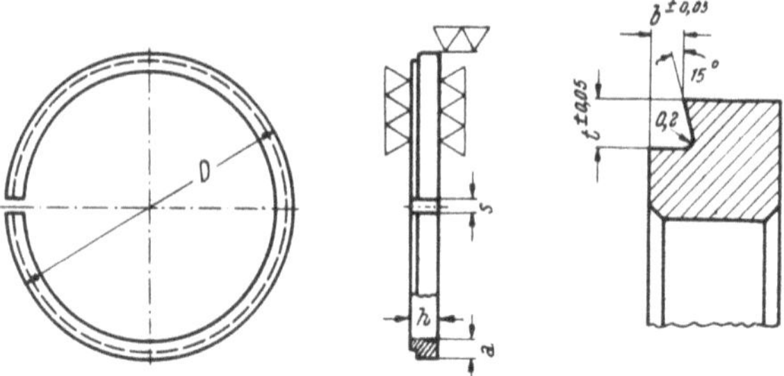

Nenndurchmesser = Zylinderdurchmesser D	Wanddicke a	z.Abw.	Ringhöhe h 1. Reihe	2. Reihe	3. Reihe	Tangentiale Spannung kg ± 10% 1. Reihe	2. Reihe	3. Reihe	Schlitzweite S	t ± 0,05	b ± 0,05 1. Reihe	2. Reihe	3. Reihe	Gewicht g ≈ 1. Reihe	2. Reihe	3. Reihe
50	2	+0,08	3,0	2,5	2,0	0,8	0,65	0,5	0,2 bis 0,35	0,6	0,75	0,6	0,5	6	5	4
52	2,1													6,4	5,4	4,3
55	2,2					0,88	0,73	0,58						7,2	6	4,8
58	2,3													7,9	6,6	5,2
60	2,4					0,95	0,8	0,65	0,25 bis 0,4	0,7				8,4	7,1	5,7
62	2,5		3,5	3,0	2,5	1,15	0,98	0,8						10,8	9,2	7,8
65	2,6					1,2	1,03	0,85		0,8	0,9	0,75	0,6	11,6	10	8,4
68	2,7													12,5	10,8	9
70	2,8					1,28	1,1	0,93	0,3 bis 0,45					13,4	11,4	9,8
72	2,9													14,6	12	10,3
75	3					1,38	1,18	0,98		0,9				15,5	12,8	11
78	3,1													16,7	13,4	11,9
80	3,2					1,48	1,25	1,05						18	14,2	12,5
82	3,3	+0,12												18,8	16	13,6
85	3,4					1,55	1,33	1,13		1				20,3	16,9	14,3
88	3,5													21,6	18,2	15,2
90	3,6					1,65	1,4	1,18	0,35 bis 0,55	1,1				22,5	20,4	16
92	3,7													23,4	21,3	16,9
95	3,8					1,75	1,5	1,25						25	22,4	17,8
98	3,9													26,2	23,6	19
100	4					1,85	1,58	1,3		1,2	1	0,9	0,75	28,8	25,5	20,1
105	4,2		4,0	3,5	3,0	2,2	1,9	1,65	0,4 bis 0,6					34,7	30,8	25,9
110	4,4					2,3	2	1,7		1,3				37	33,4	28,8
115	4,6													42,4	36,6	31,7
120	4,8					2,5	2,2	1,9	0,45 bis 0,65	1,4				45,5	40	34,5
125	5									1,5				49,8	43,1	37,3
130	5,2					2,75	2,4	2,05						54	46	40,2
135	5,4									1,6				57,5	50,8	43,5
140	5,4					2,55	2,25	1,9	0,5 bis 0,7					60,8	52,9	45
145	5,6									1,7				64,2	56,2	48,4
150	5,8					2,75	2,4	2,05	0,55 bis 0,75					69	60	51,6
155	6									1,8				73,3	64,4	55
160	6,2					2,95	2,55	2,2	0,6 bis 0,8					78,6	68,5	58,8
165	6,4									1,9				83,8	73,1	62,7
170	6,6					3,15	2,7	2,35						89,7	78,6	66,5

Zahlentafel 16:

Ölabstreif-Nasenringe mit hoher Tangentialspannung nach DIN 73 103 Fl/3.

Maße in mm.

Form C

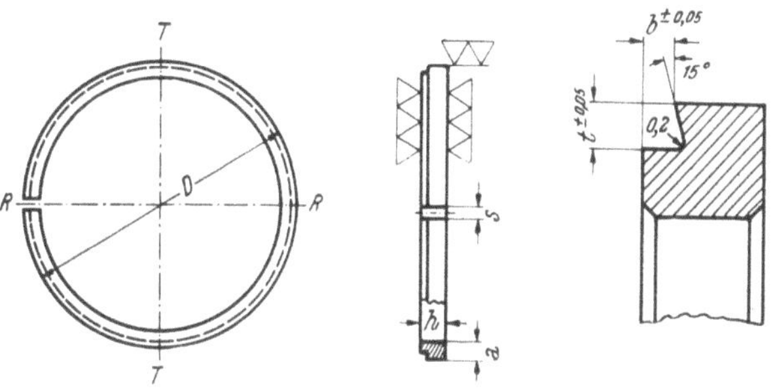

Nenndurchmesser = Zylinderdurchmesser D	Wanddicke a	z. Abw.	Ringhöhe h 1. Reihe	Ringhöhe h 2. Reihe	Tangentiale Spannung kg ± 10% 1. Reihe	Tangentiale Spannung kg ± 10% 2. Reihe	Schlitzweite S	Eindrehung t ± 0,05	b ± 0,05 1. Reihe	b ± 0,05 2. Reihe	Gewicht g 1. Reihe	Gewicht g 2. Reihe
50	2,3	± 0,08	2,5	2	1,3	1,05	0,2 bis 0,35	0,6	0,6	0,5	5,9	4,7
52	2,4										6,1	4,9
55	2,5										6,6	5,5
58	2,6				1,4	1,1		0,7			7,4	6
60	2,7										8	6,5
62	2,8		3	2,5	1,7	1,45	0,25 bis 0,4		0,75	0,6	10,3	8,7
65	2,9										11,2	9,5
68	3				1,75	1,5		0,8			12,1	10,1
70	3,1										12,7	10,9
72	3,2				1,8	1,55	0,3 bis 0,45	0,9			13,4	11,5
75	3,3										14,2	12,2
78	3,4				1,9	1,6					14,8	13,2
80	3,5										15,7	13,8
82	3,6	± 0,12			2	1,65		1			17,7	14,9
85	3,7										18,5	15,6
88	3,8				2,05	1,7					19,9	16,5
90	3,9										22	17,4
92	4				2,1	1,75	0,35 bis 0,55	1,1			23,1	18,4
95	4,1										24,2	19,3
98	4,2				2,15	1,85		1,2			25,4	20,5
100	4,3										27,7	21,6
105	4,5		3,5	3	2,4	2,15	0,4 bis 0,6	1,3	0,9	0,75	33,1	27,9
110	4,6										35	30,2
115	4,8				2,55	2,25		1,4			38,2	33,1
120	5										41,7	35,9
125	5,2				2,7	2,35	0,45 bis 0,65	1,5			45	38,9
130	5,4										48	41,7

angegeben, gegeneinander versetzt sind. Wesentlich bestimmend für die Form ist die Anzahl der Wellenlager. Wird zwischen je zwei Kurbeln und natürlich auch am Anfang und Ende der Welle je ein Lager gelegt, so erhält man eine Maschine mit voller Lagerzahl; die demnach bei z Kurbeln $z + 1$ Wellenlager hat. Aus Ersparungsgründen können bei schwächer beanspruchten Maschinen Lager weggelassen werden.

Zahlentafel 17: Ölabstreif-Fasenringe nach DIN 73 103 Fl/1.

Maße in mm.

Form A

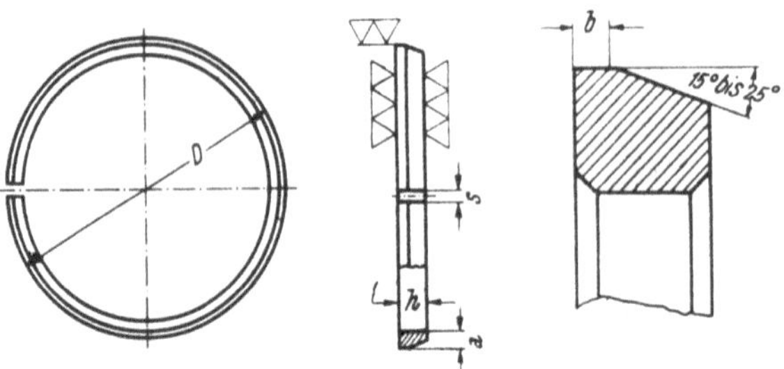

Nenndurchmesser = Zylinderdurchmesser D	Wanddicke		Ringhöhe h			Tangentiale Spannung kg ± 10 %			Schlitzweite	b			Gewicht g		
	a	z. Abw.	1. Reihe	2. Reihe	3. Reihe	1. Reihe	2. Reihe	3. Reihe	S	1. Reihe	2. Reihe	3. Reihe	1. Reihe	2. Reihe	3. Reihe
50	2	±0,08	3	2,5	—	0,8	0,65	—	0,2 bis 0,35	1	0,8	—	5,8	4,9	—
52	2,1												6,4	5,4	—
55	2,2					0,88	0,73	—					6,9	5,9	—
58	2,3												7,8	6,6	—
60	2,4					0,95	0,8	—					8,5	7,2	—
62	2,5		3,5	3	2,5	1,15	0,98	0,8	0,25 bis 0,4	1,2	1	0,8	10,5	9,2	7,8
65	2,6												11,5	10,1	8,5
68	2,7					1,2	1,03	0,85					12,6	10,9	9,2
70	2,8												13,5	11,7	9,9
72	2,9					1,28	1,1	0,93					14,4	12,6	10,6
75	3												15,6	13,6	11,4
78	3,1					1,38	1,18	0,98					16,8	14,6	12,3
80	3,2					1,48	1,25	1,05	0,3 bis 0,45				17,9	15,5	13,1
82	3,3												18,6	16,4	13,9
85	3,4					1,55	1,33	1,13					20,3	17,6	14,8
88	3,5												21,7	18,8	15,9
90	3,6					1,65	1,4	1,18	0,35 bis 0,55				22,9	19,7	16,7
92	3,7												24	20,8	17,5
95	3,8					1,75	1,5	1,25					25,7	22,2	18,7
98	3,9												27,2	23,5	19,8
100	4					1,85	1,58	1,3					28,5	24,7	20,7
105	4,2	±0,12	4	3,5	3,0	2,2	1,9	1,65	0,4 bis 0,6				35,6	31,6	27,3
110	4,4					2,3	2	1,7					39,3	34,7	30
115	4,6												43,2	38,1	32,9
120	4,8					2,5	2,2	1,9	0,45 bis 0,65				47	41,5	35,9
125	5												51,2	45,2	39
130	5,2					2,75	2,4	2,05					55,3	49	42,3
135	5,4								0,5 bis 0,7	1,3	1,2	1	60	52	45,7
140	5,4					2,55	2,25	1,9					62,3	55,1	47,6
145	5,6												67	59,3	51
150	5,8					2,75	2,4	2,05	0,55 bis 0,75				72,1	63,6	54,8
155	6												77,1	68,2	58,6
160	6,2					2,95	2,55	2,2					82,3	72,7	62,6
165	6,4								0,6 bis 0,8				87,7	77,5	66,7
170	6,6					3,15	2,7	2,35					93,7	82,6	71

Bei den Mehrreihenmotoren greifen an jeder Kröpfung die Pleuelstangen zweier oder mehrerer Zylinder an. Am gebräuchlichsten sind die Zweireihen- oder V-Motoren, bei denen zwei Zylinder auf eine Kurbelkröpfung arbeiten.

Bei den Sternmotoren wirken alle Pleuelstangen auf eine Kröpfung.

Die nachfolgenden Ausführungen beziehen sich hauptsächlich auf Kurbelwellen von Einreihenmotoren und V-Motoren. Die Kurbelwellen von Sternmotoren werden nur kurz besprochen.

Die Kurbelwelle ist in ihrem wichtigsten Maß, dem Zylinderabstand, auch von den sonstigen baulichen Verhältnissen der Maschine abhängig. Maßgebend für den Zylinderabstand sind folgende Verhältnisse:

1. Anzahl der Wellenlager: Volle oder verminderte Zahl von Lagern.

2. Ausführung der Zylinderlaufbahn: Eingegossene oder eingesetzte Laufbüchsen. Unmittelbar vom Wasser bespülte (nasse) Laufbüchsen, in den Guß eingesetzte (trockene) Laufbüchsen oder luftgekühlte Laufbüchsen.

3. Ausführung des Zylinderkopfes: Getrennte Zylinderköpfe für jeden Zylinder oder gemeinsame Köpfe für mehrere Zylinder.

4. Art des Angriffes der Pleuelstange bei Mehrreihenmaschinen, bei denen mehrere Pleuelstangen auf einen Kurbelzapfen wirken: Nebeneinander liegende Pleuelstangen, Gabelpleuelstangen oder angelenkte Pleuelstangen (siehe Abschnitt III).

Die Gestaltung der Kurbelwelle setzt demnach Klarheit über diese Verhältnisse voraus.

II. Die Berechnung von Vergleichswerten für die Festigkeitsbeanspruchung von Kurbelwellen.

Um die Festigkeitsverhältnisse von Neuentwürfen zu prüfen, vergleicht man die rechnerisch ermittelten Spannungen in einzelnen Querschnitten mit denen erprobter, ausgeführter Kurbelwellen. Man erhält durch die Rechnung nicht die wirklichen Spannungen, deren Höchstwerte mit der Materialfestigkeit verglichen werden könnten, denn es ist noch nicht möglich, den wirklichen Spannungszustand eines verwickelt geformten Körpers, wie z. B. einer Kurbelwelle, rechnerisch zu erfassen. Man muß sich daher damit begnügen, unter vereinfachten Annahmen Vergleichswerte der Spannungen zu ermitteln. Sind Neuentwurf und erprobte Welle sich ähnlich, so kann angenommen werden, daß bei gleichen Vergleichswerten der Spannungen der Neuentwurf festigkeitsmäßig entspricht, denn in ähnlichen Körpern sind die Verhältnisse der Spannungen bei ähnlicher Beanspruchung gleich und es müssen daher auch die Verhältnisse des unbekannten wirklichen Höchstwertes der Spannung zu den Vergleichswerten in beiden Fällen gleich sein.

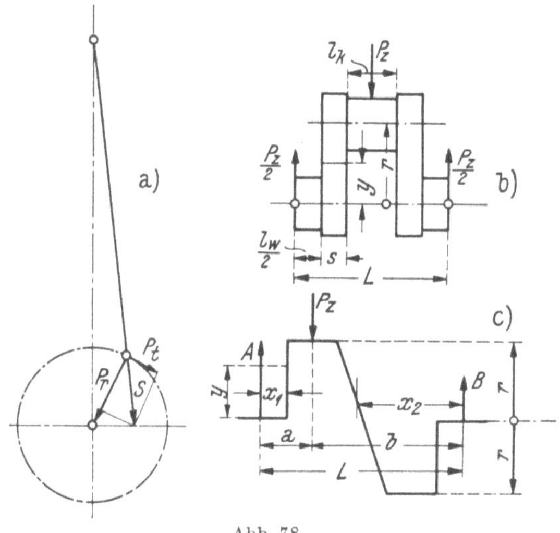

Abb. 78.

Der Motorenbau pflegt der Berechnung der Vergleichsspannungen einfache Annahmen zugrunde zu legen. Man denkt sich die mehr als zweifach gelagerten Wellen in jeder Wellenlagerstelle zerschnitten und dadurch statisch bestimmt gemacht. Die Auflagerkräfte lassen sich dann einfach ermitteln. Es ist ferner üblich, die Massenkräfte nicht zu berücksichtigen, da sie die Höchstbeanspruchungen durch die Gaskräfte bei den gebräuchlichen Drehzahlen herabsetzen und beim Anfahren klein sind. Die Kräfte werden in den Lagermitten wirkend angenommen.

Die Stangenkraft S kann nach Abb. 78a im Kurbelzapfen in zwei Komponenten P_r und P_t zerlegt werden. Es ist zweckmäßig, die Beanspruchung durch jede der beiden Komponenten gesondert zu ermitteln.

Der Höchstwert des Verbrennungsdruckes, der Zünddruck p_z tritt in die Nähe des oberen Totpunktes auf. Verlegt man ihn in diesen, so wird

$$F \cdot p_z = P_z = S.$$

In vielen Fällen genügt es, Vergleichswerte für die Spannungen nur für diese Stellung der Kurbelwelle zu errechnen. Man erhält dann bei Wellen, die nach Abb. 78b nach jeder Kröpfung gelagert sind, folgende Beanspruchungen:

Kurbelzapfen: Biegungsmoment $\dfrac{P_z \cdot L}{4}$,

Kurbelschenkel: Biegungsmoment $\dfrac{P_z}{2}\left(\dfrac{l_w}{2}+\dfrac{s}{2}\right)$,

Wellenzapfen: Biegungsmoment $\dfrac{P_z \cdot l_w}{4}$.

Bei Lagerung nach jeder zweiten Kröpfung nach Abb. 78c:

Kurbelzapfen: Biegungsmoment $\dfrac{P_z \cdot a \cdot b}{L}$,

Kurbelschenkel: Biegungsmoment $\dfrac{P_z \cdot b \cdot x_1}{L}$, bzw. $\dfrac{P_z \cdot a \cdot x_2}{L}$,

Wellenzapfen: Biegungsmoment $\dfrac{P_z \cdot a}{L} \cdot \dfrac{l_w}{2}$, bzw. $\dfrac{P_z \cdot b}{L} \cdot \dfrac{l_w}{2}$.

Für Kurbel- und Wellenzapfen genügen die so gerechneten Vergleichswerte für die Spannungen.

Beim Kurbelschenkel ändert sich durch Auftreten einer Tangentialkraft P_t die Art der Beanspruchung. Zur Biegungsbeanspruchung kommt dann noch eine Verdrehungsbeanspruchung. Denkt man sich in den Abb. 78a und 78b die Kräfte um 90° gedreht, so ergibt sich für den Kurbelschenkel einer nach jeder Kröpfung gelagerten Welle:

Verdrehungsbeanspruchung $M_d = \dfrac{P_t}{2}\left(\dfrac{l_w}{2} + \dfrac{s}{2}\right)$,

Biegungsbeanspruchung $\begin{cases} \text{rechter Schenkel:} \ P_t\left(r - \dfrac{y}{2}\right), \\ \text{linker Schenkel:} \ \dfrac{P_t}{2} \cdot y. \end{cases}$

(Momentableitung einseitig nach links.)

Bei einer nach jeder zweiten Kröpfung gelagerten Welle:

Verdrehungsbeanspruchung $M_d = \dfrac{P_t \cdot b \cdot x_1}{L}$, bzw $\dfrac{P_t \cdot a \cdot x_2}{L}$,

Biegungsbeanspruchung $\begin{cases} \text{linker Schenkel:} \ P_t\left(r - \dfrac{y \cdot b}{L}\right), \\ \text{rechter Schenkel:} \ \dfrac{P_t \cdot a}{L} \cdot y. \end{cases}$

Durch die Kurbelkröpfung jedes Zylinders wird das Drehmoment der entgegengesetzt zur Seite der Kraftableitung liegenden Zylinder durchgeleitet. Dieses Moment läßt sich aus den Drehkraftkurven der einzelnen Zylinder ermitteln (siehe auch Heft 8/II). Es beansprucht Kurbel- und Wellenzapfen auf Verdrehung, die Kurbelwangen auf Biegung. Bei der Ermittlung der Gesamtbeanspruchung ist die zeitliche Lage der auf die Kröpfung direkt wirkenden Kräfte zum durchgeleiteten Moment zu beachten. Eine wesentliche Vergrößerung der Höchstbeanspruchung der auf der Kraftableitungsseite liegenden Kröpfungen tritt beim Viertakt erst bei Zylinderzahlen über acht ein.

Verglichen werden meistens die Größtwerte der durch das höchste Verdrehungsmoment hervorgerufenen Schubspannungen. Man erhält sie aus dem Größtwert von P_t, der mittels des entworfenen oder an der Maschine abgenommenen Indikatordiagramms aus den Verhältnissen des Triebwerks ermittelt werden kann. Manchmal, seltener, vergleicht man auch die aus der gleichzeitigen Beanspruchung durch P_t und P_r ermittelten zusammengesetzten Spannungen.

III. Die Gestaltung der Kurbelwellen.

Im nachfolgenden wird der Entwurf von Kurbelwellen getrennt nach Motorbauarten besprochen.

1. Schnellaufende Diesel-Motoren. Einreihenmotoren.

(Kraftfahrzeug- und Triebwagenmotoren).

a) Zylinderabstand.

Bei Motoren mit *eingegossenen* Laufbüchsen und Zylinderköpfen, die für mehrere Zylinder gemeinsam sind, können etwa Zylinderentfernungen $L = 1,27 D$ ($D =$ Zylinderdurchmesser) erreicht werden. Größere Zylinderdurchmesser geben verhältnismäßig günstigere Werte, da die Wandstärken und der engste Abstand zwischen zwei Zylinder-

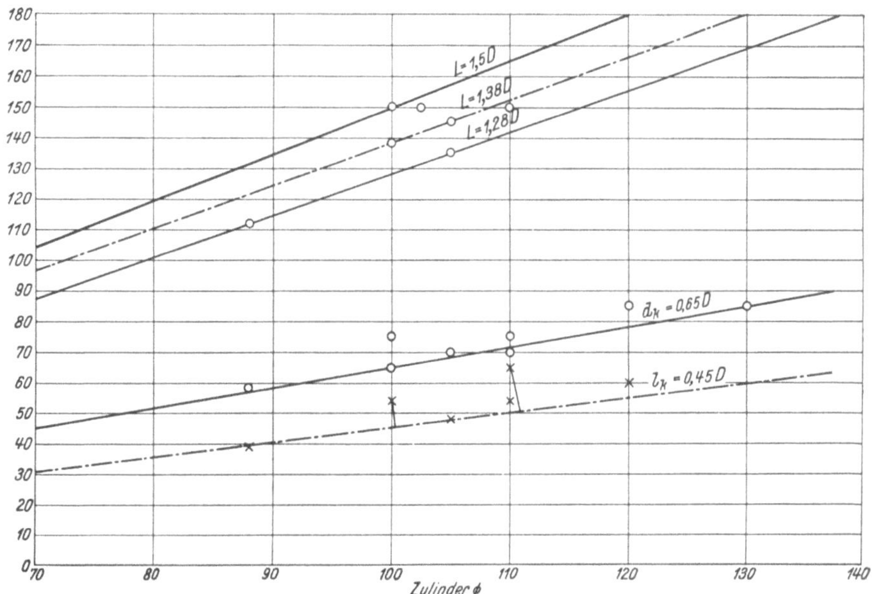

Abb. 79. Zylinderabstände und Kurbelzapfenabmessungen von Vier- und Sechszylinder-Fahrzeug-Diesel-Motoren.

rohren aus gußtechnischen Überlegungen bestimmt werden. Von der Lagerung nach jeder zweiten Kröpfung ist man bei Motoren mit mehr als zwei Zylindern fast allgemein abgegangen. Dem Stand der Technik entspricht die Lagerung der Welle nach jeder Kröpfung. In den letzten Jahren hat sich im Fahrzeug-Diesel-Motorenbau fast allgemein die besonders eingesetzte, *nasse* Zylinderlaufbüchse eingeführt. Die Gründe hierfür sind leichte Auswechselbarkeit und die Möglichkeit, besseres Gußmaterial zu verwenden. Bei dieser Konstruktion ergeben sich Zylinderabstände von $L = 1{,}36\,D$ bis $1{,}38\,D$. Besonders gedrängt gebaute Konstruktionen erreichen den für gewöhnliche Fertigung äußersten Wert von $L = 1{,}28\,D$. Abb. 79 zeigt die Zylinderabstände einiger ausgeführter Motoren.

Der Zylinderabstand wird auch durch die Zylinderkopfbauart beeinflußt. Einzelköpfe, die bezüglich Erzeugung, Ersatz und Dichtungsverhältnisse große Vorteile aufweisen, geben etwas größere Abstände als Zylinderköpfe, die zwei oder mehr Zylinder übergreifen.

b) Kurbelzapfen.

Eine Übersicht über Kurbelzapfenabmessungen ausgeführter Motoren gibt Abb. 79. Für die Dimensionierung der Kurbelzapfenabmessungen sind folgende Gesichtspunkte maßgebend:

1. Der Kurbelzapfen muß rein festigkeitsmäßig entsprechen. Die zulässigen Vergleichswerte für die Biegungsbeanspruchung unter dem Höchstdruck im Zylinder betragen 400 bis 700 kg/cm². Der Zünddruck ist abhängig von dem Verbrennungsverfahren und liegt etwa zwischen 60 und 80 kg/cm².

2. Der Kurbelzapfen muß so bemessen sein, daß der Flächendruck im Lager die zulässigen Werte nicht überschreitet. Man verwendet heute bei Fahrzeug-Diesel-Motoren fast ausschließlich Bleibronzen als Lagermetall. Diese vertragen erhebliche Flächenpressungen.

Bei Einreihenmotoren findet man Flächendrücke von 150 bis 170 kg/cm² bei Umfangsgeschwindigkeiten im Zapfen von 8 bis 9 m/sek. Die Hohlkehlen werden zur Fläche nicht hinzugezählt. Die Grenzen der Belastbarkeit von Bleibronzen liegen jedoch wesentlich höher, es scheint dafür nicht die Flächenpressung, sondern die mit der Umfangsgeschwindigkeit stark steigende Lagerwärme maßgebend zu sein.

3. Den größten Einfluß auf die Kurbelzapfenabmessungen hat die Rücksicht auf die Drehschwingungslage, das Streben nach hohen Eigenschwingungszahlen der Kurbelwelle.

Mit Rücksicht darauf ist man bestrebt, den Kurbelzapfendurchmesser klein zu halten, da seine Größe einen unmittelbaren Einfluß auf die Triebwerksmasse besitzt (das Pleuellagergewicht steigt mit dem Zapfendurchmesser), die zur Erzielung hoher Eigenschwingungszahlen klein gehalten werden muß.

Mit Rücksicht auf wirtschaftliche Fertigung werden Vier-, Sechs-, mitunter auch Achtzylindermotoren mit gleichen Triebwerksteilen und Lagern gebaut. Für die Drehschwingungslage ist dann der Sechszylindermotor maßgebend.

Während man vor einigen Jahren, als die mittleren Kolbengeschwindigkeiten noch etwa bei 7 bis 8 m/sek lagen, der Kurbelwelle solche Abmessungen geben konnte, daß die Harmonische sechster Ordnung, d. i. $\dfrac{n_e}{6}$ (n_e = Eigenschwingungszahl der Kurbelwelle) mit entsprechendem Abstand von der Höchstdrehzahl, über der Betriebsdrehzahl lag, würde das bei den heute üblichen Kolbengeschwindigkeiten von 9 bis 11 m/sek (Drehzahl 1500 bis 2400 U/min je nach Zylindergröße) zu große Wellenabmessungen geben, die mit Hinsicht auf Beanspruchung und Lagerbelastung unwirtschaftlich wären. Die Motoren hatten früher meist keinen Schwingungsdämpfer, da die Beanspruchung beim Durchfahren der kritischen Drehzahl neunter Ordnung, also $\dfrac{n_e}{9}$, bei Otto-Motoren sich innerhalb zulässiger Grenzen hielt.

Die höheren Verbrennungsdrücke des Diesel-Motors verursachen naturgemäß eine stärkere Erregung der Drehschwingungen. Dadurch werden auch die Schwingungen, die durch die Harmonische neunter Ordnung erregt werden, stark hörbar im Gegensatz zu den Otto-Motoren. Da die Geräusche meist von den Kunden beanständet werden, baute man Schwingungsdämpfer für die kritische Drehzahl neunter Ordnung ein. Die zusätzliche Dämpfermasse drückte natürlich auch den Sicherheitsabstand zwischen Betriebshöchstdrehzahl und der kritischen Drehzahl sechster Ordnung $\frac{n_e}{6}$. Die allmählich immer weiter fortschreitende Drehzahlerhöhung zwang schließlich die sechste Ordnung in den Betriebsdrehzahlbereich zu legen, um, wie schon früher erwähnt, zu große Wellenabmessungen zu vermeiden. Der Dämpfer wurde so vergrößert, daß er die kritische Drehzahl sechster Ordnung ohne zu große Verdrehungsbeanspruchungen durchfahrbar macht. Die kritische Drehzahl 4½ Ordnung bleibt dabei mit Sicherheit außer dem Betriebsbereich.

Ein weiterer Grund für die Verwendung von Schwingungsdämpfern war das Anbringen von Gegengewichten, die notwendig wurden, um Wellenlager und Gestell bei den ständig steigenden Drehzahlen und der damit verbundenen Steigerung der Massenkräfte des Triebwerkes zu entlasten.

Die Vergrößerung der Triebwerksmassen durch die Gegengewichte ist erheblich und es wird daher die früher gestellte Forderung, die kritische Drehzahl sechster Ordnung aus dem Betriebsbereich zu verlegen, nicht mehr erfüllbar.

Die mit Rücksicht auf die Sechszylindermaschine gewählten Kurbelwellenabmessungen sind auch für die Vier- und Achtzylindermaschinen brauchbar. Die beim Durchfahren der kritischen Drehzahl sechster Ordnung auftretenden Drehbeanspruchungen sollen durch den Dämpfer auf etwa ± 400 kg/cm² herabgemindert werden.

Um die rotierenden Massen zu verkleinern, werden die Kurbelzapfen meist hohl gebohrt. Dadurch wird auch die Ölzufuhr zum Kurbelzapfenlager einfacher.

c) Wellenzapfen.

In Abb. 80 sind Abmessungen der Wellenzapfen von ausgeführten Motoren dargestellt. Die Vergleichswerte für die Biegungsbeanspruchung betragen 100 bis 150 kg/cm².

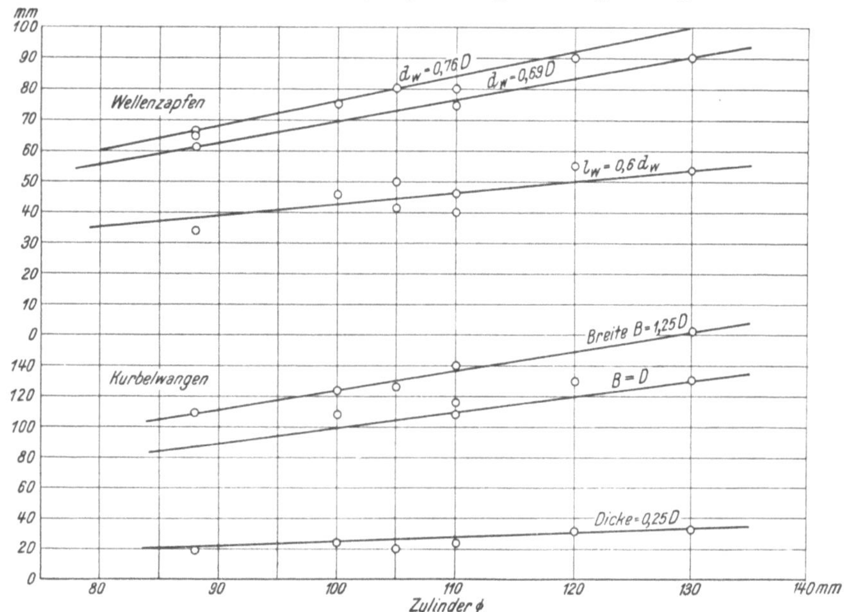

Abb. 80. Wellenzapfen- und Kurbelwangenabmessungen von Vier- und Sechszylinder-Fahrzeug-Diesel-Motoren.

Bei gegebenem Kurbelzapfendurchmesser und damit gegebenem Pleuelstangendurchmesser kann durch entsprechende Wahl des Wellenzapfendurchmessers die Drehschwingungslage beeinflußt werden. Eine Vergrößerung des Wellenzapfendurchmessers gibt eine Verkleinerung der elastischen Länge der Kurbelwelle, vergrößert jedoch die reduzierten Massen nur unwesentlich. Die Grenze des Wellenzapfendurchmessers dürfte bei den heute üblichen Bleibronzelagern durch die zulässige Umfangsgeschwindigkeit gegeben sein, die maßgebend für die Erwärmung des Lagers ist. Die heute dafür üblichen Werte liegen bei ungefähr 10 m/sek.

Von der früher häufig geübten Praxis, bei Sechszylindermotoren das mittlere Wellenlager wegen der erheblichen Beanspruchungen durch die Massenkräfte der gleichgerichteten Kurbeln, sowie das schwungradseitig liegende Wellenlager breiter auszuführen, ist man wegen der Ersatzteilhaltung (Verwendung möglichst gleicher Lager) und wegen der geringen plastischen Verformbarkeit der Bleibronze (im Gegensatz zu Weißmetall) abgegangen. Breite Bleibronzelager tragen bei den unter den Betriebskräften auftretenden elastischen Wellendurchbiegungen schlecht. Bei Bleibronze sind Lagerbreiten von 0,6 bis 0,7 d_W am besten. Außerdem zieht man die Anwendung von Gegengewichten zur Entlastung der Lager schon mit Rücksicht auf die gleichzeitige Kurbelgehäuseentlastung vor.

d) Kurbelwangen.

Die nach jeder Kröpfung gelagerten Kurbelwellen für Fahrzeug-Diesel-Motoren werden in den meisten Fällen ganz bearbeitet. Die Kurbelwangen werden wegen billiger Bearbeitung als Ellipsen ausgebildet. Die Breite der Kurbelwangen ausgeführter Motoren liegt nach Abb. 80 zwischen 1,0 und 1,25 D. Die Länge der Ellipse ist vom Hub des Motors und den Durchmessern von Kurbel- und Wellenzapfen abhängig. Der Übergang vom Kurbel- bzw. Wellenzapfen zur Kurbelwange wird durch Abrundungsradien von etwa 0,08 des Kurbelzapfendurchmessers gebildet. Wegen der Bearbeitung (Schleifen) werden die Abrundungsradien der Zapfen für die ganze Welle gleich ausgeführt. Am Kurbelzapfenlager ist eine seitliche Anlauffläche von einigen Millimeter Breite vorzusehen. Das ist bei der Festlegung der Ellipse kurbelzapfenseitig zu berücksichtigen. Ähnliche Überlegungen gelten am Wellenzapfen. Der seitliche Anlauf des Wellenlagers, welches die Aufgabe hat, die Kurbelwelle seitlich zu fixieren und das auch die Axialkräfte der ausgerückten Kupplung übernehmen muß, ist entsprechend diesen Kupplungskräften zu bemessen. Die zulässige Flächenbelastung des Anlaufes beträgt 4 bis 12 kg/cm². Dadurch ist die wellenseitige Form der Kurbelwange festgelegt.

Bei Befestigung von Gegengewichten an den Kurbelwangen muß für die entsprechende Materialstärke gesorgt werden.

Das Drehen der Ellipse geschieht durch Kopierdrehbänke. Die Wangendicke kann nach Abb. 80 annähernd mit 0,25 D angenommen werden. Wegen der Feinbearbeitung der seitlichen Anlaufflächen werden diese gegenüber der Wangenfläche um 0,5 bis 1 mm vorgezogen. Für die übrige Kurbelwange ist Feinbearbeitung nicht erforderlich. Aus Ersparnisgründen schrägt man die Kurbelwange auf Seite des Kurbelzapfens meist nicht ab. Eine Nachrechnung der Kurbelwangen bewährter Ausführungen auf Biegung unter dem Verbrennungshöchstdruck in der Totlage gibt Werte von etwa 800 kg/cm².

e) Gegengewichte.

Die Erhöhung der Motordrehzahlen bei Mehrzylindermotoren zur Steigerung der Hubraumleistung führt zur Anwendung von Gegengewichten auch bei Motoren, welche sie aus Gründen des Massenausgleiches nicht benötigen würden.

Die Gründe für das Anbringen von Gegengewichten sind folgende:

1. Entlastung der Kurbelwellenlager. Besonders hoch beansprucht wird bei Vier-, Sechs- und Achtzylinderreihenmotoren das Kurbelwellenmittellager. Die beiderseits des Lagers gleich gerichteten Kurbelkröpfungen belasten das Mittellager mit erheblichen Massenkräften.

Die oft geübte Praxis, das Mittellager zu verbreitern und dadurch die mittlere Lagerbelastung herabzusetzen, ist bei Verwendung von Bleibronzelagern wegen der elastischen

Durchbiegung der Kurbelwelle nicht zweckmäßig und daher bei neueren Motorkonstruktionen kaum anzutreffen.

Weiters ist bei neueren Konstruktionen die Tendenz vorhanden, aus Beanspruchungs- und Herstellungsgründen stärkere Kurbelwangen zu verwenden, was zwangsläufig zu einer Verschmälerung der Wellenlagerbreite führt. Nach der Lagertheorie sind Lagerbreiten von 0,25 bis 0,3 des Wellenzapfendurchmessers durchaus vertretbar.

Zwölfzylinder-V-Motoren mit sechsfach gekröpften Kurbelwellen ergeben besonders hohe Massenbelastungen des Mittellagers.

2. Entlastung des Kurbelgehäuses. Eine Kurbelwelle, welche hinsichtlich der Massenkräfte ausgeglichen ist, kann nicht als starrer Träger angesehen werden, da ihre Elastizität erheblich ist. Der größte Teil der inneren Massenmomente beansprucht daher das Kurbel-

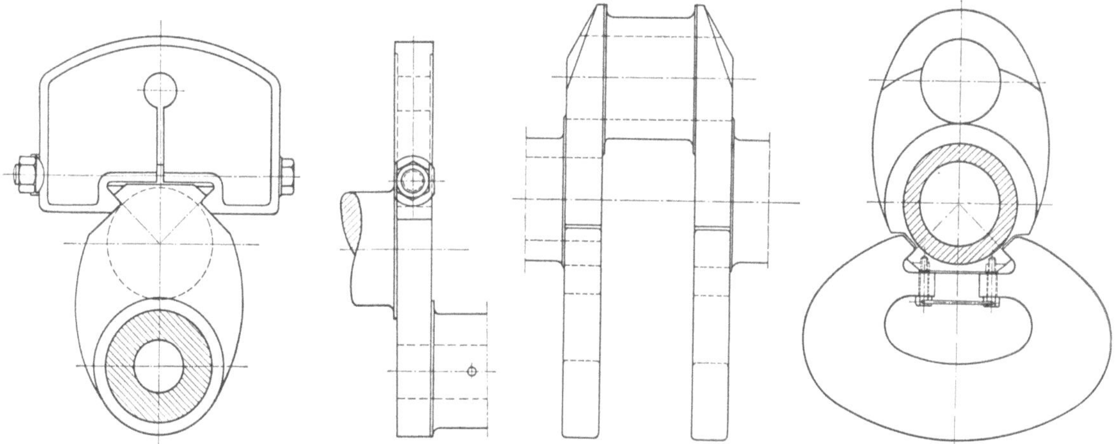

Abb. 81. Befestigung von Gegengewichten durch einen Schwalbenschwanz.

Abb. 82. Befestigung von Gegengewichten durch einen Schwalbenschwanz. Das Gegengewicht wird bei der Montage durch eine Vorrichtung auseinandergedrückt und klemmt durch die Federung.

gehäuse des Motors. Die inneren Momente erreichen bei Sechs-, Acht- und Zwölfzylindermotoren erhebliche Werte. Ist das Kurbelgehäuseoberteil mit den Zylinderblöcken zu einem Gußstück vereint (wassergekühlte Motoren), so können die Biegungsmomente der Kurbelwelle ohne unzulässige Deformationen und Beanspruchungen aufgenommen werden. Bei luftgekühlten Motoren sind jedoch die einzelnen Zylinder auf das Kurbelgehäuse aufgesetzt. Die Steifigkeit des Kurbelgehäuses wird durch Entfall der versteifenden Wirkung der Zylinderblöcke geringer und das Kurbelgehäuse ist deshalb nicht, wie das wassergekühlter Motoren, zur Aufnahme der inneren Massenmomente geeignet. Eine Ausnahme bildet das sogenannte Tunnelgehäuse mit rohrförmigem Querschnitt (Tatra).

Die Anwendung von Gegengewichten ist daher bei luftgekühlten Motoren notwendig.

Gegengewichte setzen die Lagerreibung der Wellenlager erheblich herab. Dadurch erhöhen sie den mechanischen Wirkungsgrad schnellaufender Motoren merklich, was sich in einer Verringerung des spezifischen Brennstoffverbrauches äußert.

Da die Gegengewichte durch ihre großen Massenträgheitsmomente die Eigenschwingungszahl der Kurbelwelle stark herabsetzen, werden sie bei an sich ausgeglichenen Kurbelwellen nur so groß gewählt, als dies zur wirksamen Gestell- und Lagerentlastung notwendig ist. Meist genügt ein Ausgleich von 70 bis 80 % der Fliehkräfte der rotierenden Massen des Triebwerkes und der Kurbelkröpfung. Die Größe der Gegengewichte soll möglichst innerhalb des von der Kurbelwange beschriebenen Drehkörpers liegen. Die Dicke des Gegengewichtes soll mit der Dicke der Kurbelwange übereinstimmen, damit beim Nachschleifen der Kurbel- und Wellenzapfen die Gegengewichte nicht demontiert werden müssen. Beim Durchfahren kritischer Drehzahlen unterliegt die Gegengewichtsbefestigung starken dynamischen Beanspruchungen, die zu berücksichtigen sind.

Sehr verbreitet ist die Befestigung durch Schwalbenschwanz nach Abb. 81. Die Aufnahmeflächen an der Kurbelwange werden gefräst. Das Gegengewicht wird geräumt. Durch einen Schlitz, der durch eine größere Bohrung zur Vermeidung von Kerbwirkungen begrenzt ist, wird das Gegengewicht so elastisch gemacht, daß es mit der Spannschraube gegen den Sitz auf der Kurbelwange gedrückt wird. Dabei ist zu beachten, daß bei der Dimensionierung der Gegengewichtsverbindung nicht nur die Fliehkräfte des Gegengewichtes, sondern auch die beim Durchfahren kritischer Drehzahlen auftretenden Massenkräfte berücksichtigt werden.

Der Spannschraube selbst ist festigkeitsmäßig und herstellungsmäßig größte Aufmerksamkeit zu widmen. Sie wird zweckmäßig als Dehnschraube mit einer Mindeststreckgrenze von 70 bis 80 kg ausgebildet.

Um Biegungsschwingungen der Schraube selbst zu vermeiden, die zu Brüchen der Befestigungsschraube führen könnte, ist es zweckmäßig, die Schraube in der Mitte mit

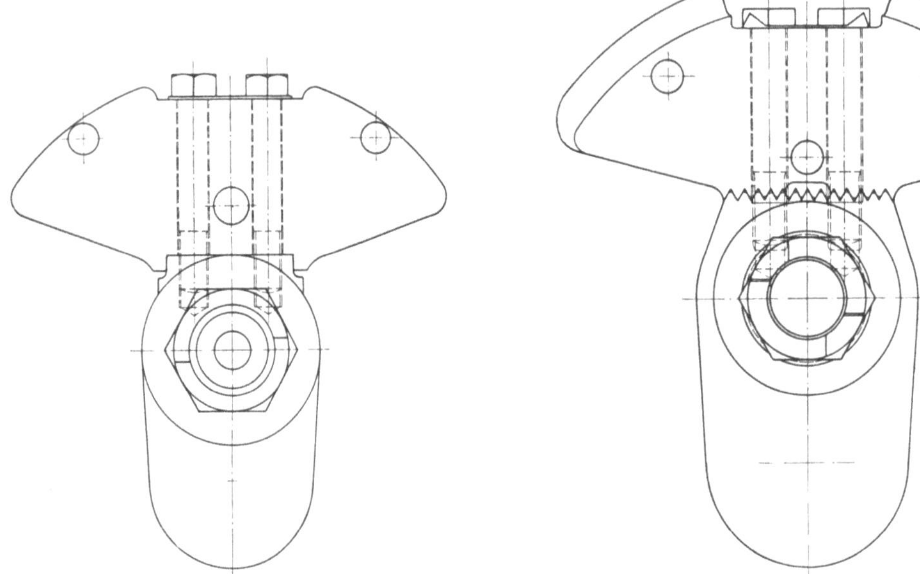

Abb. 83. Befestigung von Gegengewichten durch Schrauben.

Abb. 84. Befestigung von Gegengewichten durch eine Kerbzapfung.

einem Paßbund zu versehen, der sich einerseits gegen das Gegengewicht, anderseits gegen die Kurbelwange abstützen kann.

Der Gegengewichtssitz auf der Kurbelwelle ist mit sehr großer Genauigkeit herzustellen (möglich etwa — 0,05), um unnötig hohe Schraubenbeanspruchungen beim Spannen der Gegengewichte zu vermeiden und genügend Reserve für die erheblichen Massenkräfte durch Tangentialbeschleunigung beim Durchfahren kritischer Drehzahlenbereiche zu erhalten. Eine sehr interessante Lösung der Klöckner-Humboldt-Deutz A. G. zeigt Abb. 82. Das Gegengewicht ist als elastischer Bügel ausgebildet und wird zur Montage durch eine Vorrichtung gespannt und auf die Kurbelwelle geschoben. Es klemmt dann durch die eigene Federung. Die erforderliche Elastizität wird durch die Formgebung des Gegengewichtes erreicht. Die benötigten Werkstatt-Toleranzen sind eng, jedoch in der Serienfertigung zu halten. Bei der Aufbringung wird das Material des Gegengewichtes bis zur Streckgrenze beansprucht.

Die Streckgrenze des Gegengewichtes soll mindestens 70 kg pro mm² betragen. Die Ausführung ist bei entsprechenden Fertigungseinrichtungen billiger, als die vorhin beschriebene und durch Entfall der Spannschraube absolut sicher.

Die einfachste Gegengewichtsbefestigung durch auf Zug beanspruchte Schrauben zeigen Abb. 83 und 84. Hier werden die Massenkräfte durch Tangentialbeschleunigungen beim Durchfahren kritischer Drehzahlbereiche im ersten Fall durch eine Passung, im zweiten Fall durch eine Kerbzahnung aufgenommen. In beiden Fällen nimmt man die Auflage zwischen den Befestigungsschrauben zurück um eindeutige Auflageverhältnisse zu schaffen. Die Schrauben müssen nicht nur die Fliehkräfte des Gegengewichtes aufnehmen, sondern sollen einen so großen Reibungsschluß erzeugen, daß die Massenkräfte in kritischen Drehzahlbereichen aufgenommen werden können. Als Befestigungsschrauben verwendet man nur solche größter Festigkeit und größter Streckgrenze. Die Schrauben müssen bei der Montage des Gegengewichtes bis zur Streckgrenze gespannt werden. Dies ist bei Beginn einer Serienmontage durch Dehnungsmessung der Schraube zu überprüfen. Für die Serie ist es möglich, eine Anzugsvorschrift festzulegen, etwa derart, daß nach dem Festziehen mit einem normalen Schraubenschlüssel die Schraube noch um eine viertel oder halbe Umdrehung nachgezogen wird.

f) Ausbildung der Wellenenden.

Entscheidend für die Ausbildung der Wellenenden ist die Lage des Steuerwellenantriebes. Man findet Steuerwellenantriebe am vorderen und am schwungradseitigen Wellenende. Werden Zahnräder zum Steuerwellenantrieb verwendet, so ist die schwung-

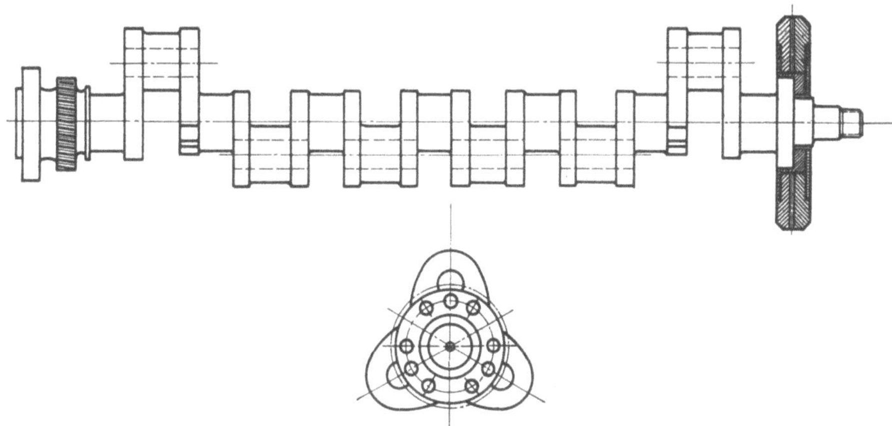

Abb. 85. Sechszylinderwelle mit aufgeschnittenem Antriebszahnrad für den Steuerwellenantrieb und angeflanschten Schwingungsdämpfer.

radseitige Anordnung mit Rücksicht auf den ruhigen Lauf beim Durchfahren kritischer Drehzahlen zweifellos vorteilhafter. Der Einwand, daß der Antrieb dann schlechter zugänglich ist, ist nicht stichhältig, da die Zahnräder infolge der kleineren Drehschwingungszuschläge am schwungradseitigen Ende nahezu keinem Verschleiß unterworfen sind und ihre Lebensdauer die aller übrigen bewegten Teile weit überschreitet. Die Zahnräder können dann ausschließlich nach dem Kraftbedarf des Steuerungsantriebes bemessen und daher kleiner ausgeführt werden als bei der Anordnung am vorderen Wellenende.

Da man auch bei schwungradseitig angeordneten Zahnrädern auf einen Flansch am Wellenende zur Schwungradbefestigung nicht verzichtet, macht die Radbefestigung einige Schwierigkeiten.

Die einfachste Lösung besteht darin, das Antriebszahnrad mit der Welle nach Abb. 85 aus einem Stück zu machen, eine Ausführung, die seit Jahren von einer der größten deutschen Motorenfabriken mit Erfolg ausgeführt wird. Ein Auswechseln der Kurbelwelle infolge Verschleiß des Antriebsrades war noch niemals notwendig. Der hochwertige Wellenwerkstoff gestattet verhältnismäßig kleine Zahnabmessungen.

Da man bestrebt ist, das Zahnrad auf der Kurbelwelle ohne Zwischenrad in das

Nockenwellenantriebsrad eingreifen zu lassen, ergeben sich Durchmesser des Antriebsrades, die sich ohne Verschwächung der Kurbelwelle ausführen lassen. Um die elastische Wellenlänge vom letzten Lager bis zum Schwungrad klein zu halten, erfolgt bei dieser Anordnung die Abdichtung des Motorgehäuses im Durchtritt der Kurbelwelle an dem Kupplungsflansch selbst. Ein Beispiel derartiger Ausführung zeigt Abb. 85.

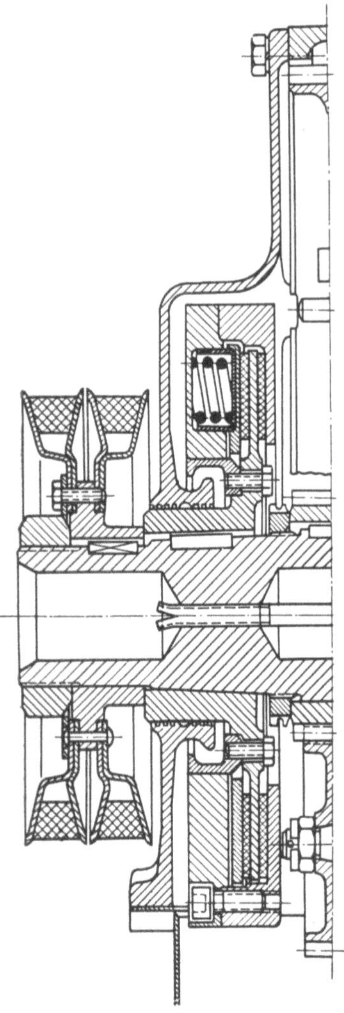

Abb. 86. Steuerungsantrieb am vorderen Wellenende.

Wenn der Steuerungsantrieb nach Abb. 86 am vorderen Wellenende angeordnet ist, kann der Kupplungsflansch für das Schwungrad der letzten Lagerstelle etwas nähergerückt werden — besonders dann, wenn die Abdichtung nach Abb. 87 auch über den Kuppelflansch erfolgt.

Vielfach findet man die Abdichtung nach Abb. 88 vor dem Kuppelflansch ausgeführt, der Kuppelflansch liegt dann gänzlich außerhalb des Motorgehäuses. Diese Anordnung hat zwar den Vorteil der leichteren Abdichtung des Wellendurchtrittes, ergibt jedoch eine größere elastische Länge der Welle zwischen Triebwerks- und Schwungradmasse.

Für luftgekühlte Motoren kann die Lage des Steuerungsantriebes vorne, entgegengesetzt der Abtriebsseite, erhebliche bauliche Vorteile bringen. Der Antrieb des Kühlluftgebläses erfolgt zweckmäßig durch Gummikeilriemen (Kraftbedarf $7+10\%$ der Motorleistung). Man spart dadurch die elastische Kupplung (mit Dämpfung), die bei Antrieb des Kühlluftgebläses durch Zahnräder oder Zahnkette notwendig wäre.

Bei luftgekühlten Fahrzeug-Diesel-Motoren ist die Verwen

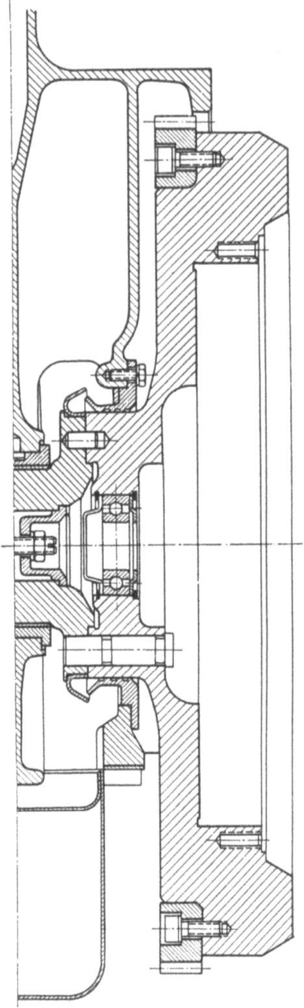

Abb. 87. Abdichtung des Motorgehäuses am Kuppelflansch.

dung von Axialkühlluftgebläsen infolge ihres den anderen Bauarten überlegenen Wirkungsgrades und des geringen Bauaufwandes für die Kühlluftführung besonders zu empfehlen. Diese Gebläse erfordern jedoch hohe Drehzahlen. Die Übersetzung kann deshalb nicht allein im Gummikeilriementrieb untergebracht werden. Bei vorne liegendem Steuerungsantrieb ist es mit geringstem Bauaufwand möglich, den größten Teil der notwendigen Übersetzung zwischen Kurbelwelle und Kühlluftgebläse durch Zahnräder zu erreichen und nur eine noch gut ausführbare Übersetzung in den Keilriementrieb zu legen. Die Baulänge des Axialkühlluftgebläses kann für den vorne liegenden Steuerungsantrieb ausgenützt werden. Bei schwungradseitigem Steuerungsantrieb würde hiefür eine zusätzliche Vergrößerung der Motorbaulänge erforderlich sein.

Der Kurbelwellenflansch und die Schwungradbefestigungsschrauben können nach folgenden Gesichtspunkten bemessen werden:

Die Größe des Flansches wird durch den Wellenzapfendurchmesser und die Anordnung der Kurbelwellenabdichtung bestimmt. Dabei wird der Schraubenlochkreis zweckmäßig so angenommen, daß die Schraubenlöcher außerhalb des Wellenzapfendurchmessers liegen und bei Berücksichtigung eines Übergangsradius vom Zapfen zum Flansch freigehen. Die Flanschbefestigung wird ausschließlich auf Reibungsschluß berechnet, wobei Schrauben hoher Festigkeit und Streckgrenze zur Anwendung kommen. Neuere Konstruktionen verwenden ausschließlich Kopfschrauben, weil diese leichter zu sichern und an sich billiger sind.

Die Verbindung muß folgenden Bedingungen entsprechen:

1. Mit Rücksicht auf das Durchfahren von kritischen Drehzahlen soll die Schraubenverbindung ein Drehmoment übertragen können, daß einer Beanspruchung des Wellenzapfens von etwa 400 kg/cm² entspricht. Höhere Drehschwingungsbeanspruchungen sind nicht zulässig und müssen durch Anwendung von Schwingungsdämpfern unterdrückt werden.

$$M_d = \frac{\pi}{16} d_w{}^3 \cdot 400 \; \text{kg/cm}^2.$$

Mit R Teilkreisradius der Schrauben

$\mu\;\; = 0{,}2$ Reibungskoeffizient

$k_z\;= $ Streckgrenze kg/cm² ∞ 7000 kg/cm²,

$i\;\;\; = $ Schraubenzahl,

$f\;\;\; = $ Kernquerschnitt,

wird dann:

$$f = \frac{M_d}{R \cdot \mu \cdot i \cdot k_z} \cdot \text{cm}^2$$

Schrauben von der Stärke M 14 und M 16 können nach Häufigkeitsversuchen noch gut ohne besondere Hilfsmittel bis auf die Streckgrenze angezogen werden. Ihre Verwendung ist daher wirtschaftlich. Mitunter ist die Anwendung von Feingewinde zur Vergrößerung des Kernquerschnittes vorteilhaft.

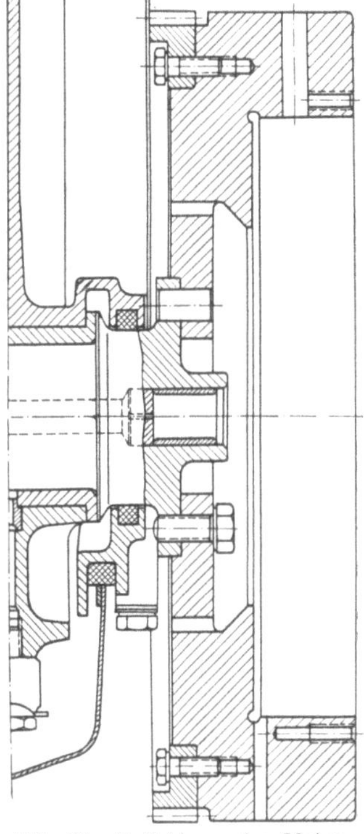

Abb. 88. Abdichtung des Motorgehäuses vor dem Kuppelflansch.

2. Es muß das Spitzendrehmoment des Motors übertragen werden können.

Zylinderzahl	Viertakt-Dieselmotoren	Zweitakt-Dieselmotoren
	$\dfrac{M_{d\,max}}{M_{d\,mittel}}$	$\dfrac{M_{d\,max}}{M_{d\,mittel}}$
1	19	11,6
2	9,5	5,8
3	6,3	3,8
4	4,7	2,9
5	3,8	2,4
6	3,1	2
7	2,7	1,8
8	2,3	1,6

$M_{d\,mittel}$ ist das mittlere Leistungsdrehmoment des Motors. $M_{d\,max}$ ist das Spitzendrehmoment des Motors.

Die Zahlentafel enthält, abhängig von der Zylinderzahl und dem Arbeitsverfahren, die Verhältniswerte von $M_{d\,max}$ zu $M_{d\,mittel}$ bei gleichmäßigem Zündabstand.

Zur Nachprüfung der Flanschverbindung wird in der vorstehenden Formel M_d als

Spitzendrehmoment eingesetzt und die Reibungsziffer $\mu = 0{,}1$ angenommen. Die Schraubenzahl soll zwischen 1 bis 6 und 8 gewählt werden.

Zur Lagefixierung des Schwungrades, auf dessen Umfang die Einstellungsmarkierung angebracht ist, benötigt man noch einen zylindrischen Stift. Es ist zweckmäßig, die Befestigungsschrauben des Schwungrades als Kopfschrauben auszubilden. Die Gewindelöcher im Flansch werden zur Vermeidung des Öldurchtrittes am Gewinde als Sacklöcher ausgebildet. Dadurch ist auch die Dicke des Kurbelwellenflansches gegeben.

Bei beiden Ausführungen, Steuerwellenantrieb vorne oder hinten, wird der Durchmesser des Wellenstückes von der letzten Lagerstelle bis zum Kuppelflansch mindestens gleich dem Wellenzapfendurchmesser gemacht, um die elastische Länge dieses Stückes nicht unnötig zu vergrößern und damit die Drehschwingungslage zu erniedrigen. In den meisten Fällen, besonders bei schwungradseitig angeordnetem Paßlager, wird der Wellendurchmesser bis zum Kuppelflansch so groß wie möglich gemacht.

Die Form des vorderen, als ventilatorseitigen Endes ist ebenfalls von der Lage des Steuerwellenantriebes abhängig. Sie wird vor allem durch den Schwingungsdämpfer bestimmt.

Bei Sechszylinder-Reihenmotoren wird man wohl immer einen Schwingungsdämpfer anordnen müssen. In Band 8/II sind die verschiedenen Dämpferbauarten beschrieben. Reibungsschwingungsdämpfer, bei denen die sekundäre Dämpfermasse durch Reibscheiben, die unter Federspannung stehen, mit dem

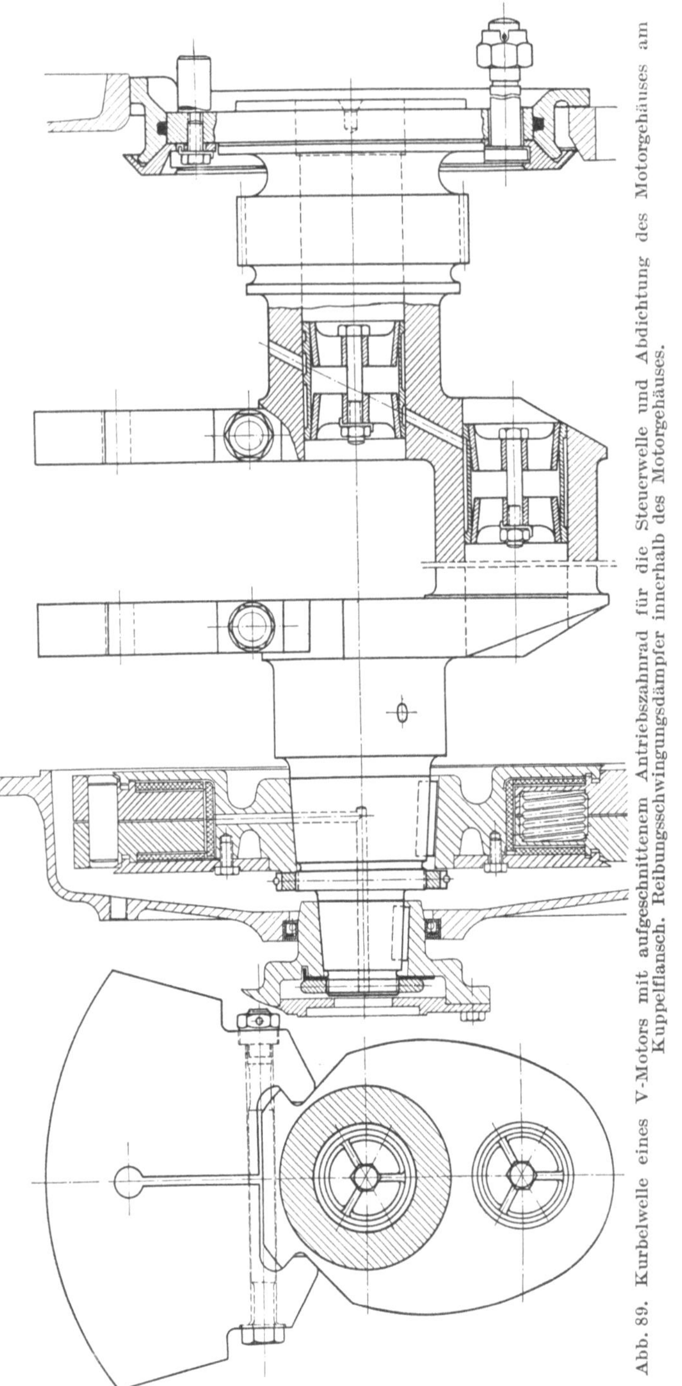

Abb. 89. Kurbelwelle eines V-Motors mit aufgeschnittenem Antriebszahnrad für die Steuerwelle und Abdichtung des Motorgehäuses am Kuppelflansch. Reibungsschwingungsdämpfer innerhalb des Motorgehäuses.

primären Dämpferteil gekuppelt sind, werden nach Abb. 89 zweckmäßig innerhalb des Motorengehäuses angeordnet, um ein Festsitzen des Dämpfers durch Verrosten zu vermeiden. Da man jedoch die Reibungsbeläge nicht vollständig vor Öl schützen kann, arbeitet man von vornherein mit Schmierung, um einen möglichst konstanten Dämpfungswert zu erreichen.

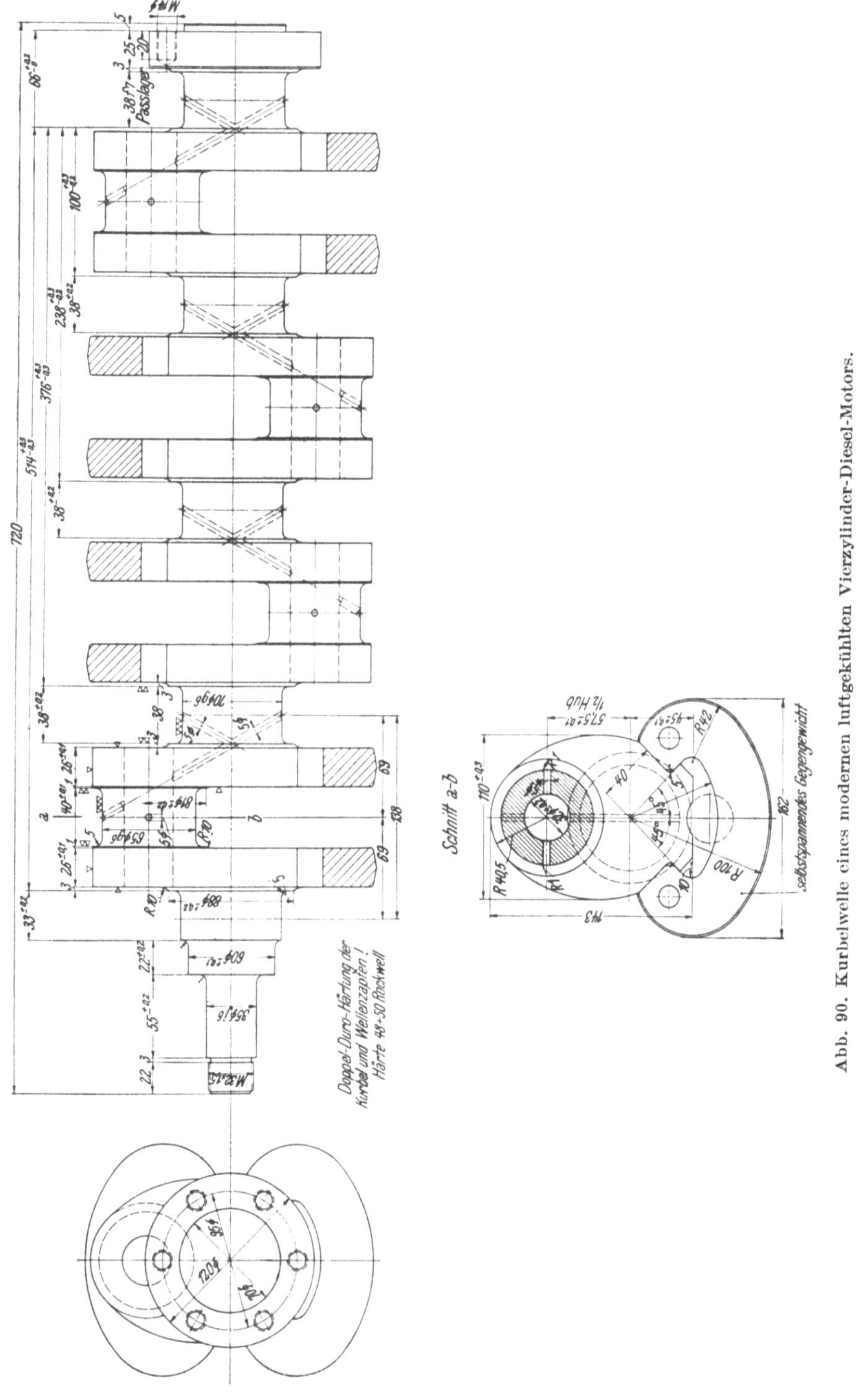

Abb. 90. Kurbelwelle eines modernen luftgekühlten Vierzylinder-Diesel-Motors.

Die Befestigung des Dämpfers auf der Kurbelwelle erfolgt entweder durch Konus, Abb. 89, oder mittels eines Flansches unmittelbar nach dem vordersten Wellenlager. Bei Verwendung eines Konus ist auf sorgfältigste Ausführung des Sitzes zu achten, da sich sonst die elastische Länge der Kurbelwelle erheblich ändern kann, was zu einer ungünstigen Verlagerung der kritischen Drehzahlen führen würde. Diesen Nachteil vermeidet der Flansch auf der Kurbelwelle zur Befestigung des Dämpfers nach Abb. 85.

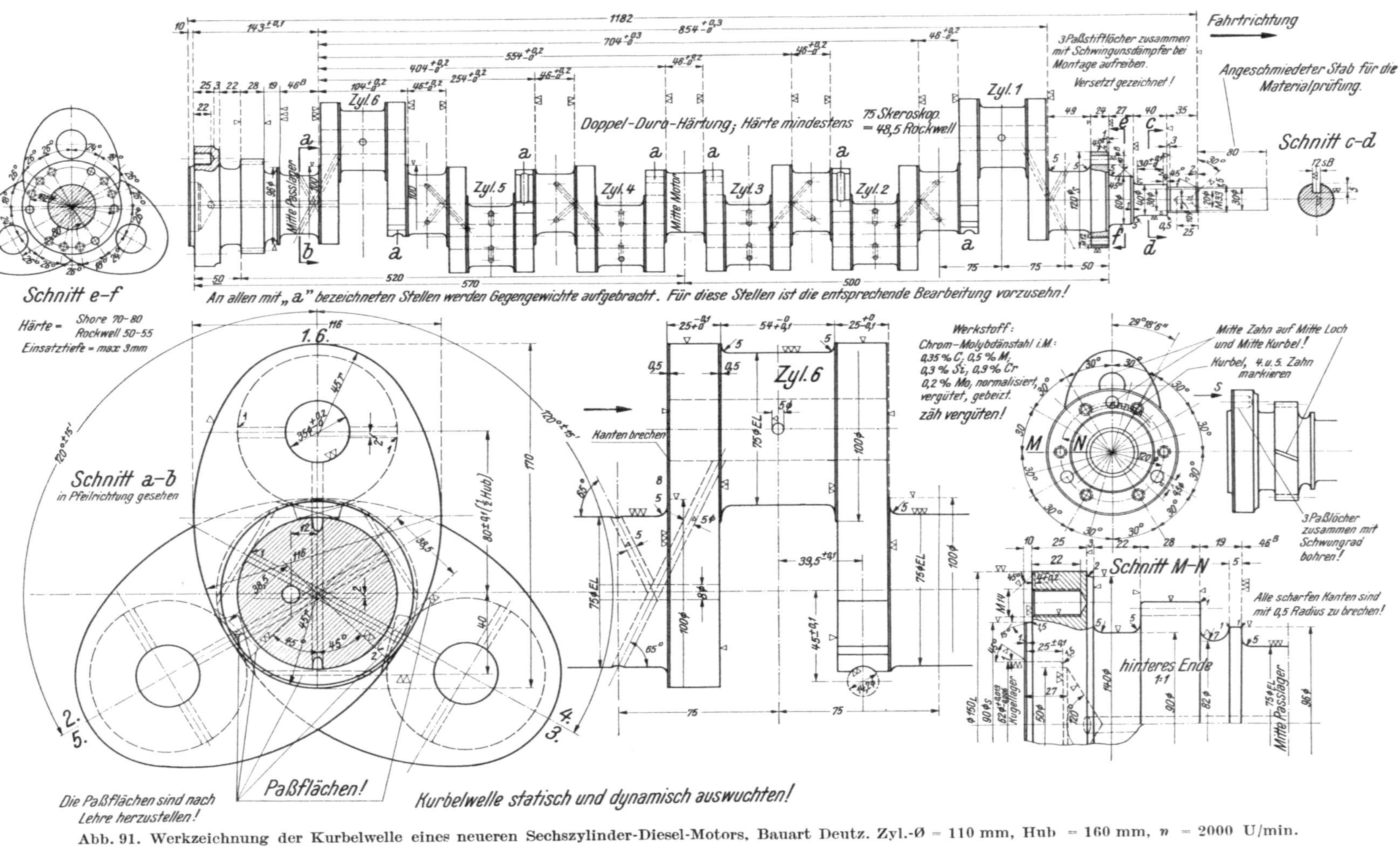

Abb. 91. Werkzeichnung der Kurbelwelle eines neueren Sechszylinder-Diesel-Motors, Bauart Deutz. Zyl.-Ø = 110 mm, Hub = 160 mm, n = 2000 U/min.

Von einem rein zylindrischen Sitz für den primären Teil des Dämpfers muß abgeraten werden, da die Keilnut sich bald ausschlagen würde.

In der letzten Zeit werden auch vielfach Resonnanzdämpfer verwendet, bei denen zwischen primärem und sekundärem Teil eine Gummischicht die Aufgabe der Verbindung beider Teile und der Dämpfung übernimmt. Die Wirkungsweisen derartiger Dämpfer und der Reibungsdämpfer sind grundsätzlich verschieden. Die Resonnanzdämpfer werden außerhalb des Motorgehäuses angeordnet und oft mit der Riemenscheibe zum Ventilatorantrieb zusammengebaut. Auch hier muß das Wellenstück zwischen Dämpfer und letztem Lager sehr kräftig sein, da es hohe Wechseldrehbeanspruchungen aufzunehmen hat. Eine Befestigung mit Flansch ist hier schwieriger durchzuführen. Meist ist der primäre Teil mit Konus auf der Welle befestigt. Bei vorne liegenden Steuerrädern vergrößert sich die elastische Länge etwas.

Bei innen liegenden Reibungsdämpfern kann der Durchmesser der Kurbelwelle nach dem Dämpfer nur mit Rücksicht auf die für den Antrieb von Ventilator und Lichtmaschine notwendige Festigkeit bestimmt werden. Bei englischen Fahrzeug-Diesel-Motoren werden ebenso wie bei Personenwagen-Otto-Motoren häufig Kettentriebe für den Antrieb der Steuerwelle vorgesehen. Mitunter wird auch der Ventilator mit Kette angetrieben. Dies bringt gegenüber den Zahnradantrieb keine grundsätzlichen Unterschiede.

Am vorderen Wellenende ist meist noch eine Klauenmutter zum Durchdrehen des Motors für Einstellzwecke vorgesehen, die meist die Befestigung des Schwingungsdämpfers und der Keilriemenscheibe übernimmt.

Eine nach den neuesten Erkenntnissen der Wellen- und Pleuellagerbemessung konstruierte Kurbelwelle mit selbstspannenden Gegengewichten für einen luftgekühlten Vierzylinder-Dieselmotor mit Aufladung ist in Abb. 90 dargestellt.

Abb. 91 zeigt die Werkzeichnung einer Kurbelwelle eines neueren Sechs-Zylinder-Diesel-Motors, Bauart Deutz.

2. Schnellaufende Diesel-Motoren. V-Motoren.

a) Zylinderabstand.

Die Zylinderentfernung bei schnellaufenden V-Diesel-Motoren wird stark von der Art der an einem Zapfen angreifenden Pleuelstangen beeinflußt. Man unterscheidet folgende Ausführungen der Pleuelstangen:

α) Nebeneinanderliegende Pleuelstangen.

Zwei Pleuelstangen normaler Bauart greifen an dem Kurbelzapfen an. Die Kurbelzapfenlänge wird meist gleich dem Zapfendurchmesser ausgeführt, wobei die Übergangsradien des Kurbelzapfens zur Kurbelwange inbegriffen sind. Der Übergangsradius ist etwa ein Fünfzehntel des Zapfendurchmessers. Die tragende Pleuellagerbreite beträgt dabei $b = 0,4 - 0,43\, d_K$ (d_K = Kurbelzapfendurchmesser) und gestattet damit eine maximale Tragfähigkeit des Pleuellagers zu erreichen. Das schmale Lager ist auch gegen die auftretende Verformung des Kurbelzapfens unempfindlicher, als ein breites Lager. Der Zylinderabstand ausgeführter Motoren liegt zwar nach Abb. 92 zwischen 1,5 und 1,67 D. Neuere Motorenkonstruktionen haben jedoch auch bei nebeneinander liegenden Pleuelstangen Zylinderabstände von nur $L = 1,47$ bis 1,5 D. Diese Werte sind bei Neuentwicklungen unbedingt anzustreben.

β) Gabelstangen.

Die Kräfte beider auf einen Kurbelzapfen arbeitenden Pleuelstangen werden durch eine Lagerschale übertragen. Eine Pleuelstange ist gegabelt. In ihr ist die gemeinsame Lagerschale eingespannt. Auf den äußeren Mantel der Lagerschale, in dem Raum, der durch die Gabelstange frei gelassen wird, greift die zweite ungegabelte Stange an. Diese Bauart gibt bei kleinen Flächenpressungen eine sehr gute Ausnützung des Lagerzapfens. Dies äußert sich auch im Zylinderabstand, der mit etwa 1,5 D angenommen werden kann.

Das Lagerbreitenverhältnis beträgt etwa $b = 0,65 \, d_K$. Die Flächenpressung im Pleuellager ist zwar geringer als bei der Ausführung nach α). Das Lager ist jedoch infolge seiner größeren Breite empfindlicher gegen Durchbiegungen des Kurbelzapfens. Das Kurbelgehäuseoberteil wird durch Wegfall der Versetzung der Zylindermitten beider Zylinderreihen einfacher.

γ) Angelenkte Pleuelstangen.

Die Bauart mit Haupt- und angelenkter Nebenpleuelstange wird nur bei einigen Triebwagenmotoren angewendet. Sie gibt ungefähr gleiche Zylinderabstände, wie die Gabelstange. Die Bewegungsverhältnisse der angelenkten Nebenpleuelstange sind andere als die der Hauptpleuelstange. SCHLAEFKE [23] hat ein rechnerisches Verfahren zur Untersuchung der Bewegungsverhältnisse angegeben.

Die Auslenkung der Nebenpleuelstange ist wesentlich größer als die der Hauptpleuelstange. Da gleichzeitig durch die Entfernung des Anlenkpunktes von der Kurbelzapfenmitte die Länge der Anlenkstange kleiner als die der Hauptpleuelstange wird, hat man mit einer Vergrößerung des Gleitbahndruckes auf den Kolben zu rechnen. Die Hauptpleuelstange wird durch ein zusätzliches Biegungsmoment, das von der Stangenkraft der Nebenpleuelstange herrührt, beansprucht. Die vorhin erwähnten Kraftwirkungen müssen in jedem Falle besonders untersucht werden.

Bei Motoren mit mehreren Zylinderreihen in W- und X-Form, ist die angelenkte Pleuelstange, die einzige mögliche Lösung. Zylinderabstände wie unter β). Auf jeden Fall ist das Triebwerk mit angelenkten Pleuelstangen teuerer und bezüglich seines dynamischen und kinematischen Verhaltens schwerer zu übersehen.

b) Kurbelzapfen.

Im allgemeinen gelten für die Bemessung des Kurbelzapfens dieselben Bedingungen wie für Diesel-Motoren der Reihenbauart nach Abschnitt I. Einige Ergänzungen sind jedoch notwendig.

1. Nach Abb. 92 ist der Kurbelzapfendurchmesser ausgeführter Motoren etwa 0,7 D.

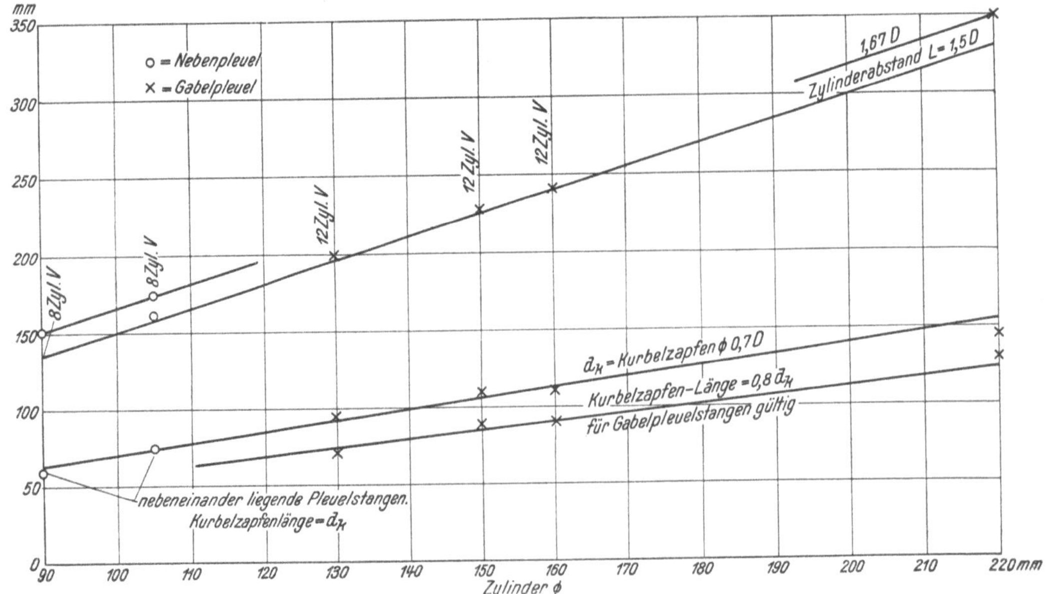

Abb. 92. Zylinderabstände und Kurbelzapfenabmessungen von V-Diesel-Motoren.

(Bei Fahrzeug-Diesel-Maschinen, Einreihenbauart 0,65 D.) Entsprechend dem erhöhten Platzbedarf der vorhin angegebenen Pleuelstangenkonstruktionen wird die Kurbelzapfenlänge $L_K = d_K$ ($d_K =$ Kurbelzapfendurchmesser) für nebeneinanderliegende Pleuelstangen und $l_K = 0,8\,d_K$ für Gabelpleuelstangen.

2. Die im Kurbelzapfen auftretenden Flächenpressungen sind sehr von der Konstruktion der Pleuelstange abhängig. Für die angeführten drei Bauarten gilt:

a) Bei nebeneinander liegenden Pleuelstangen betragen die Flächenpressungen unter dem Höchstdruck 300 bis 350 kg/cm² bei Gleitgeschwindigkeiten von etwa 10 m/sek. Diese Werte sind bedeutend höher als bei Reihenmaschinen und verlangen die Verwendung vorzüglicher Bleibronzelager auf gehärteten Wellenzapfen.

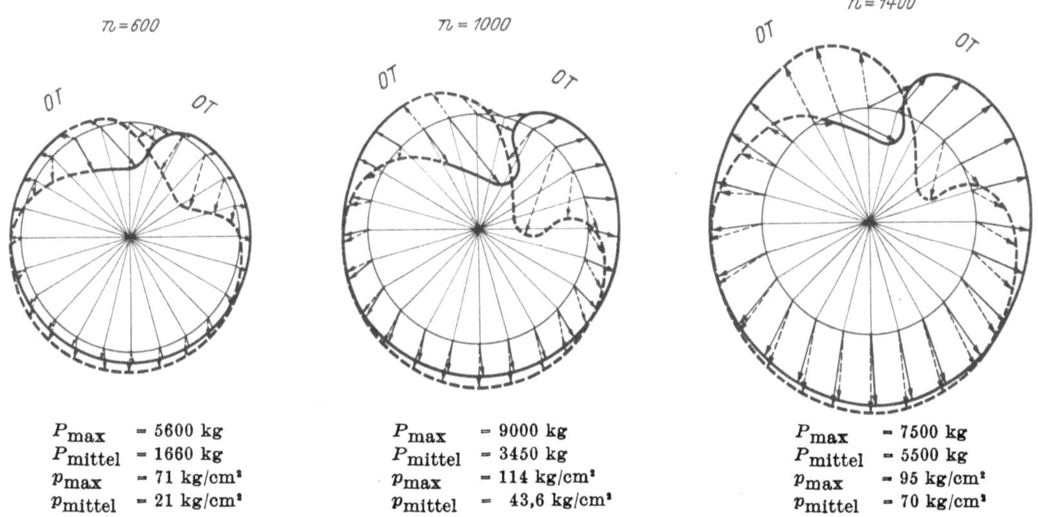

P_{max} = 5600 kg
P_{mittel} = 1660 kg
p_{max} = 71 kg/cm²
p_{mittel} = 21 kg/cm²

P_{max} = 9000 kg
P_{mittel} = 3450 kg
p_{max} = 114 kg/cm²
p_{mittel} = 43,6 kg/cm²

P_{max} = 7500 kg
P_{mittel} = 5500 kg
p_{max} = 95 kg/cm²
p_{mittel} = 70 kg/cm²

Abb. 93. Lagerkräfte des Pleuellagers eines V-Diesel-Motors. Volle und strichlierte Kurve entspricht dem Kraftverlauf während zweier Umdrehungen (eines Arbeitspiels). Kolbengeschwindigkeit 10 m/sek.

b) Gabelpleuelstangen haben infolge der gemeinsamen Lagerschale geringere Flächenpressungen unter dem Zünddruck, als sie bei Reihenmotoren auftreten, in der Höhe von ungefähr 200 kg/cm² bei 70 kg/cm² Zünddruck. Eine Verwendung von Weißmetall scheidet jedoch auch hier aus.

c) Ähnlich verhält sich die Bauart mit Haupt- und angelenkter Nebenpleuelstange. Auch hier hat jeder Zylinder die volle Lagerfläche des Kurbelzapfens.

Die Bemessung des Kurbelzapfenlagers nach der Flächenpressung unter dem Zünddruck genügt für V-Motoren nicht mehr. Durch die Verdoppelung der an einer Kröpfung angreifenden Triebwerksmassen nehmen die Beschleunigungskräfte ganz erhebliche Werte an. Es empfiehlt sich die Konstruktion eines Vektorendiagrammes nach Abb. 93, das Aufschluß über die in jeder Kurbelstellung am Kurbelzapfen auftretenden Kräfte gibt.

Bei nebeneinander liegenden Pleuelstangen tritt die Flächenpressung durch die Beschleunigungskräfte gegenüber der aus dem Zünddruck zurück.

c) Wellenzapfen.

Abb. 94 gibt Anhaltspunkte für die Bemessung des Wellenzapfens. Bewährte Ausführungen haben Wellenzapfendurchmesser von ungefähr 0,7 bis 0,75 D. Bei Reihenmotoren betragen die entsprechenden Werte 0,69 D bis 0,75 D. Es stellt also 0,75 D die oberste Grenze bei Reihenmotoren dar, während dieser Wert für V-Motoren der Durchschnittswert ist. Diese Vergrößerung des Wellenzapfens ist durch die größeren Triebwerksmassen mit Rücksicht auf Drehschwingungen notwendig. Die Wellenzapfenlänge ist nach Abb. 94 ungefähr 0,55 des Wellenzapfendurchmessers, also kleiner als der Wert 0,6 bei Reihenmotoren. Das hat seine Ursache in der Verlängerung des Kurbelzapfens bei feststehender Zylinderentfernung. Wie schon früher erwähnt, ist die Vergrößerung des Wellenzapfendurchmessers das wirksamste Mittel zur Erhöhung der Eigenschwingungszahl. Die bei Zwölfzylindermotoren am mittleren Wellenlager, durch die links und rechts

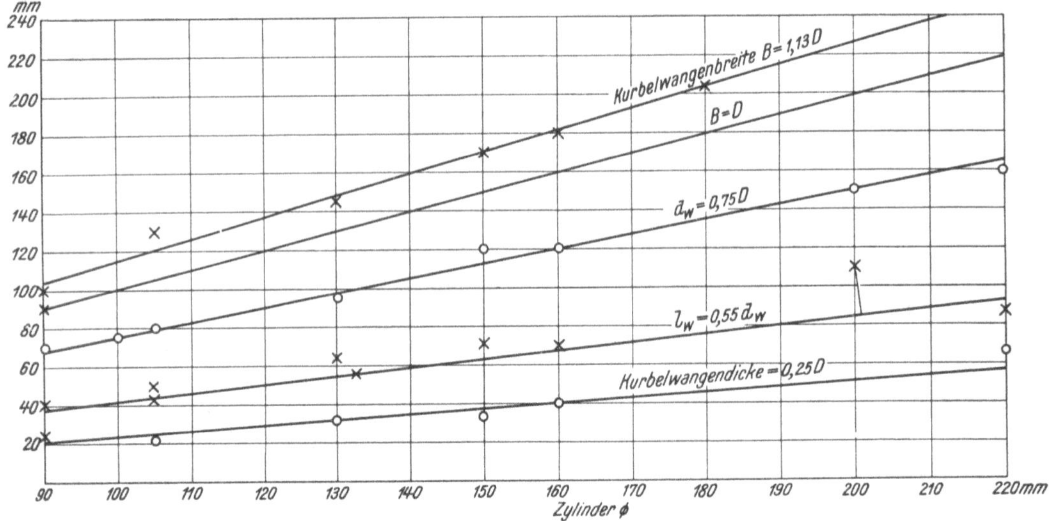

Abb. 94. Wellenzapfen- und Kurbelwangenabmessungen von V-Diesel-Motoren.

des Lagers in derselben Ebene stehenden Kurbelkröpfungen samt Triebwerksmassen sich ergebenden Massenkräfte sind meist so groß, daß man zur Anordnung von Gegengewichten gezwungen ist. In dem Diagramm, Abb. 95, sind die Lagerkräfte für das Mittellager eines V-Diesel-Motors nach Größe und Richtung in Abhängigkeit von dem Drehwinkel der

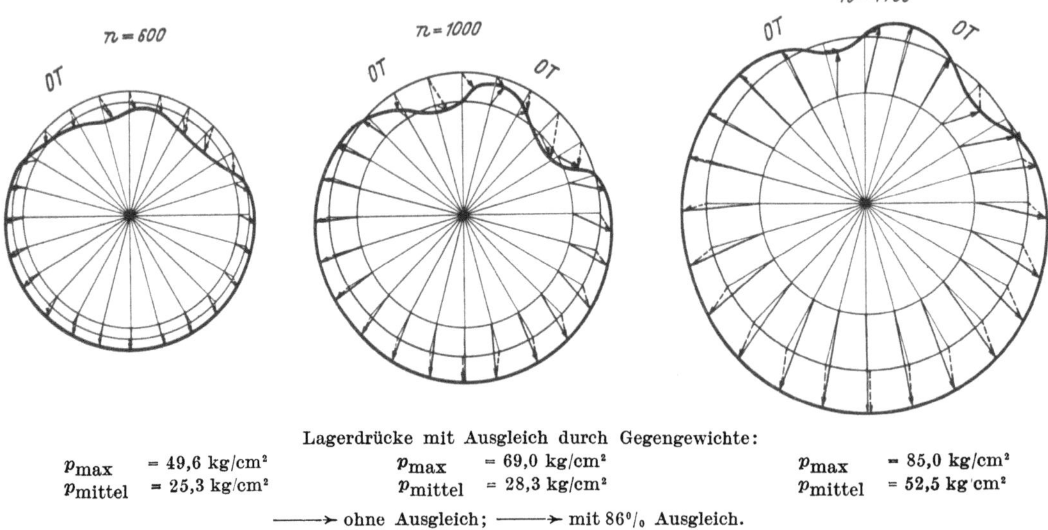

Lagerdrücke mit Ausgleich durch Gegengewichte:

p_{max} = 49,6 kg/cm² p_{max} = 69,0 kg/cm² p_{max} = 85,0 kg/cm²
p_{mittel} = 25,3 kg/cm² p_{mittel} = 28,3 kg/cm² p_{mittel} = 52,5 kg/cm²

———→ ohne Ausgleich; ———→ mit 86% Ausgleich.

Abb. 95. Lagerkräfte des Mittellagers eines V-Diesel-Motors mit und ohne Ausgleich durch Gegengewichte.

Kurbelwelle für mehrere Drehzahlen dargestellt. Der Einfluß der Fliehkraft auf die mittlere Lagerbelastung ist bedeutend. Die Herabsetzung der Fliehkraftanteile der Lagerbelastung durch Gegengewichte verändert die mittlere Lagerbelastung erheblich. Eine Verbreiterung des Mittellagers zur Herabsetzung der Flächenpressung ist, wie schon erwähnt, bei Bleibronze unzweckmäßig, da ein breiteres Wellenlager infolge der elastischen Durchbiegung der Kurbelwelle schlecht trägt.

Bei Neukonstruktionen ist die tragende Lagerbreite $l_W = 0{,}37$ bis $0{,}4\,d_K$ anzunehmen. Dies erscheint nach neueren Ergebnissen der Schmiertheorie zulässig, besonders bei Entlastung des Wellenlagers von den Massenkräften durch Gegengewichte.

d) Kurbelwangen.

Einen Überblick über die Kurbelwangenabmessungen bei schnellaufenden Diesel-Motoren in V-Bauart gibt Abb. 94. Die Kurbelwelle wird nach jeder Kröpfung gelagert. Die Wangendicke ist mit $0{,}25\,D$ gleich wie bei Reihenmotoren. Die Kurbelwangenbreite liegt mit $B = 1{,}18\,D$ in der Nähe der oberen dort angegebenen Grenze. Als Wangenform wird auch hier die Ellipse infolge der billigen Herstellung bevorzugt. Für die sonstige Ausführung der Kurbelwangen gelten die Angaben für Einreihenmotoren.

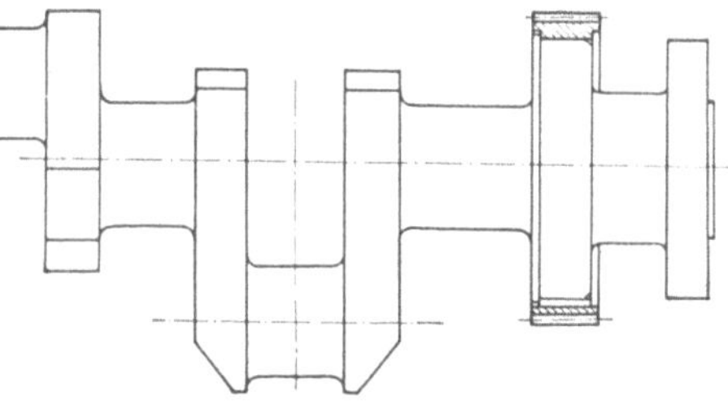

Abb. 96. Kurbelwelle mit übergeschobenem Zahnrad.

Bei kleinen Hubverhältnissen $S : D$ (S = Hub, D = Zylinderdurchmesser) können die Kurbelwangen auch vorteilhaft kreisförmig ausgeführt werden. Die Bearbeitung wird dadurch besonders einfach. Die Wangenbreite der kreisförmigen ist meist größer als die der elliptischen Kurbelwangen.

e) Ausbildung der Wellenenden.

Auch hier gelten ähnliche Erwägungen wie bei den Reihenmotoren. Der Steuerungsantrieb liegt bei Zahnradantrieb fast immer schwungradseitig. Das Antriebsrad wird bei kleinen und mittleren Motoren mit der Welle aus einem Stück gemacht. Geteilte

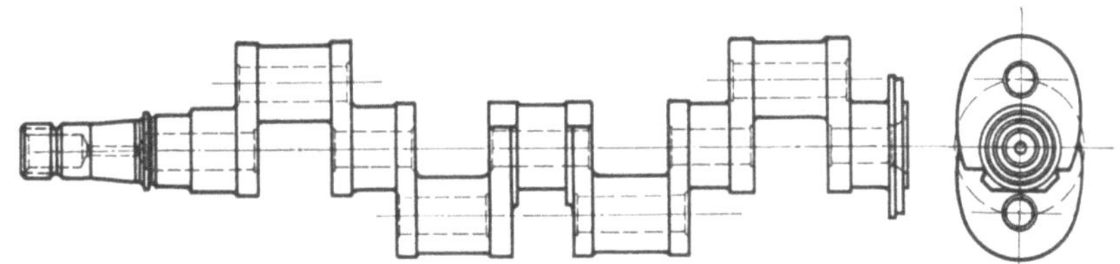

Abb. 97. Kurbelwelle eines Achtzylinder-V-Fahrzeug-Diesel-Motors. 45° Gabelwinkel, Steuerungsantrieb vorne.

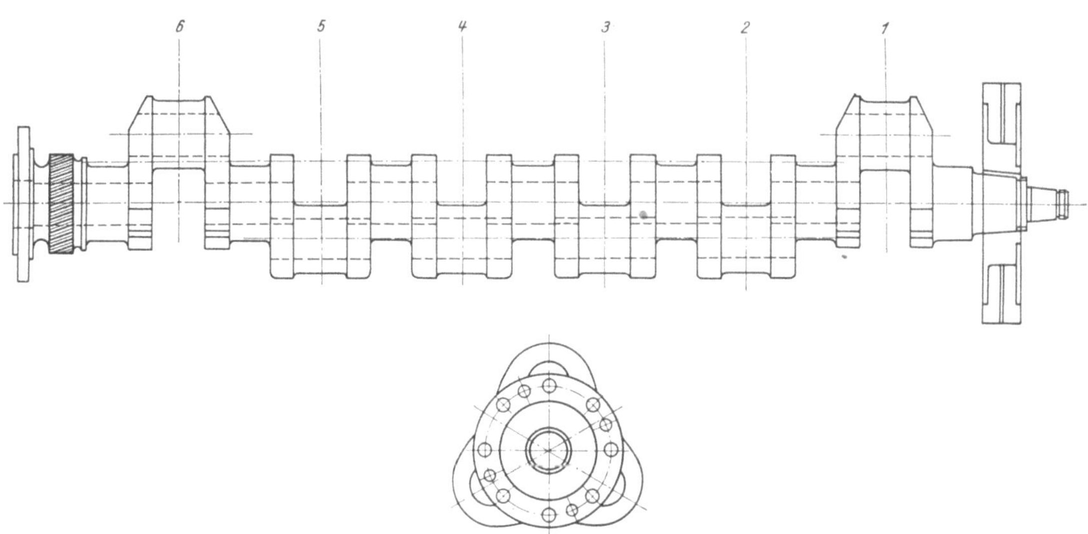

Abb. 98. Kurbelwelle eines Zwölfzylinder-V-Motors. Zündfolge: $6^L\ 1^R\ 2^L\ 5^R\ 4^L\ 3^R\ 1^L\ 6^R\ 5^L\ 2^R\ 3^L\ 4^R$.

Räder kommen wegen der heute verlangten Genauigkeit nicht in Betracht. Bei größeren Motoren, wo infolge der großen Abmessungen der Kurbelwelle ein Aufschneiden des Zahnrades umständlich wäre, bildet man den Anschlußflansch für das Schwungrad nach Abb. 96 so aus, daß das Antriebszahnrad übergeschoben und auf einen entsprechend ausgebildeten Wellenbund befestigt werden kann.

Zur Aufnahme des Schwingungsdämpfers ist das vordere Kurbelwellenende entweder mit einem kräftigen Konus oder besser mit einem Flansch versehen.

So weit es sich um Fahrzeug-Diesel-Motore in V-Bauart handelt, schließt sich an den Konus oder dem Flansch für den Schwingungsdämpfer ein meist zylindrischer Wellenstummel an, der zur Aufnahme der Keilriemenscheiben für den Antrieb der Hilfsmaschinen bestimmt ist. Auf einem nach dem zylindrischen Wellenstück angeordneten kräftigen Gewinde sitzt die Durchdrehmutter, die meist gleichzeitig nach Abb. 97 zur Befestigung des Schwingungsdämpfers verwendet wird. Abb. 98 zeigt die Kurbelwelle eines Zwölfzylindermotors.

3. Schnellaufende Otto-Motoren. Kraftwagenmotoren.

a) Zylinderabstand.

Bei Kraftfahrzeugmotoren herrscht die eingegossene Zylinderlaufbahn vor. Diese Konstruktion entspricht dem Streben nach kurzer Motorbaulänge am besten. Meist erfolgt die Lagerung der Kurbelwelle nach jeder zweiten Kröpfung. Der kleinste Zylinderabstand ist durch die Wandstärke des Zylinderrohres (5 bis 6 mm) und durch den Wasser-

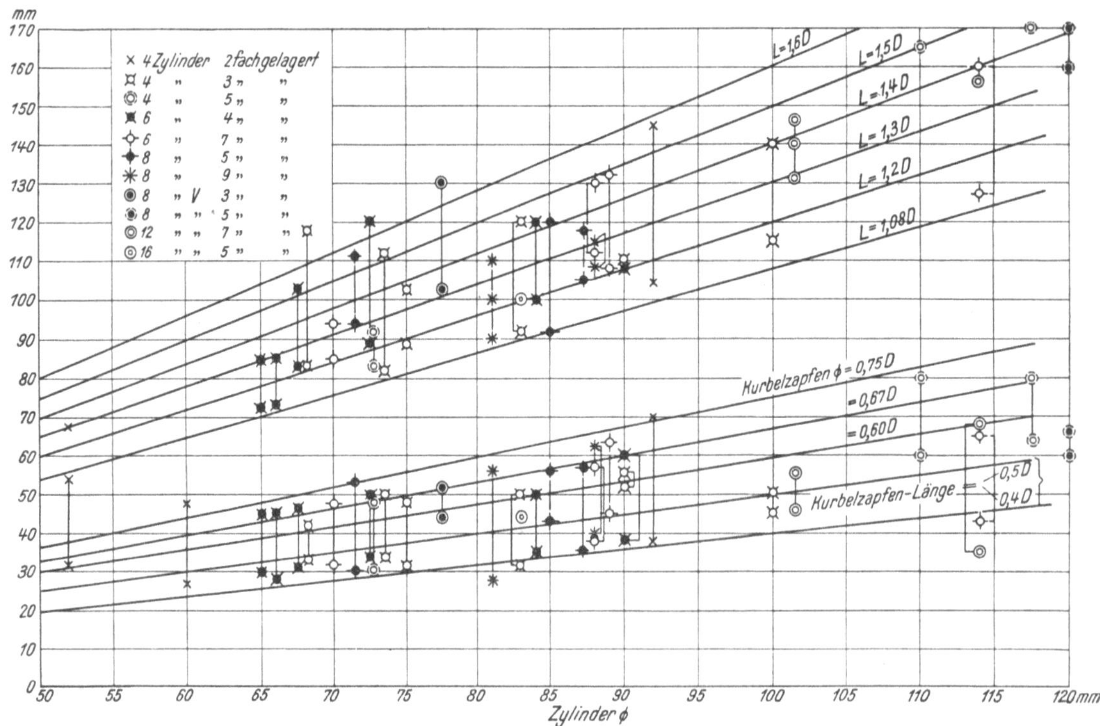

Abb. 99. Zylinderabstände und Kurbelzapfenabmessungen von Otto-Motoren für Kraftwagen.

raum zwischen zwei nebeneinander liegenden Rohren an der engsten Stelle (etwa 6 bis 8 mm mit Rücksicht auf den Zusammenhang des Wassermantelkernes) bestimmt. Daraus ergibt sich für etwa 90 mm Zylinderdurchmesser ein Abstand von 1,2 D als kleinster und 1,24 D als größter Wert. Die gußtechnischen Forderungen (Einhaltung eines Mindestquerschnittes für den Kern) müssen unabhängig vom Zylinderdurchmesser aufrecht erhalten werden, weshalb der Zylinderabstand bei kleinen Durchmessern verhältnismäßig größer wird. Dies führt mitunter dazu, daß man zwei aufeinander folgende Zylinderrohre zusammengießt. Dadurch wird ein kleinst möglicher Zylinderabstand bei unmittelbar nebeneinander liegenden Kurbeln von ungefähr 1,12 D erhalten. Die Entfernung der beidseitig eines Wellenlagers angeordneten Zylinder ist mit 1,31 D entsprechend größer. Das Zusammenwachsen der Zylinderrohre führt leicht zum Unrundwerden der Bohrung und erfordert oft besondere Maßnahmen bei der Bemessung des Kolbenlaufspieles.

Motoren, die nach jeder Zylinderkröpfung gelagert sind, haben eine Zylinderentfernung $L = 1,19$ bis 1,28 D, wobei der größere Wert für den Abstand links und rechts des mittleren Wellenlagers gilt. Dieselben Werte können auch bei nassen Zylinderlaufbüchsen erreicht werden.

Der bekannteste Vertreter der V-Bauart, der Ford-V-8-Motor, hat ebenfalls eine über zwei Kröpfungen gelagerte Welle. Der Zylinderabstand ist 1,68 D für die beiderseits des Mittellagers liegenden, 1,33 D für die übrigen Zylinder. Der Abstand der Zylinderbohrungen wird hier nicht mehr durch gußtechnische Gründe, sondern nur durch die Lagerung bestimmt. Die nebeneinander auf einen Kurbelzapfen angreifenden Pleuelstangen erfordern verhältnismäßig breite Pleuellager.

Gabelpleuelstangen mit guter Ausnützung des Kurbelzapfens scheiden für Personenwagenmotoren wegen ihrer teueren Herstellung aus.

Ein bekannter amerikanischer Personenwagenmotor, der Sechzehnzylinder-Cadillac, hat einen Zylinderabstand bei eingegossenen Rohren und einer Lagerung der Kurbelwelle nach jeder Kröpfung von $L = 1,2 D$.

In Abb. 99 sind die Zylinderentfernungen ausgeführter Motoren dargestellt. Die übereinander liegenden, durch Striche verbundenen Punkte gehören zu einem Motor. Die eingezeichneten Strahlen ermöglichen die Bestimmung der Verhältniszahlen für die verschiedenen Bauarten.

b) Kurbelzapfen.

Nach Festlegung des Zylinderabstandes erfolgt die erste Annahme der Kurbelzapfenabmessungen nach folgenden Gesichtspunkten:

1. Festigkeit der Kurbelzapfen gegenüber dem Zünddruck. Dabei ist die Lagerzahl ausschlaggebend. Für Otto-Kraftfahrzeug-Motore ist die Lagerung nach jeder zweiten Kröpfung allgemein üblich, besonders wenn es sich um Motoren mit Gleitlagerung handelt. Man spricht dann beim Vierzylinder von dreifacher, beim Sechszylinder von vierfacher und beim Achtzylinder von fünffacher Lagerung und meint damit die Anzahl der vorhandenen Wellenlager. Bei Vierzylindermotoren mit kleinen Abmessungen (unter 1 l Hubraum, z. B. Steyr 50, Fiat 500) findet man mitunter auch zweifach gelagerte Kurbelwellen. Dabei erreichen die Kurbelzapfendurchmesser mit Rücksicht auf die Biegungsbeanspruchung erhebliche Werte. In solchen Fällen ist es notwendig, die Neigung der Welle zu Biegungsschwingungen nachzuprüfen. Eine rein rechnerische Vorausbestimmung der Biegeeigenschwingungszahl ist sehr unsicher und man bleibt auf Messungen an der ausgeführten Welle angewiesen. Bei Wälzlagerung verwendet man mitunter bei Sechszylindermotoren dreifach gelagerte Kurbelwellen. Dafür gilt mit Rücksicht auf Biegungsschwingungen das vorher Gesagte. Die Lagerung der Kurbelwelle nach jeder Kröpfung wird auch heute noch von einer großen Anzahl von Firmen durchgeführt, besonders bei hochwertigen Motoren. Diese Art der Lagerung setzt ganz bearbeitete Kurbelwellen voraus. Sie ist aus diesem Grunde und auch wegen der großen Anzahl der Wellenlager teuer. Die Nachrechnung der Vergleichswerte für die Biegungsbeanspruchung gibt bei nach jeder Kröpfung gelagerten Motoren Spannungen von ungefähr 360 bis 400 kg/cm². Bei Motoren mit Lager nach jeder zweiten Kröpfung findet man Spannungen von 500 bis 850 kg/cm² bei bewährten Ausführungen.

Bei Wellen mit Lager nach drei oder vier Kröpfungen ist die Berechnung der Vergleichswerte sinngemäß nach Seite 76 durchzuführen.

2. Der Flächendruck darf den zulässigen Wert nicht überschreiten. Für diesen ist das Lagermaterial ausschlaggebend. Motoren mit Weißmetallagern haben Flächenpressungen von 95 bis 100 bis 145 kg/cm² unter dem Zünddruck von ungefähr 40 kg/cm², entsprechend $\varepsilon = 5,5$. Die Hohlkehlen werden zur Fläche nicht hinzugezählt. Die niedrigen Werte haben deutsche, die hohen Werte amerikanische Motoren. Bei V-Motoren findet man Werte von 170 bis 200 kg/cm². Dann wird Cadmium- oder Bleibronze als Lagermaterial verwendet.

3. Die Größe des Kurbelzapfens hat größten Einfluß auf die Höhe der Dreheigenschwingungszahl der Kurbelwelle. Die Triebswerksmasse der Pleuelstange und die Masse des Kurbelzapfens bestimmen im wesentlichen die Größe der reduzierten Masse der ganzen Kurbelwelle. Man wird daher auch hier bestrebt sein, den Durchmesser des Kurbelzapfens und damit auch die reduzierte Masse klein zu halten. Die Drehsteifigkeit der Kurbelwelle läßt sich durch eine Vergrößerung der Wellenzapfen am wirksamsten erhöhon. Da die reduzierte Masse der Welle dadurch fast nicht wächst, ist der Einfluß dieser Maßnahme auf die Eigenschwingungszahl der Welle sehr groß.

Abb. 99 enthält die Abmessungen des Kurbelzapfens mehrerer deutscher, amerikanischer und englischer Automobilmotoren und gibt Anhaltspunkte für den Entwurf. Mittelwerte von d_K liegen bei 0,67 D. Streuungen um diese Werte sind bedingt durch die Art der Wellenlagerung und durch die Verschiedenheit des Zylinderabstandes. Die Länge des Kurbelzapfens kann $l_K = 0,42\ D$ gewählt werden. Auch hier treten bei den ausgeführten Motoren durch einzelne bauliche Einflüsse Streuungen auf. Aus der Reihe fallen die V-Motoren:

Für einen Achtzylinder ergibt sich
$$d_K = 0,66\ D \qquad\qquad l_K = 0,57\ D$$
Für einen Zwölfzylinder
$$d_K = 0,595\ D \qquad\qquad l_K = 0,61\ D \text{ nach jeder Kröpfung}$$
gelagert.

Für einen Sechzehnzylinder
$$d_K = 0,604\ D \qquad\qquad l_K = 0,53\ D \text{ nach jeder zweiten}$$
Kröpfung gelagert.

Die in Abb. 99 angegebenen Werte entsprechen den Erfordernissen der Bemessung des Kurbelzapfens hinsichtlich Festigkeit, Flächenpressung und Drehschwingungslage. Die Kolbengeschwindigkeit der ausgeführten Motoren, auf welche die Angaben Bezug haben, liegen zwischen 9 bis 10 m/sek bei Normaldrehzahl und 11 bis 13 m/sek bei Höchstdrehzahl.

c) Wellenzapfen.

Der Wellenlagerzapfen ist wie der Kurbelzapfen mit Rücksicht auf Festigkeit, Flächenpressung und Drehschwingungslage zu bemessen. Die Stärke des Wellenzapfens ist für die Drehschwingungslage ausschlaggebend. Seine Verstärkung ermöglicht eine sehr wirksame Erhöhung der Eigenschwingungszahl der Kurbelwelle, da die elastische Länge der Kurbelwelle verringert wird, ohne daß die reduzierten Triebswerksmassen nennenswert vergrößert werden.

Als Anhaltspunkt für Entwürfe sind in Abb. 100 die Abmessungen der Wellenzapfen ausgeführter Motoren dargestellt. Bei einer Wellenlagerung nach je zwei Kröpfungen ergeben sich etwa folgende Werte für den Wellenzapfendurchmesser:

Einreihenmotoren		V-Motoren	
Vierzylinder ...... 0,71 bis 0,75 bis 0,82 D		Achtzylinder .... 0,735 D	
Sechszylinder .... 0,78 D		Zwölfzylinder .... 0,75 D	
Achtzylinder .... 0,8 D		Sechzehnzylinder .... 0,75 D	

Bei Lagerung nach jeder Kröpfung:

Sechszylinder .... 0,75 bis 0,77 D
Achtzylinder .... 0,82 D

Die Wellenzapfenlänge schwankt zwischen 0,6 bis 0,7 des Wellenzapfendurchmessers. Vielfach werden die Lagerlängen schwungradseitig größer gewählt. Bei Motoren mit mehr als vier Zylindern und Lagerung nach jeder Kröpfung wird oft das Lager in der

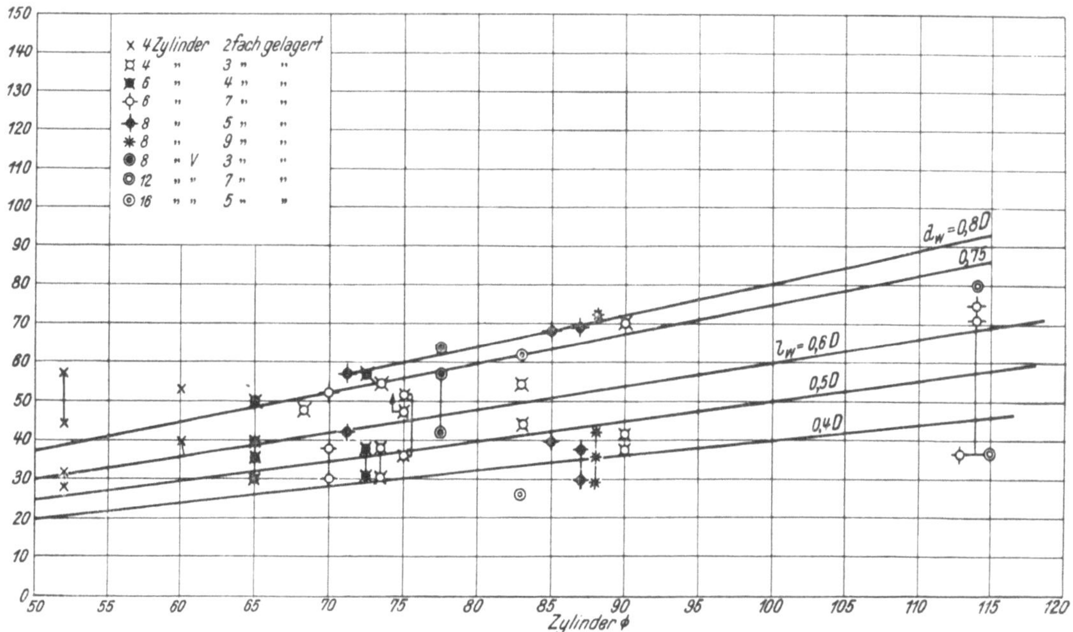

Abb. 100. Abmessungen der Wellenzapfen von Otto-Motoren für Kraftwagen.

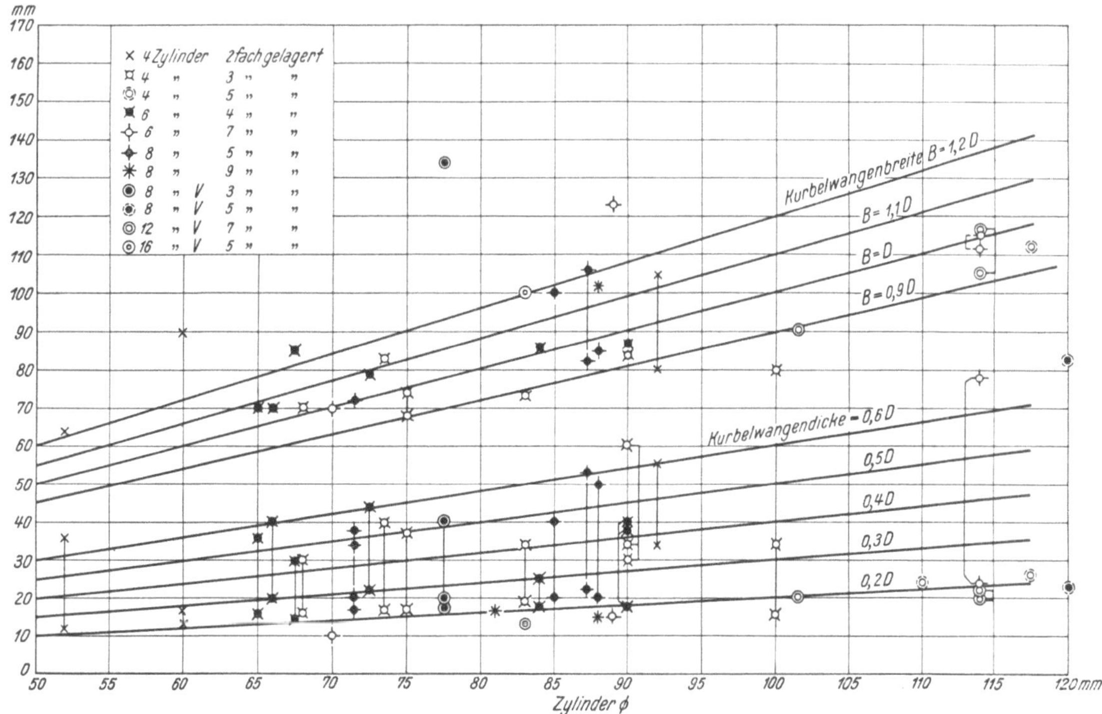

Abb. 101. Kurbelwangenabmessungen von Otto-Motoren für Kraftwagen.

Mitte des Motors breiter gemacht, um den dort auftretenden großen Massenkräften der gleichgerichteten Kurbeln Rechnung zu tragen.

Die angeführten Verhältniszahlen zeigen, daß die Durchmesser des Wellenzapfens vom Vierzylinder an mit der Zylinderzahl stark zunehmen. Dadurch wird der herab-

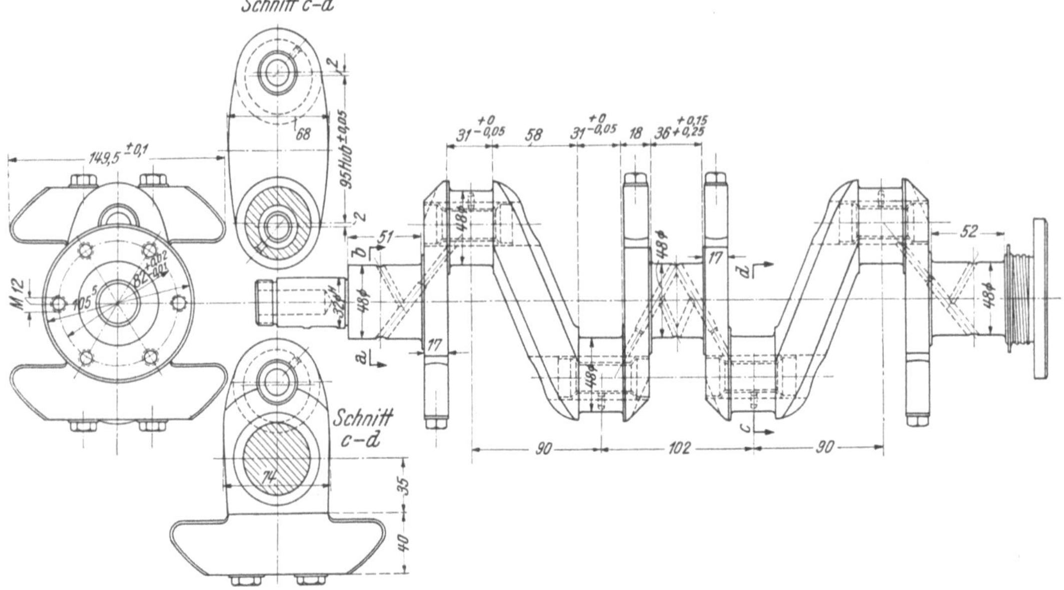

Abb. 102. Kurbelwelle eines Vierzylindermotors, 1,7 Adler. Zyl.-Ø = 74,25 mm, Hub = 95 mm, n = 3200 U/min.

mindernde Einfluß der größeren Wellenlänge auf die Eigenschwingungszahl ausgeglichen. Die Verhältniswerte der V-Motoren lassen erkennen, daß diese infolge ihrer kurzen Bauart schwingungsmäßig günstiger liegen als die Einreihenmotoren.

Die Umfangsgeschwindigkeiten der Wellenzapfen liegen zwischen 10 und 12 m/sek.

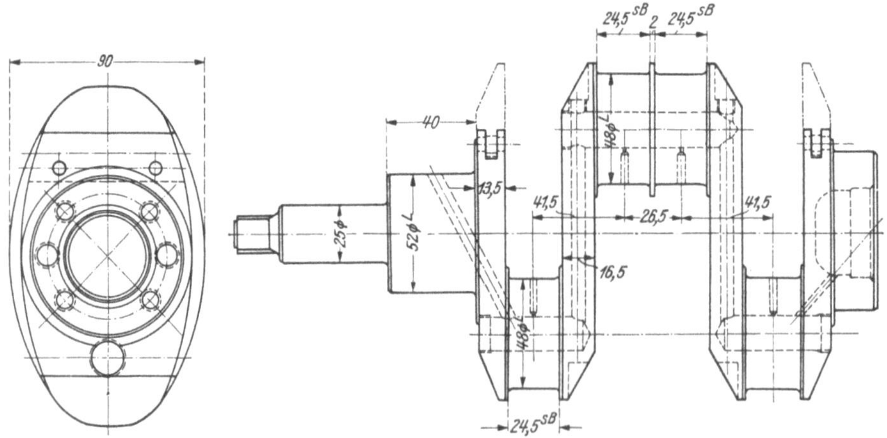

Abb. 103. Kurbelwelle eines Vierzylinder-Boxermotors. Steyr 50. Zyl.-Ø = 59 mm, Hub = 90 mm, n = 3800 U/min.

d) Kurbelwangen.

a) Lagerung nach jeder Kröpfung. In diesem Falle werden auch die Kurbelwangen ganz bearbeitet. Diese Ausführungsform findet man meist nur bei Sechs- und Achtzylindermotoren, bei denen infolge des ohnedies vorhandenen Massenausgleiches oft auf Gegengewichte verzichtet wird. Die mit Rücksicht auf die Bearbeitung zweckmäßigste Form der Kurbelwange ist dann eine Ellipse. Die Kurbelwangenbreite B ist etwa 1 bis 1,2 D. Entsprechende Werte von Wangenbreite und -dicke ausgeführter

Motoren sind in Abb. 101 zusammengestellt. Die miteinander verbundenen Punkte gehören zu einem Motor. Die größeren Werte entsprechen Kurbelwangen zwischen zwei Kurbelzapfen, die kleineren solchen, die einen Kurbel- und einen Wellenzapfen miteinander verbinden.

Die Festigkeitsrechnung erfolgt einmal unter dem Zünddruck im Totpunkt, wobei Vergleichswerte der Biegungsbeanspruchung von etwa 1000 bis 1400 kg/cm² bei Lagerung nach jeder Kröpfung zugelassen werden können. Bei Lagerung nach jeder zweiten Kröpfung findet man beim Mittelschenkel Biegebeanspruchungen von 500 bis 600 kg/cm², bei dem zwischen Wellen- und Kurbelzapfen liegenden Schenkel Beanspruchungen von 650 bis 700 kg/cm². Weiters ist es üblich, die Beanspruchung des Schenkels unter der größten Drehkraft Pr zu ermitteln.

b) Bei den meisten Otto-Motoren für Kraftwagen wird die Kurbelwelle nach jeder zweiten Kröpfung gelagert. Die Kurbelwange, welche zwei Kurbelzapfen ohne Zwischenlager verbindet, wird immer unbearbeitet ausgeführt. Die Kurbelwange erhält mit Rücksicht auf das Schlagen der Kurbelwellen im Gesenk meist trapezförmigen Querschnitt. Auch die Form des Längsschnittes der Wange ist ausschließlich durch das Schmieden im Gesenk bestimmt.

Bei Sechszylindermotoren müssen zwei unter 120° versetzt liegende Kurbelzapfen verbunden werden. Dabei ist man bestrebt, zur Vermeidung größerer Fliehkraft den Schwerpunkt der Wange möglichst in die Drehachse zu legen. Die Formgebung ist daher nicht einfach, und es ist notwendig, die Teilebene des Gesenkes entsprechend zu versetzen. Bei Ausbildung des Wangenquerschnittes ist auf die Lage der Gesenkteilebene Rücksicht zu nehmen. Die Kurbelwangen, welche zwischen den Kurbelzapfen und einem Wellenlager liegen, sind, je nach den Raumverhältnissen der Maschine, teilweise oder ganz bearbeitet. Von einer Bearbeitung der Wangenaußenform sieht man meist aus Ersparnisgründen ab.

Bei nicht bearbeiteten Kurbelwangen kann die Form auch durch etwa vorgesehene Gegengewichte, die angeschmiedet sind, beein-

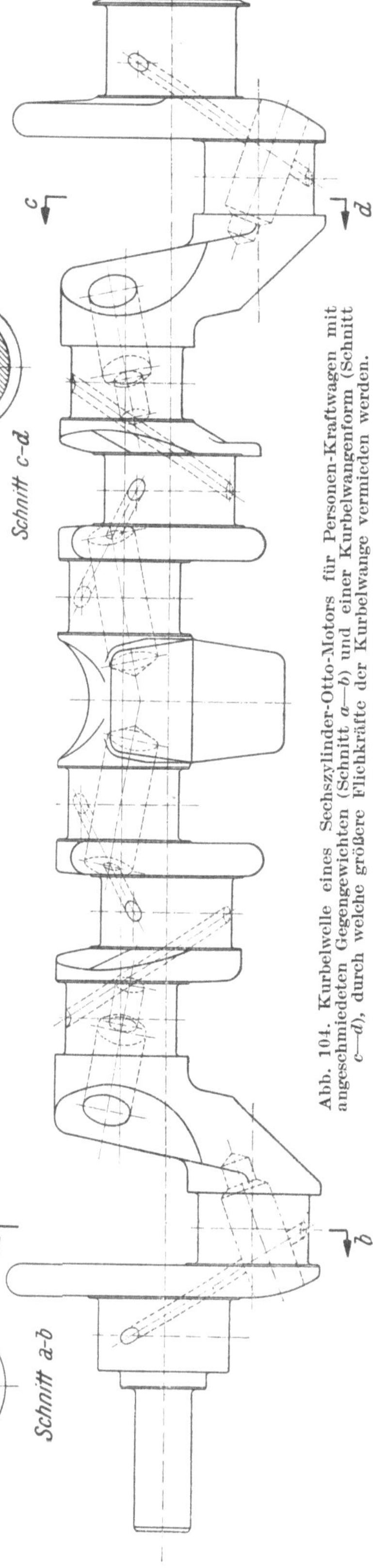

Abb. 104. Kurbelwelle eines Sechszylinder-Otto-Motors für Personen-Kraftwagen mit angeschmiedeten Gegengewichten (Schnitt a—b) und einer Kurbelwangenform (Schnitt c—d), durch welche größere Fliehkräfte der Kurbelwange vermieden werden.

flußt werden. In bezug auf das Anbringen von Gegengewichten gelten die auf Seite 80 angegebenen Gesichtspunkte. Die Gegengewichte der vollständig ausgeglichenen Sechs- und Achtzylindermotoren dienen zur Lager- und Gestellentlastung.

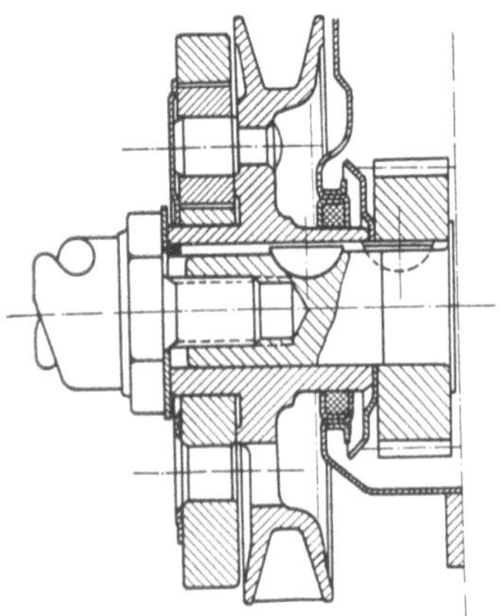

Abb. 105. Vorderes Wellenende mit Resonanzschwingungsdämpfer

Für den Massenausgleich erforderlich sind Gegengewichte bei Achtzylinder-V-Motoren, die meist mit 90° Gabelwinkel ausgeführt werden. Die Gegengewichtsgröße ist in diesem Falle durch den erwünschten vollständigen Ausgleich der Triebwerksmassen eindeutig bestimmt.

Besonders bei roh geschmiedeten Kurbelwangen ist eine sorgfältige statische und dynamische Auswuchtung der Kurbelwellen für eine gute Laufruhe unerläßlich. Aber auch bei ganz bearbeiteten Kurbelwellen ist diese Auswuchtung durchzuführen, da infolge der Herstellungstoleranzen immer Unwucht entstehen kann. Abb. 102 und Abb. 103 zeigen die Kurbelwellen von Vierzylindermotoren, Abb. 104 die eines Sechszylindermotors mit angeschmiedeten Gegengewichten.

Eine Ausnahme in der Gestaltung von Kurbelwellen stellen die Fabrikate zweier Firmen dar. In beiden Fällen sind es Kurbelwellen für Vierzylindermotoren mit sehr kleinen Abmessungen, die aus Billigkeitsgründen nur zweifach gelagert sind. Das bedingt eine besonders starke Bemessung der Kurbelzapfen und Kurbelwangen. In den Abb. 99, und 101 fallen daher die Werte dieser Wellen völlig aus der Reihe. Diese Kurbelwellen müssen auf Biegungsschwingungen nachgeprüft werden.

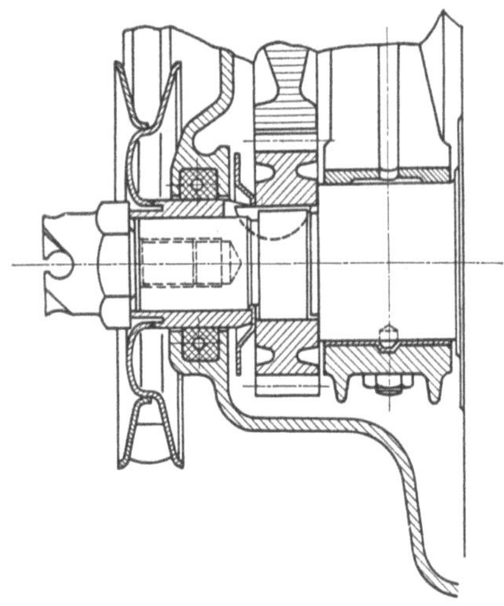

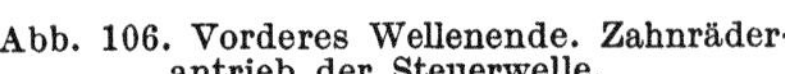

Abb. 106. Vorderes Wellenende. Zahnräderantrieb der Steuerwelle.

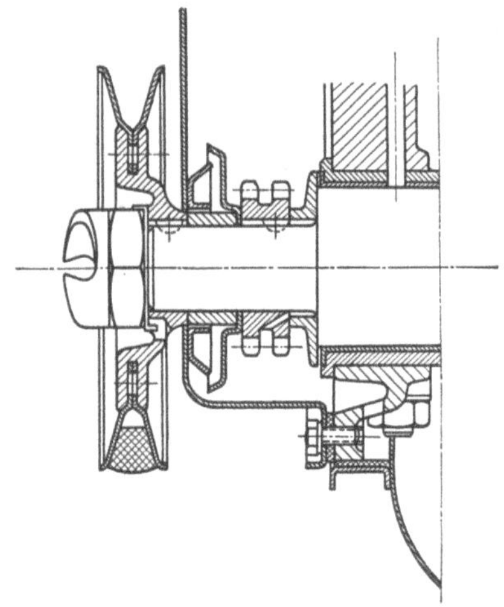

Abb. 107. Vorderes Wellenende. Kettenantrieb der Steuerwelle.

e) Vorderes Wellenende.

Mit wenigen Ausnahmen haben alle Otto-Motoren für Kraftfahrzeuge vorne liegenden Steuerwellenantrieb.

Die Kurbelwelle erhält nach Abb. 105, 106 und 107 nach dem vordersten Wellenlager einen zylindrischen Wellenstummel, auf dem mittels Scheibenkeiles oder mittels Federkeiles das Antriebsrad für die Steuerwelle (Kettenrad oder Zahnrad) sitzt. Der Antrieb mittels Kette hat den Vorteil leichterer Fabrikation, geräuschlosen Laufes und besitzt eine gewisse Unempfindlichkeit gegen die Drehschwingungsausschläge des vorderen Kurbelwellenendes.

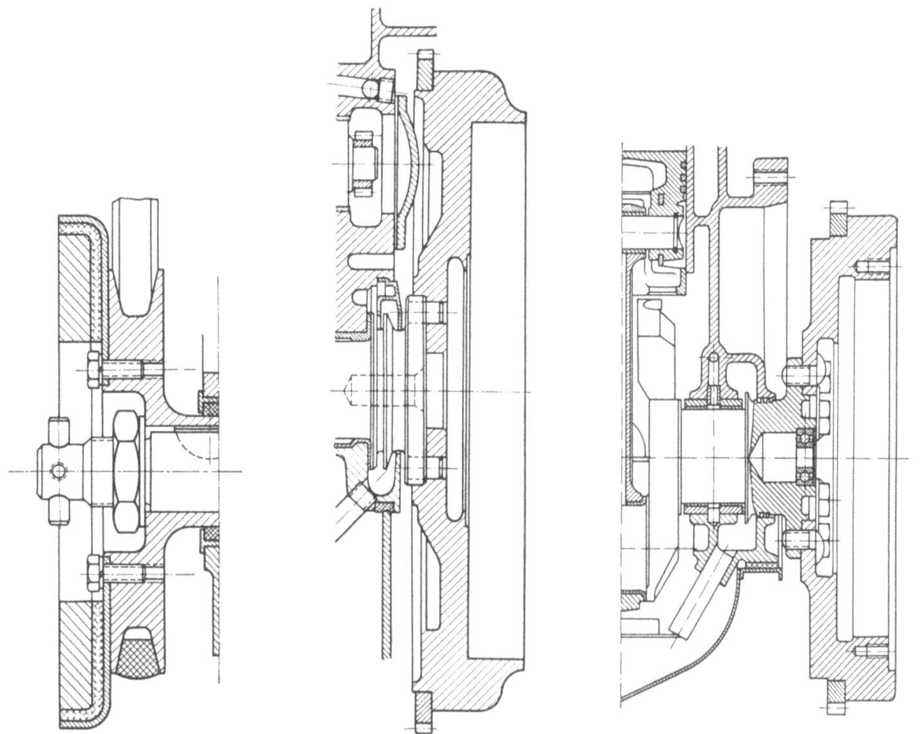

Abb. 108. Resonanzschwingungsdämpfer.

Abb. 109. Schwungradseitiges Wellenende.

Abb. 110. Schwungradseitiges Wellenende. Abdichtung durch Rückfördergewinde.

Die Abdichtung des Kurbelraumes erfolgt durch einen Spitzring und eine Dichtungsschnur, die im Abschlußdeckel angeordnet ist.

Am vorderen Wellenstummel sitzt ferner die Keilriemenscheibe zum Ventilator-, Wasserpumpen- und Lichtmaschinenantrieb. Die Andrehmutter klemmt die Naben des Antriebsrades für die Steuerung, die Keilriemenscheibe und den Spritzring achsial fest.

Bei Einreihenmotoren mit sechs und acht Zylindern und bei Zwölf- und Sechzehnzylinder-V-Motoren sitzt am vorderen Kurbelwellenende auch der Schwingungsdämpfer, in den meisten Fällen nach Abb. 108 ein Resonanzschwingungsdämpfer mit Gummi. Weniger gebräuchlich bei Otto-Motoren für Kraftfahrzeuge sind Reibungsschwingungsdämpfer. In diesem Fall ist der vordere Kurbelwellenstummel drehschwingungsmäßig hoch beansprucht. Er soll so bemessen werden, daß seine Drehbeanspruchung nicht über 400 kg/cm² liegt.

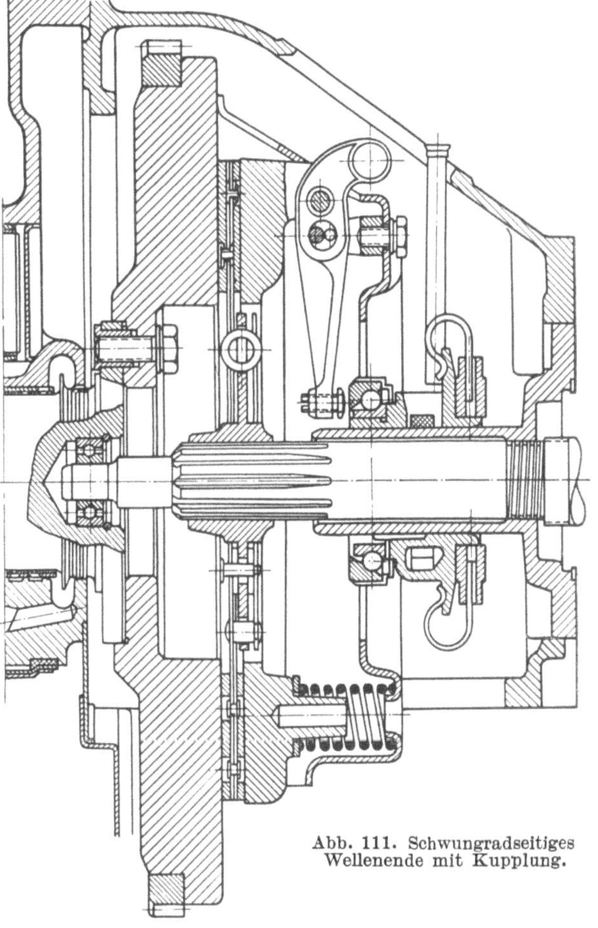

Abb. 111. Schwungradseitiges
Wellenende mit Kupplung.

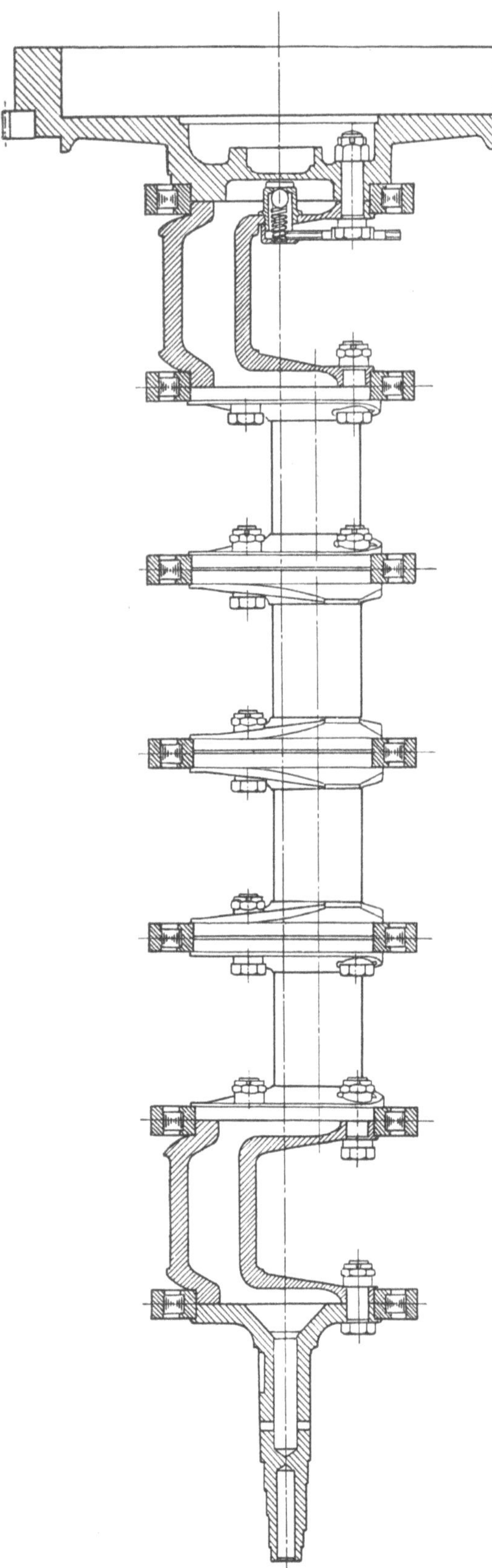

Abb. 112. Geteilte Kurbelwelle mit Flanschverbindung. Bauart Tatra.

f) Schwungradseitiges Wellenende.

Zum Anschluß des Schwungrades nach Abb. 109, 110 und 111 ist ein angeschmiedeter Flansch vorgesehen. Die Abdichtung der Kurbelwelle erfolgt durch Spritzring und Dichtungsring, mitunter auch durch sogenannte Rückfördergewinde.

Für die Bemessung des Flansches gilt das im Abschnitt 1 Gesagte.

4. Sonderbauarten.
Geteilte Kurbelwellen.

In manchen Fällen ist es zur Verwendung von Wälzlagern bei Reihenmotoren oder von geschlossenen Pleuelstangenköpfen bei Sternmotoren notwendig, die Kurbelwelle zu teilen. Die Verbindungen werden mechanisch außerordentlich hoch beansprucht, ihre Ausführung stellt daher an Gestaltung und Fertigung sehr hohe Anforderungen.

a) Flanschverbindungen.

Diese Bauart verlangt die Verwendung ungeteilter Kurbelgehäuse (Tunnelgehäuse), die infolge des rohrförmigen Querschnittes eine große Längs- und Quersteifigkeit haben. Die neueste Konstruktion eines luftgekühlten Zwölfzylinder-Fahrzeug-Diesel-Motors der Ringhofer Tatrawerke verwendet diese Ausführung. Gerade bei luftgekühlten Motoren kommt infolge Entfalls der versteifenden Wirkung der bei wassergekühlten Motoren angegossenen Zylinderblöcke dieser Bauart erhöhte Bedeutung zu.

Die Teilung der Kurbelwelle in einzelne Kurbelkröpfungen, die in der Mitte der Wellenlager geflanscht sind, verlangt die Verwendung von Rollenlagern als Wellenlager nach Abb. 112. Damit die Flanschverbindung raumsparend ausgeführt werden kann, müssen Sonderrollenlager mit sehr großem Innendurchmesser verwendet werden. Da die Lager über den Kurbelwangen angeordnet sind, ergibt sich bei einem kleinen Zylinderabstand

$L = 1,4\,D$ eine große Länge des Kurbelzapfens, der die Verwendung nebeneinanderliegender Pleuelstangen bei verhältnismäßig geringer Flächenbelastung zuläßt. Die Zufuhr des Schmieröls zu den Pleuellagern erfolgt durch die hohlgebohrte Kurbelwelle mittels eines Schleifringes oder durch das vorderste Wellenlager, das dann als Gleitlager ausgebildet ist. Bei dieser Konstruktion wurde mit Erfolg versucht, vergüteten Stahlguß als Kurbelwellenmaterial zu verwenden. Dadurch wurden die Herstellungskosten der Kurbelwelle bedeutend erniedrigt.

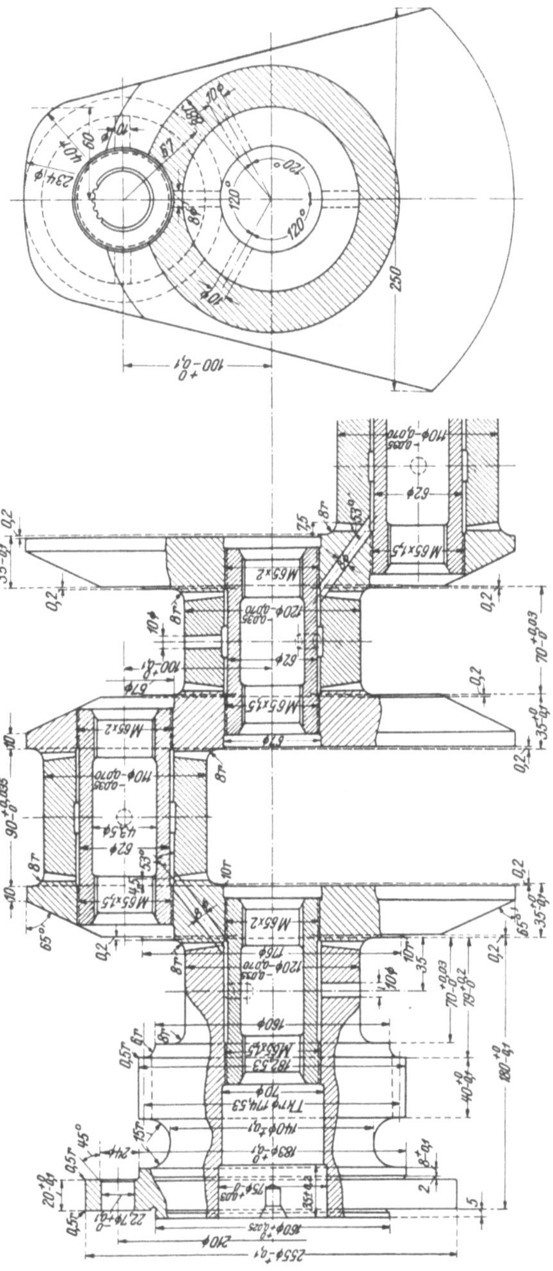

Die elastische Länge derartiger Kurbelwellen ist gering. Man hat sogar den Zwölfzylinder-V-Motor nach Abb. 112 ohne Schwingungsdämpfer ausgeführt.

Durch die großen Fortschritte der letzten Jahre auf dem Gebiete der Dehnschrauben mit Materialien hoher Streckgrenzen ist es denkbar, eine solche Wellenteilung auch mit kleineren Flanschdurchmessern auszuführen, so daß normale und daher billige Kugellager verwendet werden können. Ausgangspunkt für die Berechnung ist in jedem Falle das auftretende Spitzendrehmoment, das aus der Drehkraftkurve ermittelt werden kann. Es ist von der Zylinderzahl abhängig und beträgt bei Ein- und Zweizylindern das 19-, bzw. 9,5fache des mittleren Drehmoments.

Für Mehrzylindermotoren sind außerdem Beanspruchungen der Flanschverbindung durch Drehschwingungen in Betracht zu ziehen. Im allgemeinen sollen die Kurbelwellen so konstruiert sein, daß die höchste zusätzliche Spannung in den Zapfen durch Drehschwingungen nicht mehr als 300 bis 400 kg/cm² beträgt. Aus diesen Angaben ergibt sich das Drehmoment, das im Grenzfall zu übertragen ist. Man kann dabei sowohl mit dem Reibungskoeffizienten, wie auch mit der Streckgrenze der Schrauben an die obersten Werte gehen.

Abb. 113. Geteilte Kurbelwelle mit Hirth-Verzahnung für einen Diesel-Motor.

Meist wird man, soweit es die rein baulichen Verhältnisse gestatten, mehrere Schrauben kleineren Durchmessers vorziehen, die besser ausgenützt werden können. In jedem Falle soll man sich durch Dehnungsmessungen an den Schrauben von der erreichten Spannung überzeugen und entsprechende Anweisungen für den Zusammenbau geben. An Stelle mehrerer kleiner Schrauben kann jeweils auch nur eine einzige stärkere Schraube Verwendung finden. Das Erreichen der notwendigen Spannung beim Anziehen ist dann jedoch wesentlich schwieriger.

b) Verzahnungsverbindungen.

Der wichtigste Vertreter dieser Bauart ist die für Wellenteilung verwendete HIRTH-Verzahnung nach Abb. 113. Das Drehmoment wird hierbei durch eine auf Spezialmaschinen hergestellte sich zentrierende Stirnverzahnung mit geradflankigen Zähnen übertragen. Die Verzahnung wird durch Zugschrauben zusammengepreßt. Diese sind im Querschnitt kleiner als sie bei der reinen Reibungsverbindung sein müssen. Die Vorspannung muß jedoch so groß sein, daß unter den auftretenden Biegungsmomenten kein Abheben der Verzahnung erfolgt. Die HIRTH-Verzahnung kann auch für Pleuelzapfen Verwendung finden. Sie erlaubt die vollständige Lagerung des Motors auf Wälzlagern und ermöglicht den austauschbaren Ersatz von Kurbelzapfen.

Die Anwendung von gebauten Kurbelwellen mit HIRTH-Verzahnung beschränkt sich auf den bekannten HIRTH-Flugmotor und fand einzeln auch bei Rennwagenmotoren Verwendung. Bei entsprechenden Fertigungseinrichtungen ist die Verwendung von gebauten HIRTH-Kurbelwellen besonders für Einzylindermotoren mit Rollenlagerung in manchen Fällen zweckmäßig.

c) Schrumpfverbindungen.

Die Vereinigten Kugellagerfabriken benützen für geteilte Wellen eine Schrumpfverbindung, Abb. 114, die durch elastische Verformung, ohne Anwärmung und ohne Verwendung von Pressen erzielt wird und stets lösbar bleibt.

Der zylindrische Kurbelzapfen ist an beiden Enden mit Paßbohrungen zur Aufnahme der leicht konischen Aufweitstücke versehen. In der Mitte des Kurbelzapfens ist die Materialstärke größer. Zur leichteren Montage werden die Aufweitkonusse in zwei Ringstücke unterteilt. Das Einziehen der Aufweitkonusse geschieht mittels einer Spannschraube. Zur Demontage sind die Aufweitstücke mit Gewindebohrungen versehen. Bei Montage der Kurbelwelle ist auf die richtige gegenseitige Stellung der Kurbelschenkel zu achten. Es kann dafür ein Montagebolzen Verwendung finden, der in entsprechende Paßbohrungen der Kurbelwangen eingeschoben werden kann.

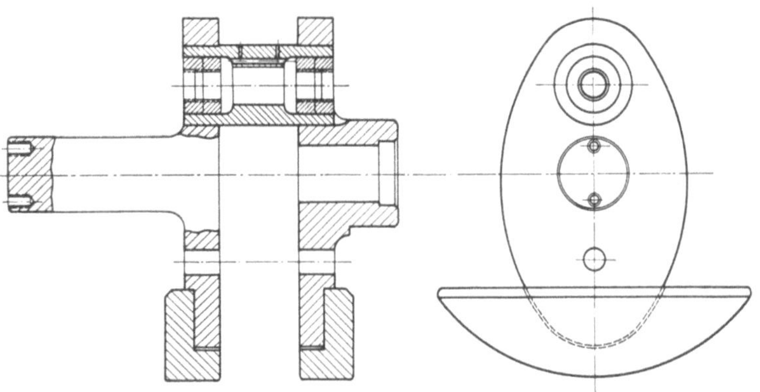

Abb. 114. Schrumpfverbindung der Vereinigten Kugellagerfabriken.

Wie bei jeder Schrumpfkonstruktion ist der den Kurbelzapfen umgebende Wangenquerschnitt entsprechend dem verwendeten Wellenmaterial zu bestimmen. Die Größe des höchsten übertragbaren Drehmoments wird wie bei den Flanschverbindungen angegeben bestimmt. Besondere Beachtung muß der am Beginn der Einspannstelle auftretenden Kerbwirkung geschenkt werden. Richtig angeordnete Entlastungsnuten vermindern diese. Das beste Material für den Kurbelzapfen ist Kugellagerstahl. Die leichte Austauschbarkeit des Kurbelzapfens bei Reparaturen ist ein besonderer Vorteil dieser Konstruktion.

d) Klemmverbindungen.

Unabhängig von der Verwendung von Rollenlagern war man bei Sternflugmotoren durch die Verwendung einer ungeteilten Hauptpleuelstange zur Teilung der Kurbelwelle, die nur eine Kröpfung besitzt, gezwungen. Dabei ist die abtriebsseitige Kurbelwange mit dem Kurbelzapfen aus einem Stück gemacht. Abb. 115 zeigt die Kurbelwelle eines amerikanischen Sternflugmotors. Der zweite Kurbelschenkel ist geschlitzt und wird mittels einer kräftigen Zugschraube auf den Kurbelzapfen geklemmt. Durch die elastische Verformung des Kurbelschenkels, der spannbandartig den Zapfen umgreift, wird der notwendige Reibungsschluß erzielt. Da die früher beschriebene elastische Schrumpfverbindung den Vorteil größerer Einfachheit und die Möglichkeit höherer Schrumpfspannungen besitzt, wird bei zukünftigen Konstruktionen voraussichtlich die Klemmverbindung der elastischen Schrumpfverbindung oder der HIRTH-Verzahnung weichen.

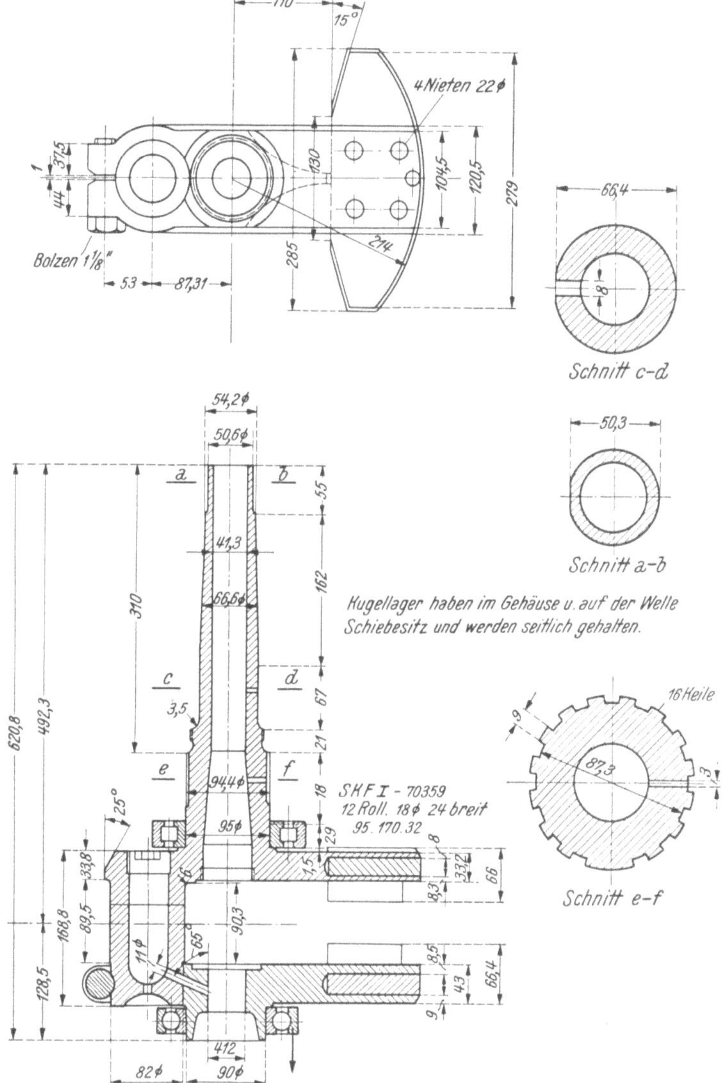

Abb. 115. Kurbelwelle eines amerikanischen Sternflugmotors mit Klemmverbindung. Zyl.-Ø = 155,6 mm, Hub = 174,6 mm, n = 1950 U/min.

Zur Aufnahme der Gegengewichte sind die Kurbelschenkel geschlitzt und die Gegengewichte mit Paßbolzen befestigt.

IV. Der Werkstoff für Kurbelwellen.

1. Geschmiedete Kurbelwellen.

Die Drehschwingungslage der Kurbelwelle wird fast ausschließlich von ihren Abmessungen und fast nicht von dem Werkstoff beeinflußt, da alle Stähle fast den gleichen Gleitmodul haben. Maßgebend für die Wahl des Werkstoffes sind daher nur die Festigkeitsbeanspruchungen und der geforderte Abnützungswiderstand an den Gleitflächen der Kurbel- und Wellenzapfen, der mit der Härte zunimmt. Je geringer die Flächendrücke sind, desto weicher können Lagermetalle und Zapfenoberfläche sein. Bei Diesel-Motoren, aufgeladenen Flugmotoren und bei hoch beanspruchten Kraftwagenmotoren müssen wegen der hohen Flächendrücke in den Lagern härtere Lagermetalle verwendet und dementsprechend die Zapfen gehärtet werden.

Für die Kurbelwellen von Diesel- und von hochbeanspruchten Otto-Kraftwagenmotoren verwendet man in steigendem Maße Chrom-Molybdän-Stähle, die nach dem Doppelduro- oder ähnlichem Verfahren leicht gehärtet werden können. Die Härtung dringt etwa 3 bis 4 mm tief von der Oberfläche in den Werkstoff ein, die gehärteten Schichten werden daher auch durch ein etwaiges Nachschleifen der Welle nicht entfernt. Bei der Härtung nach dem Doppelduro-Verfahren rotiert die Welle mit niederer Drehzahl. Die Lagerstellen werden durch Azetylenbrenner, die jeweils die ganze Zapfenweite bestreichen, erwärmt und unmittelbar nachher durch einen breiten Wasserstrahl abgekühlt. Die Welle muß nach dem Härten im Ölbad angelassen werden, um die Härtespannungen zu verlieren. Nach dem Härten werden die Zapfen geschliffen, um den Härteverzug auszugleichen. An der Oberfläche werden durch dieses Verfahren Härten von 500 bis 550 kg/mm² BRINELL erreicht. Den radialen Verlauf der Härtung zeigt Abb. 116.

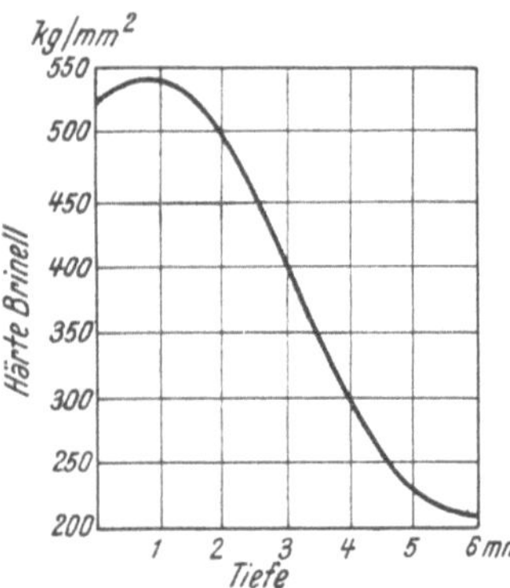

Abb. 116. Radialer Verlauf der Härte. Doppeldurchhärtung.

Für dieses Verfahren eignen sich der Normstahl (DIN 1663) VCMo 135 oder Vergütungsstähle mit ähnlichen Eigenschaften.

Die Zusammensetzung des Chrom-Molybdän-Stahls VCMo 135 ist:

C %	Cr %	Mo %	Mn %	Si %
0,3 bis 0,37	0,9 bis 1,2	0,12 bis 0,25	0,5 bis 0,8	0,35

Die Festigkeitswerte sind:

Zugfestigkeit	Streckgrenze	Dehnung (5d)	Einschnürung
85 bis 95 km/mm²	70 kg/mm²	10 %	60 bis 50 %

Die Kerbzähigkeit beträgt 12 mkg/cm², die Dauerbiegefestigkeit 44 kg/mm². Der ungehärtete Stahl hat eine Härte von 230 bis 290 kg/mm² BRINELL.

Für Flugmotoren verwendet man Stähle mit höherer Festigkeit, z. B. den Chrom-Molybdän-Nickel-Vergütungsstahl D 22 S der deutschen Edelstahlwerke mit folgenden Festigkeitswerten:

Zugfestigkeit	Streckgrenze	Dehnung	Einschnürung
115 bis 130 kg/mm²	110 bis 115 kg/mm²	13 bis 10 %	50 %

Kerbzähigkeit 8 mkg/cm². Vielfach werden für Flugmotoren auch Einsatzstähle verwendet. So kann z. B. der Chrom-Molybdän-Nickel-Einsatzstahl E 22 S (siehe Abschnitt Werkstoff für Kolbenbolzen, S. 53) auch für einsatzgehärtete Kurbelwellen Anwendung finden.

2. Gegossene Kurbelwellen.

In den letzten Jahren werden von mehreren Firmen gegossene Kurbelwellen für raschlaufende Verbrennungskraftmaschinen verwendet, in größerem Umfange vor allem von der Ford Motor Co.

Die Vorteile der gegossenen Welle gegenüber der gesenkgeschmiedeten Welle liegen in der größeren Freiheit der Formgebung und in der im allgemeinen billigeren Herstellung.

Die gegossene Kurbelwelle kann die in bezug auf die Festigkeit günstigste Form erhalten.

Durch das Gießen ist es weiters möglich, sehr geringe Materialzugaben auszuführen, so daß die Bearbeitung vielfach wesentlich billiger wird als bei geschmiedeten Wellen.

Die gegossene Kurbelwelle, Abb. 117, hat die tonnenförmigen Ausnehmungen des Kurbelzapfens, die festigkeitsmäßig sehr günstig sind, sich aber bei geschmiedeten Wellen nur schwer herstellen lassen. Sie zeigt ferner die Freiheit in der Formgebung der Schenkel.

Den Vorteilen der Gußausführung stehen Nachteile gegenüber, die vor allem in der Gefahr größerer Unsicherheit des Gießens in bezug auf die gleichmäßige Beschaffenheit des Werkstoffes im Gußstück und in der geringen Festigkeit des Gußwerkstoffes liegen. Lunker an gefährdeten Stellen können leicht Brüche verursachen. Der Verfasser ist daher der Meinung, daß sich die gegossene Welle gegenüber der geschmiedeten nicht allgemein durchsetzen, sondern voraussichtlich auf bestimmte Anwendungen und auf einzelne Firmen beschränkt bleiben wird.

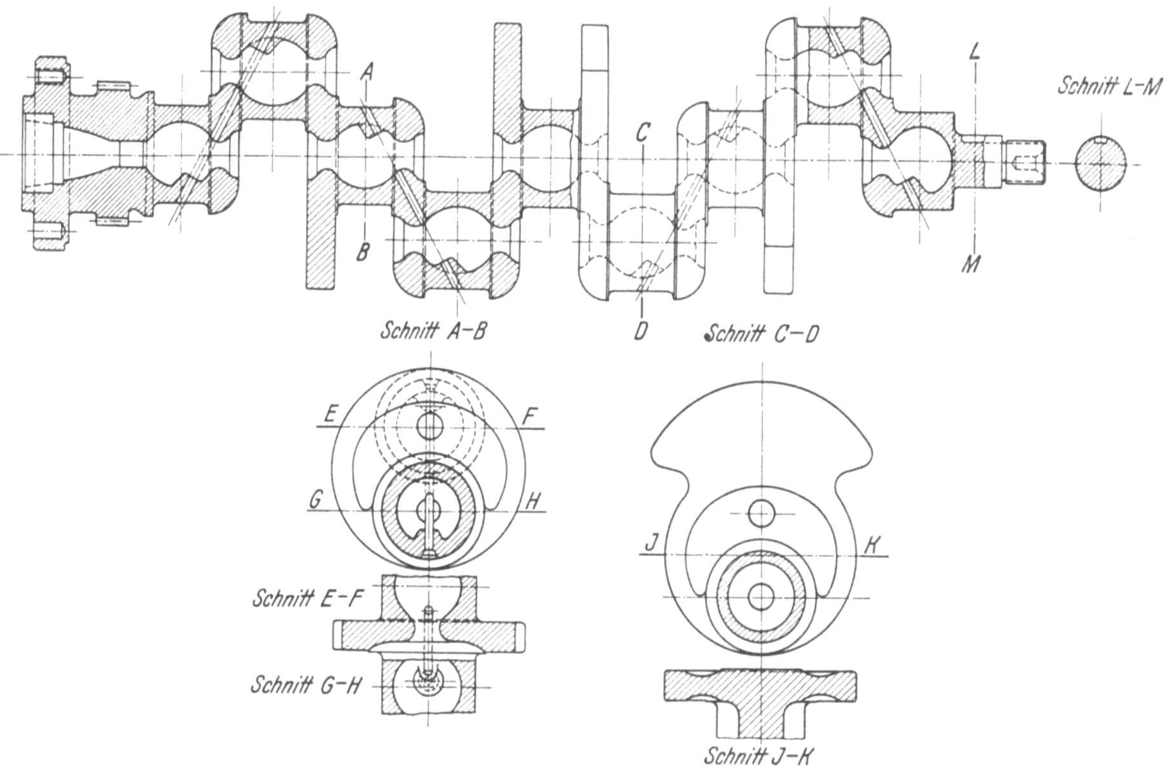

Abb. 117. Gegossene Kurbelwelle für einen Diesel-Motor.

Werkstoffe für Gußwellen sind Stahllegierungen, wie sie z. B. die Ford Motor Co. (Abb. 118) verwendet, oder legiertes Gußeisen.

Die Zusammensetzung der FORDschen Stahllegierung ist:

C % (gesamt)	Mn %	Si %	Cr %	Cu %
1,35 bis 1,6	0,60 bis 0,80	0,85 bis 1,10	0,40 bis 0,50	1,50 bis 2,00

Die Legierung wird nach dem Gießen gehärtet. Dazu wird sie zirka 20 Minuten lang auf 900° C erhitzt, dann in der Luft auf 650° C abgeschreckt, nochmals 1 Stunde lang auf 800° C erhitzt und 1 Stunde lang auf 540° C im Ofen abgekühlt.

Die Festigkeitseigenschaften sind:

Zugfestigkeit	Dehnung	Härte
68 bis 79 kg/mm²	3 bis 2,5 %	250 bis 320 kg/mm² BRINELL

Von anderen Firmen wird legiertes Gußeisen mit höherem Kohlenstoffgehalt verwendet

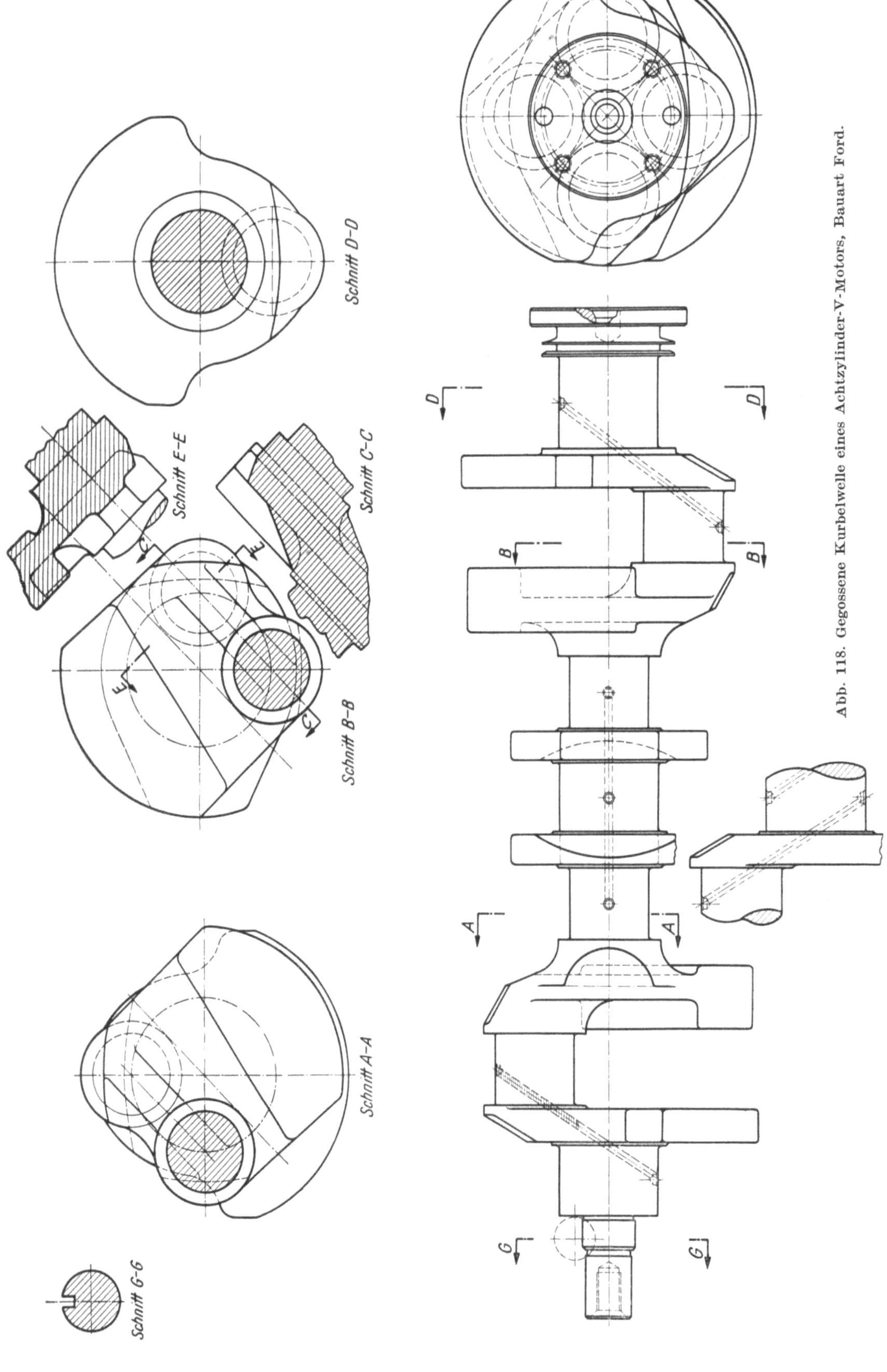

Abb. 118. Gegossene Kurbelwelle eines Achtzylinder-V-Motors, Bauart Ford.

So ist z. B. die Zusammensetzung des Kurbelwellengusses der Campbell, Wyant & Cannon Foundry Co. in U. S. A.:

C % (gesamt)	Mn %	Si %	Ni %	Mo %	S %	P %
2,40 bis 2,80	0,80 bis 1,20	2,25 bis 2,75	1,00 bis 1,20	1,00 bis 1,20	0,1 max	0,15 max

Die Zugfestigkeit liegt zwischen 43 und 57 kg/mm², die BRINELL-Härte zwischen 265 und 320 kg/mm².

3. Elektrisch-stumpfgeschweißte Kurbelwellen.

Der Materialaufwand einer im Gesenk geschlagenen Kurbelwelle ist etwa das Dreifache des Materialaufwandes der fertigbearbeiteten Kurbelwelle. Der Formgebung der Welle sind durch die Gesenkteilung Grenzen gesetzt. Das Anschmieden von Gegengewichten ist in den meisten Fällen nicht möglich. Die Anwendung immer höherer Motordrehzahlen erfordert jedoch die Anordnung von Gegengewichten zur Wellenlagerentlastung und zur Entlastung des Kurbelgehäuses von Biegungsmomenten.

Bei luftgekühlten Motoren werden die Zylindereinheiten meist auf das Kurbelgehäuse aufgesetzt, wodurch es an Steifigkeit gegenüber den bei wassergekühlten Motoren üblichen Blockkonstruktionen verliert. Es ist deshalb die Anordnung von Gegengewichten bei luftgekühlten Motoren, wenn man von Spezialbauarten, wie Tunnelgehäusen, absieht, besonders zu empfehlen.

Die Kurbelwangenbearbeitung ist trotz Entwicklung von Spezialmaschinen, auf denen sämtliche Kurbelschenkel gleichzeitig bearbeitet werden, zeitraubend und teuer.

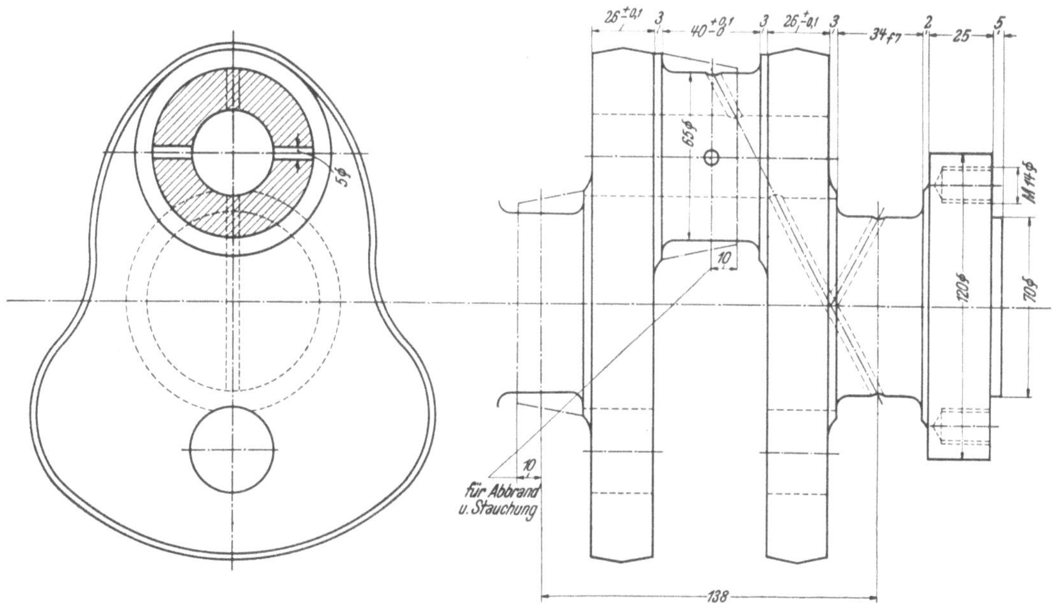

Abb. 119. Bauelement für stumpfgeschweißte Kurbelwelle.

Große Fortschritte auf dem Gebiet der elektrischen Widerstandsstumpfschweißung haben dazu ermutigt, die Möglichkeit der Kurbelwellenherstellung durch Zusammensetzen einzelner Kurbelelemente zu versuchen.

Hierüber wurden bei der Klöckner-Humboldt-Deutz A. G. zahlreiche Versuche mit sehr guten Ergebnissen durchgeführt.

Abb. 119 zeigt ein Bauelement für eine stumpfgeschweißte Kurbelwelle. Die Schweißstellen liegen in Mitte Kurbel-, bzw. Wellenzapfen. Durch Versetzung der einzelnen Kurbelelemente entsprechend dem Kurbelstern können aus einem Element Kurbelwellen für verschiedene Zylinderzahlen gebaut werden. Das Bauelement wird im Gesenk geschlagen, wobei die Teilebene des Gesenkes senkrecht zur Kurbelachse durch die Mitte des Kurbelschenkels geht. Deshalb sind die Anzugsschrägen (8 bis 10 %) gegen diese Ebene ausgerichtet. Das Anschmieden von Gegengewichten ist dabei ohne Schwierigkeiten möglich. Die Bearbeitung beschränkt sich bei einer derart hergestellten Welle auf die Kurbel- und Wellenzapfen. Die Kurbelwange selbst bleibt roh. Für das Gesenkschmieden ist ein größerer Übergang von der Wange zu den Zapfen erforderlich. Bei gleichbleibendem Zylinderabstand ergibt dies eine Verschmälerung der Lagerflächen. Die heute allgemein verwendeten Bleibronzen als Material für die Kurbel- und Wellenzapfenlager lassen eine solche Verringerung der Lagerbreite zu.

Bei Anwendung der elektrischen Widerstandsschweißung ist es möglich, den Kurbelund Wellenzapfen *vor dem Schweißen* hohl zu bohren und die Ausbohrungen nach den neuesten festigkeitsmäßigen Erkenntnissen (z. B. tonnenförmig) auszubilden. Diese Maßnahme setzt überdies den erforderlichen Schweißquerschnitt herab und ermöglicht die Verwendung einer kleineren Widerstandsschweißmaschine. Zum Abbrand sind an jeder Schweißstelle 10 bis 12 mm vorzusehen. Je zwei Kurbelelemente werden erst zu einer Kurbelkröpfung vereinigt und diese dann untereinander zur gewünschten Kurbelwelle verbunden. Das Schweißen erfolgt mit den bereits vorbearbeiteten Kurbel- und Wellenzapfen. Die entstehende Schweißraupe ist leicht zu entfernen. Mit den modernen elektrischen Widerstandsstumpfschweißmaschinen kann das Schweißen automatisiert werden.

Das Abbrennen, Stauchen und Schweißen erfolgt nach Einstellung der Schweißmaschine selbständig. Man ist dadurch von der Geschicklichkeit des die Maschine bedienenden Arbeiters unabhängig. Die Ausschußgefahr wird gering. Mit modernen Widerstandsschweißmaschinen sind Längstoleranzen pro Kröpfung von 0,2 bis 0,3 mm erzielbar.

Nach dem Schweißvorgang ist die Kurbelwelle zu glühen und zu vergüten. Schleifbilder ergeben an der Schweißstelle richtig normalisierter Wellen kaum erkennbare Störungen im Gefüge des Kurbelwellenmaterials.

Von ausschlaggebender Bedeutung für den Schweißvorgang ist die Ausbildung der Stromzuführungselektroden. Davon ist bei dem niedrig gespannten, hochampèrigen Strom die gleichmäßige Erhitzung der zu schweißenden Querschnitte abhängig.

Die Vorteile des oben angeführten Verfahrens sind:

1. Die Herabsetzung des Einsatzgewichtes der geschweißten Welle, das nur 30 % über dem Fertiggewicht liegt;

2. die geringeren Kosten für die Herstellung der benötigten Gesenke für die Kurbelkröpfung und

3. die Verwendung von verhältnismäßig kleinen Fallhämmern zur Herstellung der Gesenkteile;

4. die Möglichkeit, angeschmiedete Gegengewichte zu verwenden.

Nach diesem Verfahren wurden bei der Klöckner-Humboldt-Deutz A. G. während des Krieges Kurbelwellen für raschlaufende Fahrzeug-Diesel-Motoren in größerem Umfang hergestellt, die sich bestens bewährt haben.

Auch Flugmotorenwellen wurden nach diesen Erfahrungen hergestellt. Es ist denkbar, daß das vorstehend beschriebene Verfahren in der Praxis noch weitere Vereinfachungen erfährt, so daß man bei künftigen Motorplanungen das Stumpfschweißen von Kurbelwellen auf breiterer Basis anwenden wird.

Besondere Ersparnisse sind bei Kurbelwellen mittlerer und großer Motoren erzielbar.

C. Die Kurbel- und Wellenlager.

I. Ölzufuhr und Ölverteilung.

Früher wurde für die Motorlager Spritz- oder Tauchschmierung verwendet. Das herumspritzende Öl wurde durch Taschen aufgefangen und von diesen durch Bohrungen den Zapfen zugeführt. Die Ölverteilung im Lager erfolgte meist durch zwei schraubenförmige Nuten, die sich an der Mündung der Ölzufuhrbohrung schnitten.

Den neuzeitlichen Motorlagern wird das Öl durch eine Schmierölpumpe unter Druck zugeführt. Durch die hydrodynamische Wirkung im Lager wird es zwischen Lagerzapfen und Lagerschale hineingezogen und den belasteten Stellen des Lagers zugeführt.

In den letzten Jahren wurde besonders unter dem Einfluß der Flugmotorenentwicklung die Lagerforschung sehr gefördert. Nachstehend sollen einige Gesichtspunkte für die Gestaltung der Motorlager angeführt werden.

Die Motorenentwicklung ist durch das Streben nach kleinstem Bauaufwand gekennzeichnet. Bei V-Motoren hat sich für den Kurbelzapfen die Anordnung zweier Pleuelstangen nebeneinander

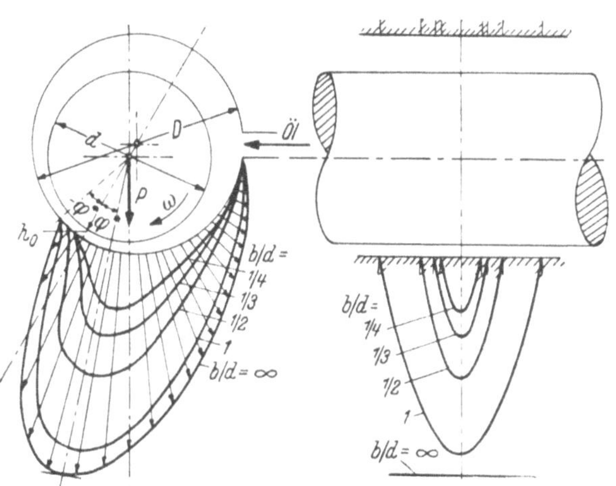

Abb. 120. Druckverteilung im Schmierspalt bei verschiedenen Lagerbreiten nach KLEMENCIC.

durchgesetzt. Bei dem anzustrebenden kurzen Zylinderabstand ergeben sich dabei Lagerbreitenverhältnisse von $b = 0,4\ d_w$ für das Pleuellager und $b = 0,35$ bis $0,4\ d_w$ für das Wellenlager.

Einen Überblick der Druckverteilung im Schmierspalt eines Lagers bei verschiedenen Breitenverhältnissen vermittelt Abb. 120 nach KLEMENCIC [32].

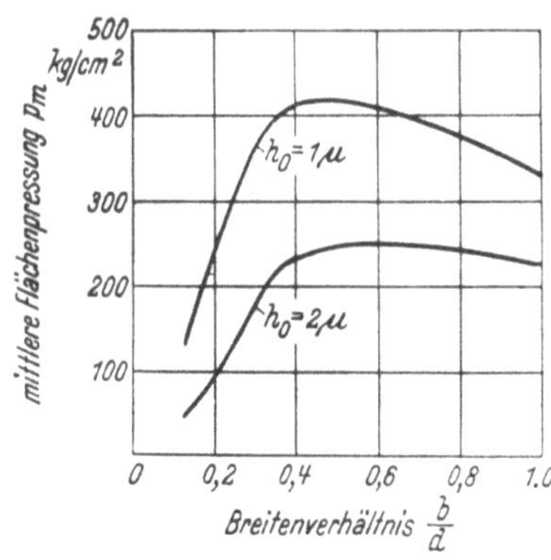

Abb. 121. Einfluß des Breitenverhältnisses nach KLEMENCIC.

Die Darstellung erweckt den Eindruck, daß die Anwendung kleinerer Lagerbreiten hinsichtlich der Tragfähigkeit des Lagers falsch ist. Die Kurven gelten jedoch nur für den Fall gleicher Ölzähigkeit. Beim endlich breiten Lager wird ein großer Teil der entstehenden Reibungswärme durch das seitlich aus dem Lager austretende Öl abgeführt.

Je breiter das Lager ist, um so weniger Reibungswärme kann durch das austretende Öl abgeführt werden. Die Schmierschichttemperatur steigt — die Ölzähigkeit und damit die Tragfähigkeit des Lagers sinkt. Der Tragfähigkeitsabnahme durch die endliche Lagerbreite steht eine Zunahme der Tragfähigkeit durch geringere Schmierschichttemperaturen im schmäleren Lager gegenüber.

Den Einfluß des Breitenverhältnisses auf die Tragfähigkeit bei verschiedenen Schmierschichtdicken zeigt Abb. 121.

Man erkennt, daß Breitenverhältnisse von 0,4 maximale Tragfähigkeit ergibt. Auch die bei Wellenlagern vorkommenden Breitenverhältnisse von 0,3 sind durchaus brauchbar.

Je größer die Belastung des Lagers ist, um so geringer ist die Schmierschichtstärke, ein um so geringeres Breitenverhältnis wird das günstigste sein.

Ein weiterer Grund zur Anwendung kleiner Breitenverhältnisse ist die elastische Verformung des Zapfens und der Lagerschalen. Die Verteilung des Öldruckes im Lager wird dadurch wesentlich beeinflußt.

Abb. 122 zeigt den Druckverlauf im Schmierspalt über die Lagerbreite bei Wellendurchbiegung, bei starrer und bei nachgiebiger Lagerschale. Die im Schmierfilm auftretenden Höchstdrücke sind ein Mehrfaches des mittleren Lagerdruckes.

Die Zuführung des Öles soll immer an der niedrigst belasteten Stelle des Lagers erfolgen, um jede Störung im Ölfilm im Bereich der Höchstlast zu vermeiden. Bei schnelllaufenden Motoren ist daher die Ermittlung des Lagerdruckdiagrammes unbedingt erforderlich, da sonst schwere Fehler in der Anordnung der Ölbohrungen gemacht werden können.

Motorlager, und zwar Kurbel- und Wellenlager, müssen Kräfte ständig wechselnder Richtung aufnehmen, bei Fahrzeugmotoren verändert sich außerdem die Drehzahl innerhalb eines weiten Bereiches.

Der Lagerzapfen stellt sich innerhalb der Lagerbohrung, die um das Lagerspiel größer sein muß als dieser, unter der Wirkung der Lagerbelastung und der durch die Drehung im Öl entstehenden hydrodynamischen Kräfte exzentrisch zur Lagerbohrung ein. Diese Exzentrizität ändert sich bei Motorlagern ständig mit der Belastungsgröße, der Belastungsrichtung und der Drehzahl.

Die Verhältnisse sind daher bei Motorlagern verwickelter wie bei Lagern mit gleichbleibender Belastung und Drehzahl und lassen sich daher theoretisch schlecht erfassen.

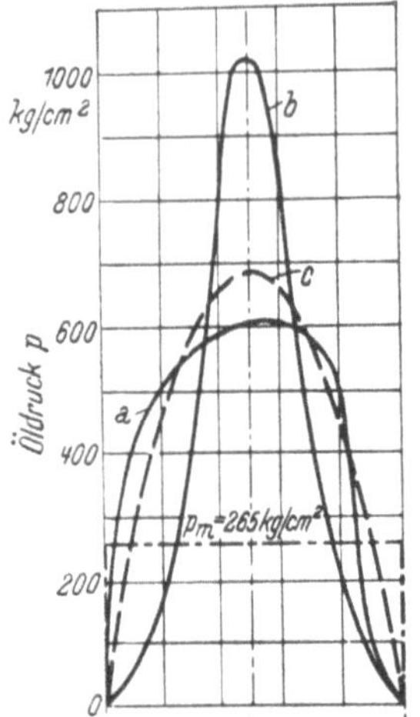

a starre Lagerschale.
b nachgiebige Lagerschale
c ideales Lager.

Abb. 122. Druckverlauf bei starrer und nachgiebiger Lagerschale nach A. BUSKE.

Dem Lager wird durch die Druckschmierung viel mehr Öl zugeführt, als zur Erhaltung des Schmierfilms nötig ist, denn das Öl ist bei der Druckschmierung nicht nur Schmier-, sondern auch Kühlmittel, das die Lagerreibungswärme abzuführen hat und dadurch eine unzulässig hohe Lagertemperatur verhindern soll.

Die Ölzufuhr kann in Wellenlagern entweder in der unteren oder in der oberen Lagerschale erfolgen. Bei allen schnellaufenden Fahrzeugmotoren (Otto- und Diesel-Motoren) und Flugmotoren sitzt die obere Lagerschale im Kurbelgehäuse, die untere in einem aufgeschraubten Lagerdeckel. Erfolgt nun die Ölzuführung an der unteren Lagerschale, so muß eine Verteilleitung, die unter den Lagerdeckeln liegt, die Ölzufuhr und Verteilung übernehmen. Diese Art der Verteilung wurde früher oft ausgeführt. Sie hat eine Reihe von Nachteilen: Die innerhalb des Motors freiliegenden Ölleitungen, die nur an den Lagerdeckeln befestigt werden können, sind leicht Schwingungsbrüchen oder Beschädigungen ausgesetzt. Die Ölleitung dehnt sich stärker als das Kurbelgehäuse, da die Öltemperatur meist höher als die Gehäusetemperatur ist. Um Brüche zu vermeiden, muß deshalb dem Ölverteilungsrohr, etwa durch einen Schiebesitz in den Anschlußflanschen am Lagerdeckel, Ausdehnungsmöglichkeit gegeben werden.

Ein weiterer Nachteil besteht darin, daß beim Nachsehen eines Wellenlagers die ganze Verteilleitung entfernt werden muß.

Im allgemeinen ist die untere Lagerschale höher belastet als die obere, da sie die Zünddrücke aufnehmen muß. Es widerspricht nun der hydrodynamischen Schmiertheorie, gerade in der am höchsten belasteten Stelle des Lagers das Ölzuführungsloch anzuordnen, denn es wird an dieser Stelle durch das Loch der Druck im Ölfilm fast vollständig abgesenkt und damit die Tragfähigkeit des Wellenlagers beeinträchtigt.

Es ist daher richtiger, das Schmieröl durch im Motorgehäuse gebohrte Kanäle oder durch fest eingewalzte Rohre in der oberen Lagerschalenhälfte zuzuführen. Diese ist nur durch die Beschleunigungskräfte belastet, die im allgemeinen wesentlich unter den

Zünddrücken bleiben. Die teilweise Zerstörung des Ölfilms kann daher leichter in Kauf genommen werden.

Vom Wellenlager (Hauptlager) fließt das Öl dem Kurbellager (Pleuellager) zu. Dazu dient am einfachsten eine in der Kurbelwelle vom Wellen- zum Pleuelzapfen schräg verlaufende Bohrung. Sind Pleuelzapfen und Wellenzapfen hohl gebohrt, so wird an Stelle derselben ein Röhrchen verwendet, das an den Enden aufgedornt ist, damit es in seiner Lage bleibt.

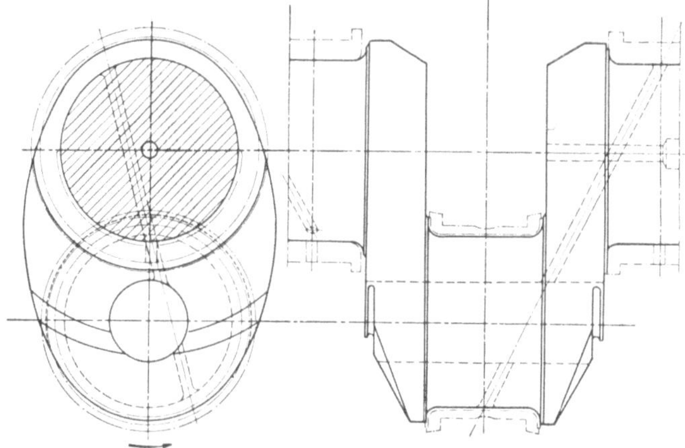

Abb. 123. Ölbohrungen in der Kurbelwelle.

Um die schädliche Wirkung des Ölbohrungsaustrittes im Kurbelzapfen zu vermindern, empfiehlt sich nach Abb. 123 eine Versetzung der Ölbohrung gegenüber der Kröpfungsebene. Die Austrittsbohrung wird dabei im Drehsinn vorverlegt. Um das Pleuellager ausreichend mit Öl zu versorgen, erhält das Hauptlager eine kreisrunde Nut, die das Lager in zwei Hälften teilt und von der Zuflußbohrung gespeist wird. Die Austrittsbohrung im Pleuelzapfen steht dann in ständiger Verbindung mit der Ölzufuhr. Die ununterbrochene Zufuhr des Öles hat bezüglich der Versorgung des Pleuellagers Vorteile, für die Tragfähigkeit des Wellenlagers jedoch ist die Zerlegung in zwei schmale Lager durch die Ringnut höchst nachteilig. Nach Falz [16] trägt ein derart geteiltes Lager erheblich weniger als ein Lager ohne Ringnute. Ein weiterer Vorteil dieser Ausführung liegt darin, daß infolge des ununterbrochenen Ölzuflusses die Ölsäule in der Zuleitung nicht beschleunigt und verzögert zu werden braucht.

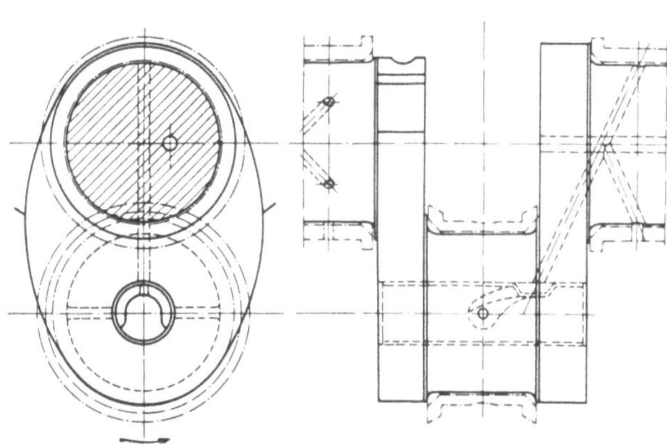

Abb. 124. Ölzufuhr zum Pleuellager durch zwei um 180° versetzte Bohrungen im Wellenzapfen.

Um den Nachteil der Herabsetzung der Tragfähigkeit wenigstens bei der unteren Lagerschale zu vermeiden, begnügt man sich in vielen Fällen mit einer über den halben Umfang des Zapfens in der oberen Lagerschale angebrachten Nut.

In diesem Falle wird die Ölzufuhr nach einer halben Umdrehung unterbrochen. Für die Zeit der Unterbrechung muß das in den seitlichen Schmiertaschen des Pleuellagers befindliche Öl vorhalten. Auch in den Hauptlagern sind derartige Öltaschen vorhanden, die hier eine Verlängerung der halbkreisförmigen Ölnut bilden. Der allmähliche Übergang von der Öltasche zur Lagerfläche bewirkt allmähliches Verzögern und Beschleunigung der Ölsäule.

Bei raschlaufenden Motoren sollen Öltaschen im Pleuellager und auch in den Wellenlagern grundsätzlich vermieden werden, da die Massenkräfte nach allen Seiten wirken und in der Richtung der Öltaschen nicht aufgenommen werden können.

Die Pleuellagerschale erhält dann keine Nute und keine Öltaschen. Die Kante an der Teilfuge der Schalenhälften wird nur etwas abgeschrägt, so daß auch in dieser Richtung eine ausreichende Lagerfläche vorhanden ist. In der oberen Wellenlagerschale wird eine Ölnut über den halben Umfang angebracht. Um trotzdem eine kontinuierliche

Ölzufuhr zum Pleuellager zu erreichen, wird nach Abb. 124 die Schrägbohrung in der Welle durch eine zweite um 180° versetzte Bohrung gespeist. Die Ölzufuhr zum Pleuellager erfolgt durch eine zum Kurbelschenkel um 90° versetzte durchgehende Bohrung im Pleuelzapfen, so daß zwei Ölaustritte entstehen.

Der meist hohl gebohrte Kurbelzapfen ist entweder durch zwei Verschlußdeckel, die mit einer zentralen Schraube gegeneinander gespannt werden, oder nach Abb. 124 durch ein eingewalztes Führungsstück aus Blech verschlossen. Bei dieser Anordnung sorgt das unter 90° vorauseilende Schmierloch im Pleuelzapfen für eine einwandfreie Ölzufuhr und das Pleuellager ist nicht durch Nuten oder Taschen in seiner Tragfähigkeit geschwächt.

Bei hochbeanspruchten Motoren nimmt man mitunter aus dem verhältnismäßig

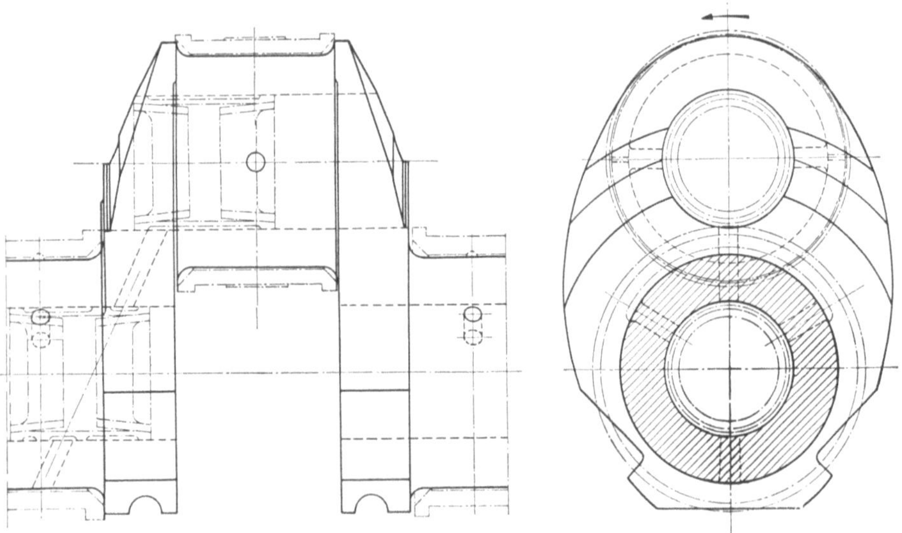

Abb. 125. Ölzufuhr zum Pleuellager durch drei Bohrungen im Wellenzapfen.

hoch belasteten mittleren Wellenlager kein Öl für die Pleuellager weg. Die schrägen Bohrungen in der Kurbelwelle sind dann links und rechts vom Mittellager nach entgegengesetzten Seiten geneigt.

Um die Ölnute im Wellenlager zu verkleinern, ordnet man manchmal nach Abb. 125 drei Zuleitungsbohrungen für das Pleuellager an. In diesem Fall erstreckt sich die Nute im Wellenlager nur über 120°.

Für sehr hoch beanspruchte Motoren ist zu empfehlen, auch die Wellenlager ohne Nuten auszuführen. Die Zuführung des Öles zu den Pleuellagern erfolgt durch die hohle Kurbelwelle, der das Öl durch einen Schleifring am vorderen Ende zugeführt wird. Die Zuleitung zu den Wellenlagern erfolgt wie üblich vom Ölverteilrohr.

Der Abschluß der Bohrung im Kurbelzapfen durch eine eingewalzte Blechhülse, die mit einer eingepreßten Nute zur Ölführung versehen ist, hat den Vorteil, daß (Abb. 124) bei Inbetriebsetzen des Motors nur kleine Räume durch Öl ausgefüllt werden müssen. Dies ist ein Vorteil, der besonders für Lastkraftwagen-Diesel-Motoren bedeutend ist. Weiters wird die Ablagerung von Ölschlamm vermieden, der unter Umständen zu einer Unterbrechung der Ölversorgung des Pleuellagers führen kann. Auch momentane Ölschlammeinbrüche in das Pleuellager mit allen unangenehmen Folgen, die zum Ausfall des Lagers führen können, werden vermieden.

Wenn die Kurbelzapfenbohrung durch zwei Verschlußdeckel abgeschlossen wird, die durch eine zentrale Schraube gedichtet werden, muß man mit Ablagerung des Ölschlamms durch die Fliehkraft rechnen. Man erreicht zwar eine ausgezeichnete Filterwirkung, muß jedoch nach längeren Laufzeiten die Kurbelwelle ausbauen, die Verschlüsse lösen und den Ölschlamm entfernen. Man wird deshalb diese Lösung nur für größere Motoren, z. B.

Triebwagenmotoren, verwenden, bei denen in regelmäßigen Abständen Überholungen vorgenommen werden.

Der Austritt der Schmierbohrungen zum Pleuellager erfolgt im Bereich niedrigster Belastung meist unter 90° zur Kurbelrichtung. Empfehlenswert ist es jedoch immer, die richtige Lage der Schmierbohrung im Kurbelzapfen an Hand eines Lagerdruckdiagrammes festzustellen. Schmierölaustrittbohrungen in Richtung der Kurbel sind auf jeden Fall unzweckmäßig, da nicht nur abgelagerter Ölschlamm austreten kann, sondern auch im Öl enthaltene Luftbläschen, die die Tragfähigkeit des Schmierfilms stark herabsetzen. Derartige Ölbohrungen werden deshalb mit kleinen eingewalzten Röhrchen versehen, die in die Bohrung des Pleuelzapfens hineinragen und damit die vorhin erwähnten Nachteile vermeiden. Bei Verwendung von Ölkühlern mit hohem Durchflußwiderstand (Rohrschlangen) kann nach dem Ölkühler durch Entspannung des Öldruckes vorher absorbierte Luft austreten. Das mit Luftbläschen durchsetzte Öl ist für die Schmierung unbrauchbar. Ölkühler sollen daher nur einen geringen Durchflußwiderstand aufweisen. Der Einbau von Luftabscheidern vor Einführung des Öles in die Kurbelwelle ist teuer und sollte zumindest bei Gebrauchsmotoren vermieden werden.

Die Größe der Ölbohrung soll so sein, daß die Geschwindigkeit des austretenden Öles etwa der Zapfenumfangsgeschwindigkeit entspricht, um Unterdruckgebiete zu vermeiden, die infolge der notwendigen Ölbeschleunigung zur Ölschaumbildung Anlaß geben.

Zur Aufnahme des Axialschubes der Kurbelwelle durch den Kupplungsdruck bei ausgerückter Kupplung (Fahrzeugmotoren) wird ein Wellenlager mit Anlaufflächen versehen, die mit Lagermetall belegt sind und die durch das aus dem Lager austretende Öl geschmiert werden. Es ist empfehlenswert, die Anlaufflächen mit mehreren Nuten zu versehen, die entgegen der Drehrichtung mit 1 : 100 Neigung auslaufen, um Schmierkeilbildung zu ermöglichen.

Bei amerikanischen Kraftwagenmotoren wird mitunter im Pleuelstangenkopf ein Schmierloch angeordnet, durch welches das dem Pleuellager zugeführte Öl während einer kurzen Zeit auf die Zylinderlaufbahn spritzen kann. Das Ölloch ist düsenförmig ausgebildet und hat einen Durchmesser von ∞ $^1/_{16}{}''$ am äußeren und $^3/_{16}{}''$ am inneren Ende.

II. Lagermetalle.

An die Lagermetalle von Otto- und Diesel-Motoren werden folgende Anforderungen gestellt:

1. Die Festigkeit muß den mechanischen Beanspruchungen genügen. Die Quetschgrenze muß so hoch liegen, daß unter den Betriebsdrücken hinreichende Sicherheit gegen bleibende Formänderungen besteht. Die Festigkeitseigenschaften dürfen durch die Erwärmung auf die Betriebstemperatur im Lager nicht unter die zulässigen Werte sinken, das Metall muß eine ausreichende Warmfestigkeit, vor allem eine ausreichende Dauerbiegefestigkeit haben.

2. Das Lagermetall muß mit der Stützschale gut binden. Die Bindung muß auch den zusätzlichen Beanspruchungen infolge verschiedener Wärmedehnung von Lagermetall und Stützschale standhalten.

3. Es muß leicht vergießbar sein. Seine Schmelztemperatur muß über den normalen Betriebstemperaturen liegen. Es muß sich leicht bearbeiten lassen und dabei glatte Oberflächen ergeben.

4. Das Lagermetall muß bei nicht flüssiger Reibung, also bei unmittelbarer Berührung mit dem Wellenwerkstoff, einen kleinen Reibungskoeffizienten haben.

5. Das Lagermetall soll ohne Gefahr des Fressens ein kleines Lagerspiel zulassen, denn die Grenzen der Flüssigkeitsreibung verschieben sich bei einer Verkleinerung des Lagerspiels in günstigem Sinne, die Grenzdrehzahl wird herabgesetzt, die Grenzbelastung heraufgesetzt.

6. Das Lagermetall soll die Fähigkeit haben, scharfe Teilchen ohne Gefahr für die Welle einzubetten und soll sich plastisch verformen können, um ein leichtes Einlaufen zu erreichen.

7. Es soll möglichst korrosionsbeständig sein, damit es nicht von den im Schmieröl bei der Verbrennung gebildeten Säuren und Seifen angegriffen wird.

8. Das Lagermetall soll bei trockener Reibung keine Neigung haben zu fressen. Es soll dann die Welle nicht angreifen und demnach bei kurzzeitigem Ölmangel Notlaufeigenschaften besitzen.

9. Zur leichteren Abführung der Reibungswärme ist eine gute Wärmeleitzahl erwünscht.

Vorstebende Forderungen gelten hauptsächlich für das Lagermetall der Pleuel- und Wellenlager. Für andere Lager sind vielfach andere Gesichtspunkte maßgebend.

Reine Metalle sind zu Lagerzwecken nicht verwendbar, nur Legierungen haben die erforderlichen Eigenschaften.

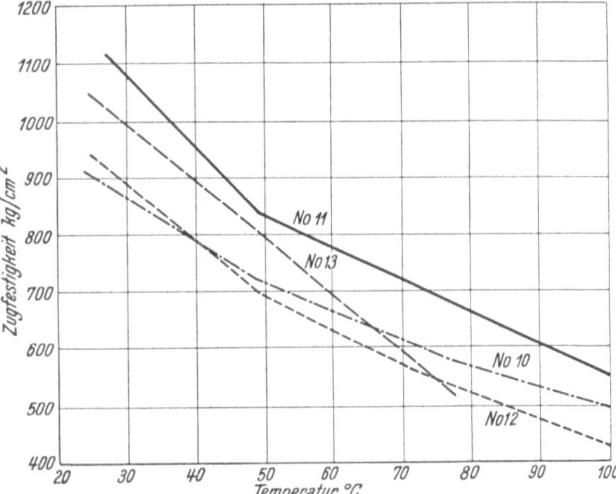

Abb. 126. Zugfestigkeit der von der S. A. E. genormten Weißmetalle.

Es gibt kein Lagermetall, das alle Anforderungen gleich gut und restlos erfüllt. Wie bei den Kolbenwerkstoffen muß auch bei den Lagermetallen der jeweils günstigste Kompromiß geschlossen werden.

1. Weißmetall.

Das Weißmetall war früher das hauptsächlichste Lagermetall für Verbrennungsmotoren. Es wird auch heute noch im großen Umfang für Automobilmotoren verwendet.

Man unterscheidet Weißmetalle auf Zinn- und auf Bleigrundlage. Für schnellaufende Motoren wird hauptsächlich Weißmetall auf Zinngrundlage verwendet. Weißmetalle auf Bleigrundlage sind nur für mäßige Belastungen geeignet. Die fünf von der S. A. E. genormten Weißmetalle setzen sich wie folgt zusammen:

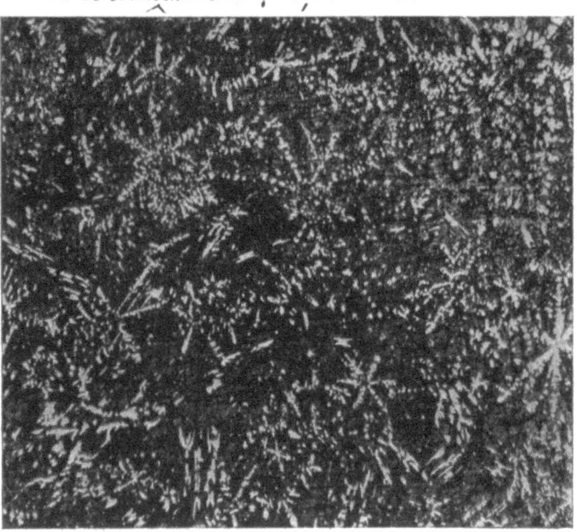

Abb. 127. Spezial-Lagermetall Auto-86 der Glyco-Metall-Werke.

Gehalt in %.

Kenn-nummer	Zinn	Kupfer	Antimon	Blei max.	Eisen max.	Arsen max.	Wismuth max.
10	90 min.	4—5	4—5	0,35	0,08	0,10	0,08
11	86 ,,	5—6,5	6—7,5	0,35	0,08	0,10	0,08
12	59,5 ,,	2,25—3,75	9,5—11,5	26	0,08	—	0,08
13	4,5—5,5	0,5 max.	9,25—10,75	86	0,08	0,20	—
14	9,25—10,75	0,5 ,,	14—16	76	—	0,20	—

Zink oder Aluminium dürfen in keiner dieser Legierungen enthalten sein. Am gebräuchlichsten ist das 86 %ige Weißmetall Nr. 11.

Die Abb. 126 zeigt die Abhängigkeit der Zugfestigkeit der Weißmetalle von der Temperatur. Das 86 %ige Weißmetall hat die weitaus besten Werte. Abb. 127 zeigt das Gefüge eines 86 %igen Weißmetalls der Glyco-Metall-Werke. Man erkennt darin die nadelförmig ausgebildeten Cu-Sn-Kristalle und die Sn-Sb-Mischkristalle.

Die Festigkeitswerte dieser Legierungen sind:

Zugfestigkeit .... 9 bis 9,5 kg/mm²   Dehnung .... 17 %
Biegefestigkeit......... 18   ,,   Härte .... 28,4 kg/mm² BRINELL

Das Gefüge einer Legierung mit 80 % Zinn zeigt Abb. 128.

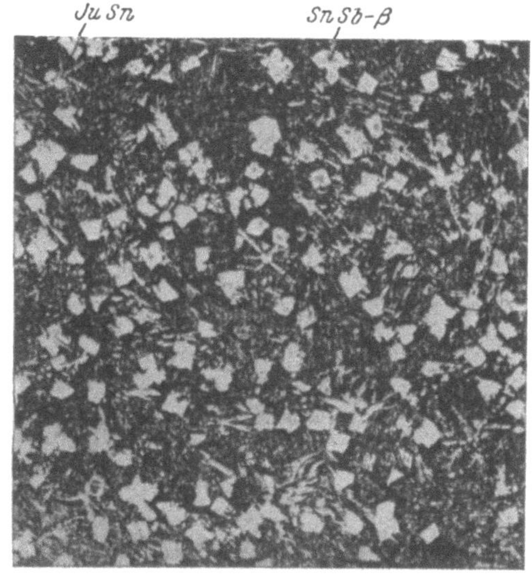

Abb. 128. Weißmetall-Legierung WM 80 der Glyco-Metall-Werke. Zugfestigkeit 9,0 kg/mm², Biegefestigkeit 17,5 bis 18 kg/mm². Dehnung 9 %.

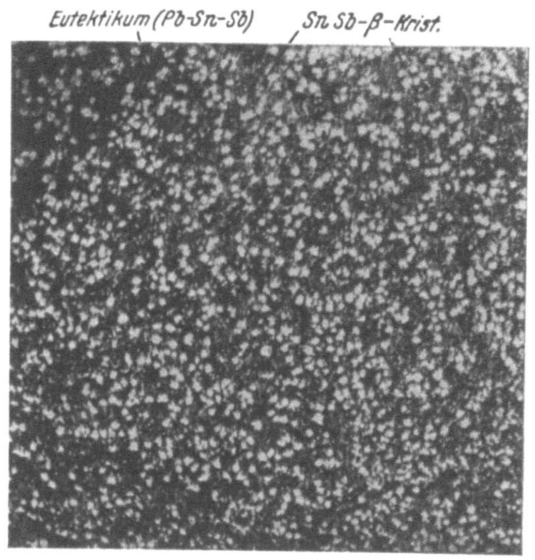

Abb. 129. Spezial-Lagermetall Motor Glyco 3 (auf Bleibasis legiert). Glyco-Metall-Werke.

Ein auf Bleibasis legiertes Lagermetall ist das Motor Glyco 3 nach Abb. 129 mit folgender Zusammensetzung:

14 bis 14,5 % Antimon   1 bis 1,5 % Cadmium   0,3 bis 0,5 % Arsen
0,9 ,,   1,3 % Kupfer   9,7 ,, 10,3 % Zinn   0,1 ,, 0,3 % Wismut
                             Rest Blei.

Die Festigkeitswerte sind:

Zugfestigkeit .... 7,8 kg/mm²   Dehnung .... 6,5 %
Biegefestigkeit............. 16,7   ,,   Härte .... 31,4 kg/mm² BRINELL

Die Kurven der Warmhärten in Abb. 130 zeigen, daß die Legierung mit 86 % Zinn allen anderen Weißmetallen bei höheren Temperaturen überlegen ist. Zum Vergleich ist auch die Warmhärte einer Gleitbronze Glyco G 30 angegeben. Die Härte der Weißmetalle nimmt bei steigender Temperatur wesentlich stärker ab, als die der Gleitbronze. Die Dauerschlagdruckfestigkeit in Abb. 131 ist für die Widerstandsfestigkeit des Lagermetalls bei stoßweiser Beanspruchung maßgebend. Die Lagerschale verbiegt sich unter dem Einfluß der wechselnden Kräfte im Lager. Daher ist für die Haltbarkeit des Lagermetalls auch die Biegewechselfestigkeit von Bedeutung. Sie ist in Abb. 132 für einige Legierungen dargestellt.

Die Weißmetallager haben sich bei Fahrzeug-Diesel-Motoren nicht bewährt. Es bilden sich meist nach kurzer Laufzeit Risse und Ausbröckelungen in den Pleuellagerschalen. Die Ursache wurde zuerst in mangelhafter Bindung des Lagermetalls mit der Stützschale gesucht. Bald erkannte man jedoch, daß das Ausbröckeln durch eine Dauerschlagbeanspruchung verursacht ist, der das Metall einfach auf Grund seiner Festigkeitseigenschaften nicht gewachsen war. A. THUM und R. STROHAUER [20] haben durch

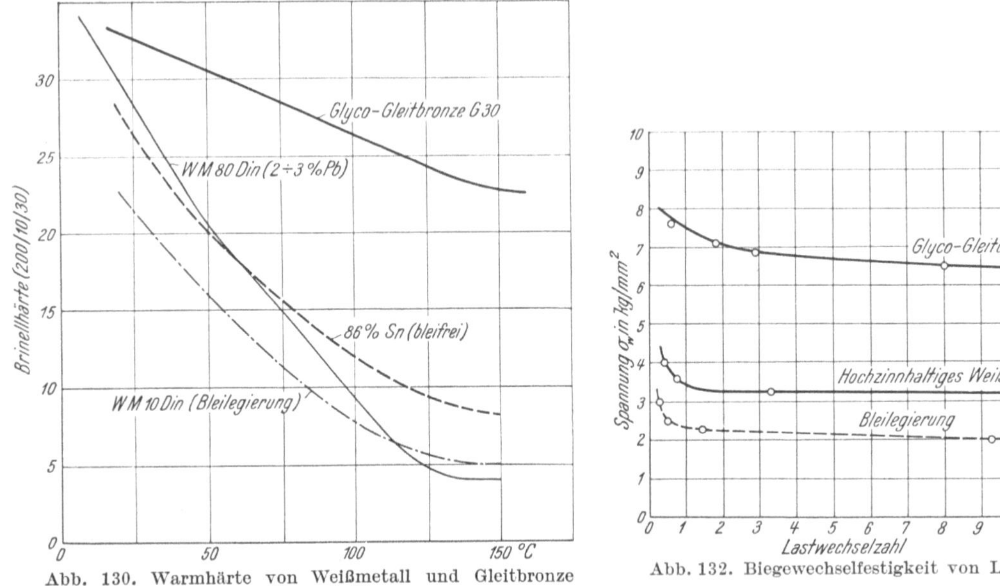

Abb. 130. Warmhärte von Weißmetall und Gleitbronze Glyco G 30.   Abb. 132. Biegewechselfestigkeit von Lagermetall.

Versuche mit einem Dauerschlagwerk ähnliche Zerstörungen von Lagern erreicht, wie sie beim Betrieb aufgetreten waren. Damit war der Nachweis gebracht, daß nicht etwa mangelhafte Bindung, sondern mangelnde Widerstandsfähigkeit gegen Dauerschlagbeanspruchung die Ursache der Rißbildung und des Ausbröckelns war. Es wurde festgestellt, daß für Lagermetalle die Zehnmillionengrenze für die Festlegung der Dauerhaltfestigkeit der Werkstoffe nicht ausreicht. Die Grenzlastwechselzahl dürfte bei $40 \cdot 10^6$ liegen. An einer eigens gebauten Pleuellagerprüfmaschine wurde der Einfluß des oft mangelhaften Einbaues der Lagerschale in die Pleuelstange untersucht. Dabei wurde auch der große Einfluß der Betriebstemperatur auf die Haltbarkeit des Ausgusses festgestellt. Großen Einfluß hatten auch die Stärke des Lagerausgusses und das Lagerspiel.

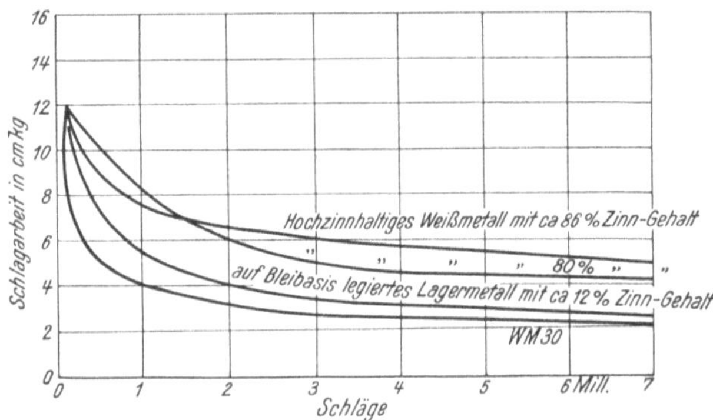

Abb. 131. Dauerschlagdruckfestigkeit von Lagermetall.

2. Cadmium-Legierungen.

a) Cd-Ni-Legierungen.

Das Versagen der Weißmetalle auf Zinngrundlage bei erhöhter Beanspruchung ist der Hauptsache nach auf die niedrige Wärmehärte der Zinnlegierungen zurückzuführen. Man hat nun mit Erfolg versucht, Cadmium an Stelle des Zinns zu setzen. Cadmium ist in seinen Eigenschaften dem Zinn ähnlich, hat jedoch einen Schmelzpunkt, der 90° C höher liegt als der von Zinn.

Cadmium ist, ebenso wie Zinn, nur in Legierungen brauchbar. Vor allem kommt für Lagerzwecke eine Legierung mit Nickel in Betracht. Versuche mit 1,35 % und 3 % Ni ergaben bei allen Temperaturen größere Druckfestigkeit als das Weißmetall und größere Warmhärte.

Die Warmhärten betragen bei 200° C:

$$\text{Weißmetall} \dots\dots\dots\dots\dots \quad 3,7 \text{ kg/mm}^2$$
$$\text{Cadmiumlegierung mit } 1,35 \% \text{ Ni} \quad 6,3 \quad ,,$$
$$\text{Cadmiumlegierung mit } \quad 3 \% \text{ Ni} \quad 8,3 \quad ,,$$

In der Praxis hat sich bei hochbeanspruchten Automobilmotoren die Legierung mit 1,35 % Ni recht gut bewährt. Die Cadmium-Legierungen haben ähnliche Verschleiß-eigenschaften wie Weißmetall, greifen also die Kurbelwellen nicht so an wie die Bleibronzen und sind noch plastisch genug, um geringfügige Ungenauigkeiten des Lagers auszugleichen. Abb. 133 zeigt das Gefügebild einer Cd-Ni-Legierung. Die Cd-Ni-Kristalle eckiger Gestalt sind deutlich erkennbar. Die wichtigsten Festigkeitswerte sind:

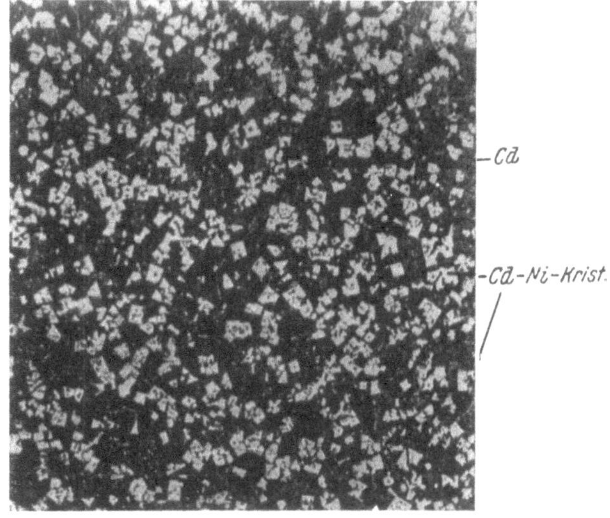

Abb. 133. Cadmium-Nickellegierung. Glyco-Metall-Werke.

Zugfestigkeit . . . . . . 9,8 bis 10 kg/mm²
Dehnung . . . . 20 %
Biegefestigkeit . . . . 21 kg/mm
Durchbiegung . . . . 21 bis 23 mm
Härte . . . . 38 kg/mm² BRINELL

Die Bindung der Legierung mit einer Stützschale aus Stahl ist ebenso gut wie bei Weißmetall.

b) Cd-Ag-Legierungen.

Außer Ni kommt auch Silber als Legierungsbestandteil für Cadmium zur Verwendung. Diese Legierungen haben jedoch den Nachteil, daß sie nicht direkt mit Stahl binden und die Stahllagerschale daher vor dem Einguß verzinnt werden muß.

Nach amerikanischen Forschungen sollen Lager aus Cd-Ag-Cu etwa die dreifache Ermüdungsdauer wie Weißmetall haben. Ein Gefügebild der Cd-Ag-Cu-Legierung zeigt Abb. 134.

Die wichtigsten Festigkeitswerte sind:

Zugfestigkeit . . . . 12,8 kg/mm²
Dehnung . . . . 30 %
Biegefestigkeit . . . . 25,2 kg/mm²
Durchbiegung . . . . 24 mm
Härte . . . . 45 kg/mm² BRINELL

Diese Werte sind bedeutend höher als die der Cd-Ni-Legierung. Eine ausgedehnte Verwendung ist wohl durch die verhältnismäßig geringe Cadmium-Erzeu-

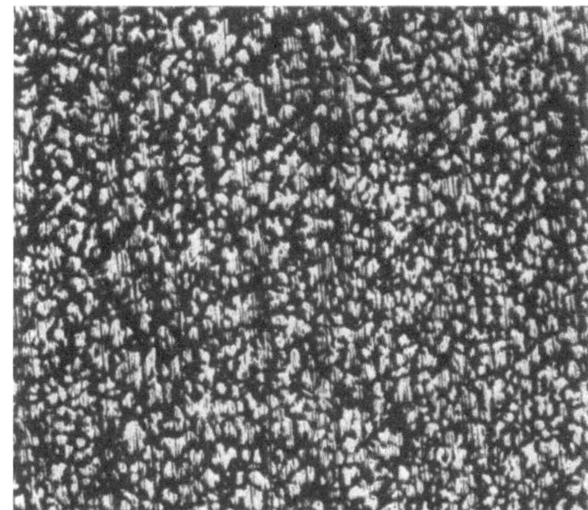

Abb. 134. Cadmium-Silber-Kupferlegierung. Glyco-Metall-Werke.

gung (Nebenprodukt bei der Zinkerzeugung) kaum möglich. Gebräuchliche Zusammensetzungen sind:

97,5 % Cd,	2,25 % Ag,	0,25 % Cu,
98,75 %, Cd,	0,75 % Ag,	0,50 % Cu.

Es ist ein großer Nachteil der Cd-Legierung, daß sie von den organischen Säuren, die sich bei der Verbrennung entwickeln und vom Öl aufgenommen werden, stark angegriffen wird. Auch zusammengesetzte Öle, die organische Säuren enthalten, dürfen bei Cd-Lagern nicht verwendet werden.

Versuche, die Widerstandsfähigkeit gegen Korrosion zu steigern, führte zur Legierung mit Indium (0,25 %). Es traten jedoch dabei Bindungsschwierigkeiten mit der Stahlschale auf. Ferner wurde versucht, eine Plattierung von Indium aufzubringen. Das soll sich bewährt haben. Die Eigenschaften der Lagerlegierung werden dadurch nicht verschlechtert.

3. Kupfer-Blei-Legierungen.

Das Versagen des Weißmetalls in den Pleuellagern, sogar auch in den Wellenlagern von Fahrzeug-Diesel-Motoren war die Veranlassung, daß man etwa im Jahre 1930 begann, in Deutschland, dem Entwicklungslande des Fahrzeug-Diesel-Motors, Kupfer-Blei-Legierungen auf ihre Verwendbarkeit für hoch beanspruchte Lager zu untersuchen. Die Entwicklung ging dabei von Bleibronzehülsen, die in Bronzeschalen eingelötet wurden und dem Vollbleibronzelager zu dem heute viel verwendeten Lager aus einer Stahlstützschale mit einer eingegossenen Bleibronzeschicht.

Nach dem deutschen Normblattentwurf F 1716 kann man die Bleibronzen in folgende Gruppen einteilen:

1. Bleibronzen, die nur aus Kupfer und Blei bestehen und einen Bleigehalt von 10 bis 20 %, von 20 bis 30 % und von über 30 % aufweisen.

2. Bleibronzen wie unter 1. mit Zusätzen anderer Elemente bis etwa 2 %. Die zur Legierung verwendeten Elemente sind Ni, Sn, Fe, Sb.

3. Blei-Zinn-Bronzen in drei Gruppen mit 4 bis 22 % Pb und 5 bis 11 % Sb.

4. Blei-Mehrstoff-Bronzen mit Bleigehalten von 10 bis 20 und 20 bis 30 % Pb und größeren Zusätzen von Sn, Ni, Zn, Mn, sowie anderen Elementen.

Einige Bleibronzen amerikanischer Erzeugung haben folgende Zusammensetzung:

	a	b	c	d	e
Blei....................	40 %	25 %	44,5 %	45 %	35 %
Nickel	1,2 %	0,5 %	—	2 %	—
Wismut...............	1,3 %	—	—	—	—
Zinn	—	3,5 %	—	—	—
Zink	—	2 %	—	—	1,5 % Silicon
Kupfer	57,5 %	69 %	55 %	53 %	63,5 % Circon
Eisen und Aluminium.....	—	—	0,5 %	—	—

Auffallend sind die hohen Prozentsätze von Pb bei a, c und d. Die deutschen Bleibronzen haben meist einen Bleigehalt um 30 %. Die Herstellung der Bleibronzen wird dadurch erschwert, daß Blei in Kupfer bei niedrigen Temperaturen nicht löslich ist. Beim Abkühlen der Legierung hat das Blei um so mehr das Bestreben, sich auszuscheiden, je höher der Bleianteil der Legierung ist. Das verursacht bei der Herstellung der Lager erhebliche Schwierigkeiten. Legierungen mit hohem Bleigehalt sind weicher, erreichen jedoch nicht die Festigkeitswerte der Legierungen mit niedrigerem Bleigehalt.

Die Legierung d soll von der Studebaker Corp. verwendet werden. Ford verwendet bei seinen V-8-Motoren eine Bleibronze mit 30 % Blei.

Die Bleibronze besteht aus einer Mischung, die, je nach der Herstellungsmethode und Zusammensetzung, folgende drei Hauptformen annehmen kann:

Abb. 135. Bleibronze. Grobes Gefüge mit Tannenbaumkristallen.

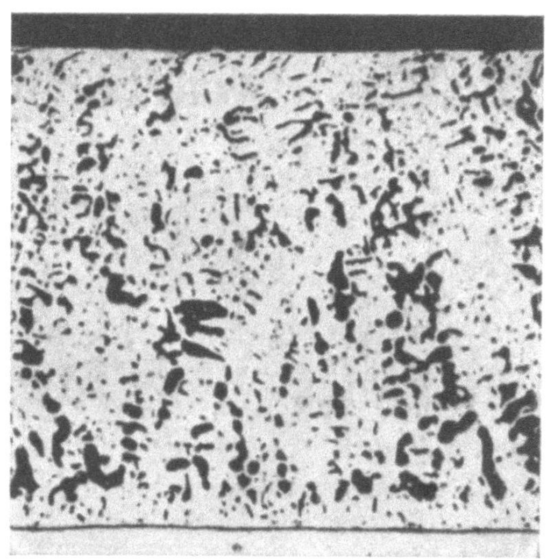

Abb. 137. Bleibronze. Feines globulares Gefüge.

1. Grobes Gefüge mit Tannenbaumkristallen (Dentriten). In Abb. 135 entspringt aus der Stahlschale ein Wald von unregelmäßig geformten Bäumen aus Kupfer (hell), umgeben von Blei (dunkel).

2. Feines Gefüge mit Resten von Dendriten nach Abb. 136. Dieses Gefüge zeigt an der Stahlschale zu grobe Bleiausscheidungen.

3. Feines globulares Gefüge. Abb. 137 zeigt das Gefüge einer Kupfer-Blei-Legierung mit Zinnzusatz, die für gehärtete Wellen geeignet ist. Die Verteilung von Kupfer und Blei ist gleichmäßig.

Von größter Bedeutung für die Bindung des Lagermetalls ist eine gute Verbindung der Cu-Kristalle mit dem Stahluntergrund. Aus den Gefügebildern ist zu ersehen, daß das Ziel nicht immer ganz erreicht wurde, da in der Nähe der Stahlschale die schwarzen Bleikristalle bei Abb. 135 und 136 dichter werden. Unbrauchbar sind Gefüge nach Abb. 138 mit starken Ausscheidungen von Blei an der Stahlschale, und Gefüge nach Abb. 139 mit zu grober Bleiverteilung.

Die Größe und Ausbildungsform der Kupfer- und Bleiteilchen wird mit durch die Abkühlungsgeschwindigkeit bestimmt. Man verwendet Kokillen, um eine

Abb. 136. Bleibronze. Feines Gefüge.

rasche Abkühlung der Schmelze zu erreichen. Auch der Zusatz von kleinen Mengen anderer Elemente, wie Zinn, Antimon, Silicon, Circon, kann die Diffusion des Bleies im Kupfer unterstützen.

Abb. 140 zeigt das Gefüge einer Legierung G 30 der Glyco-Metall-Werke.

Die statischen Festigkeitswerte liegen erheblich höher als die der Weißmetalle, sie sind, je nach der Zusammensetzung der Lagerlegierung, verschieden. Nachfolgend sind die Werte für die Legierung G 30 der Glyco-Metall-Werke im Vergleiche zu hochzinnhältigem Weißmetall (eingeklammerte Werte) angeführt.

Zugfestigkeit.

Elastizitätsgrenze	Streckgrenze	Bruchgrenze	Dehnung
0,01 % Dehngrenze	0,02 % Dehngrenze		
5,7 bis 6,5 kg/mm²	8,2 bis 9,0 kg/mm²	14 bis 16 kg/mm²	6 bis 6,5 %
(2,8 bis 3)	(5 bis 5,5)	(8 bis 9,5)	(9 bis 13)

Druckfestigkeit.

Elastizitätsgrenze	Quetschgrenze	Bruchgrenze	Stauchung
0,01 % Stauchgrenze	0,2 % Stauchgrenze		
5 bis 5,5 kg/mm²	12 bis 13 kg/mm²	48 bis 52 kg/mm²	25 bis 32 %
(2 bis 2,3)	(5 bis 6)	(14 bis 16)	(30 bis 33 %)

Die Dauerbiegefestigkeit der Legierung G 30 beträgt 6,3 kg/mm² und ist damit doppelt so hoch als die der besten Weißmetalle. Die Dauerschlagdruckfestigkeit liegt bei 12,16 cm/kg (4,8 cm/kg bei Weißmetall).

Den größten Unterschied ergibt jedoch der Vergleich der Warmhärte nach Abb. 130. Bei einer Lagertemperatur von 110° bis 130° C beträgt die Härte noch 24 bis 25 kg/mm²

Abb. 138. Bleibronze. Bleiausscheidungen an der Lagerschale.

BRINELL. Das Weißmetall hat bei dieser Temperatur nur eine BRINELL-Härte von etwa 6 bis 9 kg/mm². Daraus kann auch auf die große Verminderung der übrigen Festigkeitswerte des Weißmetalls geschlossen werden.

Bei der Verwendung von Bleibronzelagern ist einiges zu beachten: Der Hauptbestandteil der Bleibronzelegierungen ist Kupfer, also kein gutes Lagermetall. Es ist hart und paßt sich der Welle nicht so an, wie z. B. das Weißmetall. Seine geringe plastische Nachgiebigkeit erfordert eine starre Ausbildung der Motorteile. Man muß die Lagerbreiten schmäler als bei Verwendung von Weißmetall machen, um Kantenpressungen zu vermeiden. Im Gegensatz zu Weißmetall betten sich Verunreinigungen in der Bleibronze nicht ein. Die Folge davon ist höherer Verschleiß. Der Ölfilterung muß daher größte Beachtung geschenkt werden. Man verwendet ausschließlich Hauptstromfilter. Das Einfahren von Motoren mit Bleibronzelagern soll mit besonderen Filtern größter Feinheit erfolgen, die am besten in die Motorprüfstände eingebaut werden. Man kann dadurch Beschädigungen der Lageroberfläche durch feine Metallspäne, die von der Fabrikation herrühren, und durch Rückstände von Formsand verhindern. Lager aus Bleibronze erfordern infolge des größeren Wärmeausdehnungskoeffizienten wesentlich mehr Lagerspiel als Weißmetallager. Das erforderliche Lagerspiel beträgt etwa für einen Zapfen von 100 mm ⌀ bei einer Gleitgeschwindigkeit von

$$6 \text{ m/sek } 0,12 \text{ mm}$$
$$9 \quad ,, \quad 0,14 \quad ,,$$
$$11 \quad ,, \quad 0,16 \quad ,,$$

Auf genaueste Einhaltung des Lagerspiels bei sämtlichen Lagerstellen eines Motors muß größter Wert gelegt werden. Ein zu enges Lagerspiel führt unweigerlich zum Fressen und damit meist zur Zerstörung des Lagerzapfens. Das große Lagerspiel erfordert eine erhebliche Vergrößerung der durch die Ölpumpe im Motor umgewälzten Ölmenge. Bei ihrer Bemessung ist zu berücksichtigen, daß der Öldruck auch dann noch vorhanden sein muß, wenn Verschleiß eingetreten ist, der bei Bleibronze in viel höherem Maße als bei Weißmetall auftritt. Es sind deshalb z. B. bei schnellaufenden Fahrzeug-Diesel-Motoren Ölmengen von 30 bis 35 l/PS und Stunde durchaus gebräuchlich. Das Bleibronzelager hat bei schwachem Heißlaufen infolge des stellenweisen Ausschmelzens des Bleis Notlaufeigenschaften. Man kann sich vorstellen, daß die Welle im normalen Betrieb auf den fein verteilten Bleipolstern ruht, die infolge größerer Wärmeausdehnung aus dem Kupfer vorstehen.

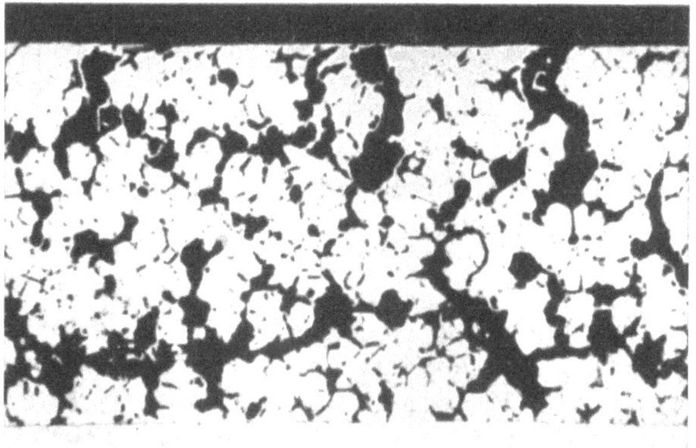

Abb. 139. Bleibronze. Grobe Bleiverteilung.

Es ist allgemein üblich, Bleibronzelager in Verbindung mit gehärteten Wellen zu verwenden, da weiche Wellen zu großen Verschleiß aufweisen und im Falle des Fressens zerstört werden. Als Härtung genügt z. B. die Doppeldurohärtung, eine Oberflächenvergütung des Wellenmaterials. Im allgemeinen wird man das Bestreben haben, Bleibronzen möglichst geringer Härte zu verwenden (28 bis 35 Brinell), um die Welle zu schonen.

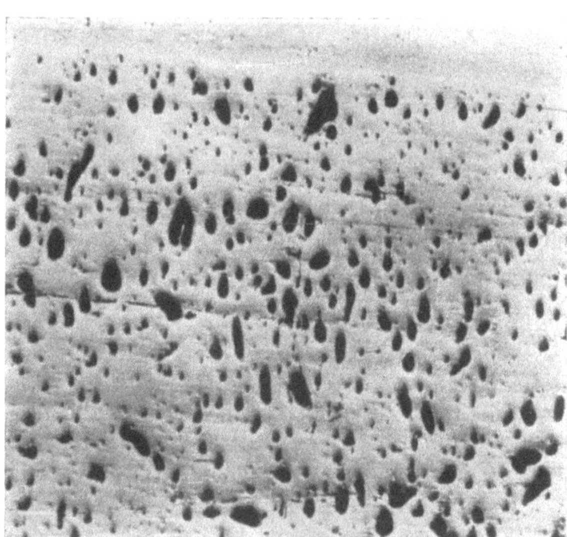

Abb. 140. Glyco-Spezial-Gleitbronze G 30 in Stahl geschleudert. Glyco-Metall-Werke.

III. Die Gestaltung der Lager.

1. Lager für schnellaufende Diesel-Motoren.

Weißmetallager haben ihre Bedeutung für schnellaufende Diesel-Motoren vollständig verloren. Die Haltbarkeit des Weißmetallgusses genügt bei den jetzt üblichen hohen Drehzahlen, hohen Flächenpressungen und den damit verbundenen hohen Lagertemperaturen nicht mehr.

Es werden ausschließlich Lager verwendet, die aus einer Stahlstützschale aus unlegiertem Stahl mit einem dünnen Bleibronzeausguß bestehen. Diese Lager haben sich unter den schwersten Verhältnissen als Pleuel- und Wellenlager bewährt. Die Dicke der Pleuellagerschale beträgt $1/15$ bis $1/18$ des Zapfendurchmessers. Bei Wellenlagern beträgt die Wandstärke $1/10$ bis $1/12$ des Wellenzapfendurchmessers. Im allgemeinen nimmt mit zunehmendem Wellendurchmesser die verhältnismäßige Wandstärke der Lager ab.

Richtwerte für Lagerspiele bei Bleibronzelagern hoher Drehzahl und Flächenpressung sind 1,5 bis 2,5 ‰ des Durchmessers. Das Lagerspiel ist von den Toleranzschwankungen der Kurbelwelle, deren Zapfen nach Isa f 6 toleriert werden, und der Bohrungstoleranz der Lagerschale abhängig. Das Ausdrehen der Lagerbohrungen erfolgt durch Feinstbohren in eingespanntem Zustand der Lagerschale. Nur so ist das gewünschte Lagerspiel, welches zur Schmierkeilentwicklung erforderlich ist, zu erreichen.

Zur Nacharbeit der Lagerzapfen bei eingetretenem Verschleiß sind vier Nachschleifstufen von je 0,5 mm Durchmesser Untermaß vorzusehen.

Meist wird die Pleuellagerschale und die Wellenlagerschale mit seitlichen Bunden ausgeführt. Gegenüber den bundlosen Lagern sind, je nach

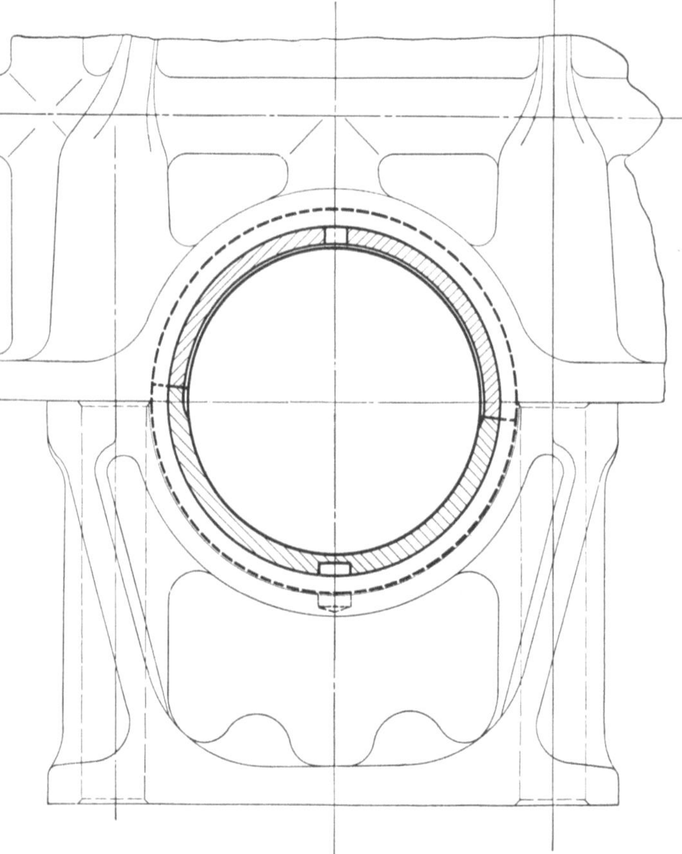

Abb. 141. Fixierung des Lagerdeckels durch Schräglegen der Teilung.

dem Herstellungsverfahren der Lagerschalen, die Kosten der Fertigung höher. Die Lager mit Bund ergeben jedoch einige Vorteile im Einbau. Dazu gehört die seitliche Fixierung der Lagerdeckel.

Durch Schräglegen der Schalenteilung nach Abb. 141 oder durch Teilung außerhalb der Mitte, Abb. 142, kann man für die Montage der Lagerdeckel genügende Führung erreichen. Am zweckmäßigsten ist es jedoch, die Teilebene zwischen Kurbelgehäuse und Lagerdeckel bzw. zwischen Pleuelstangenschaft und Pleuellagerdeckel gegenüber der Lagerschalenmitte um 2 bis 3 mm zu versetzen, so daß dadurch die Festlegung des Lagerdeckels erfolgt. Auf jeden Fall soll der Reibungs-

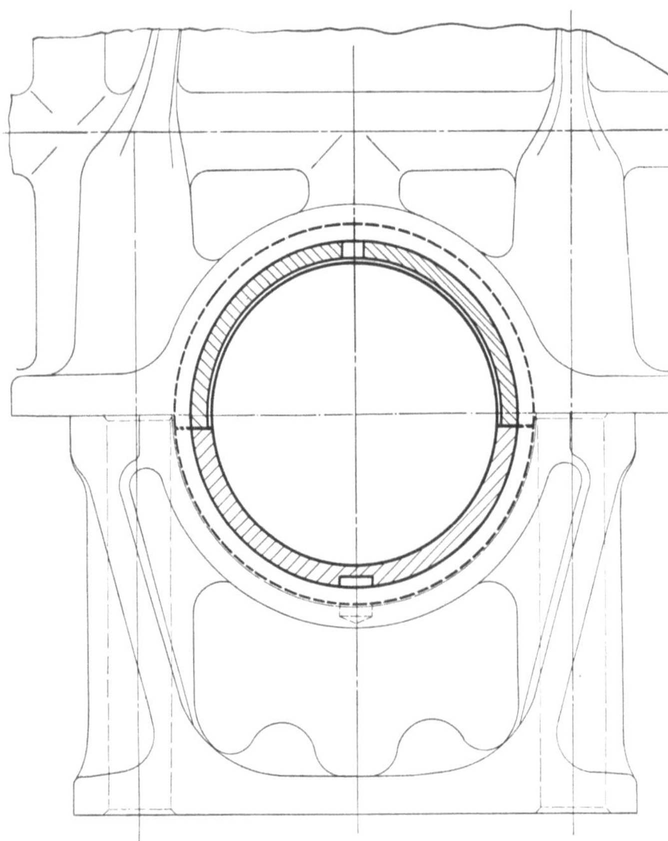

Abb. 142. Fixierung des Lagerdeckels durch Teilung außer der Mitte.

schluß durch die Lagerdeckelschrauben alle auftretenden Seitenkräfte des Lagers aufnehmen.

Eine andere Lösung nach Abb. 143 zeigt die Verwendung von rohrförmigen Paßbüchsen zwischen Kurbelgehäuse und Lagerdeckel. Diese Ausführung ist fabrikatorisch schwierig und deshalb nicht zu empfehlen.

Bei V-Motoren sind die Lagerdeckel entweder durch eine dem Lagerdeckel umgreifende Passung oder durch Anwendung einer Kerbzahnung zwischen Kurbelgehäuse und Lagerdeckel gegen seitliches Verschieben durch die hier auch in Richtung der Sitzfläche wirkenden Kräfte zu sichern.

Das Paßlager wird meist auf der Schwungradseite eingebaut und erhält eine Bleibronzeauflage an den Führungsbunden, um die von der

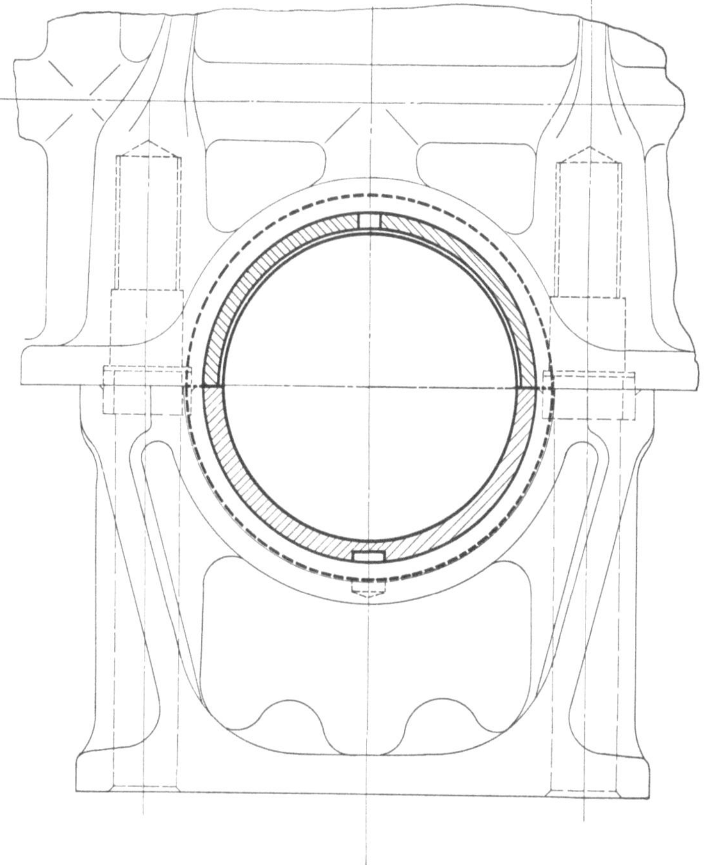

Abb. 143. Fixierung des Lagerdeckels durch Paßhülsen.

Kupplung hervorgerufenen Axialkräfte aufzunehmen. Mitunter wird das Mittellager als Paßlager verwendet. Das ergibt den Vorteil, daß die Kurbelwelle sich nach beiden Seiten dehnen kann, wodurch kleinere Axialspiele zwischen Kurbelwangen und Wellenlagern zulässig werden.

Der Übergangsradius zwischen Zapfen und Wange wird nach Abb. 144 durch eine entsprechende Abschrägung in der Lagerschale berücksichtigt, da diese Ausführungsform einfacher als ein Abrundungsradius in der Lagerschale ist. Die Wärmedehnung der Kurbelwelle gegenüber dem Kurbelgehäuse bzw. den Bunden der Wellenlager erfordert ein Spiel von 2 bis 2,5 mm in axialer Richtung. Von größter Wichtigkeit ist der Sitz der Lagerschale im Kurbelgehäuse, bzw. in der Pleuelstange. Die Toleranzen der Aufnahmebohrung und die Toleranz des Außendurchmessers der

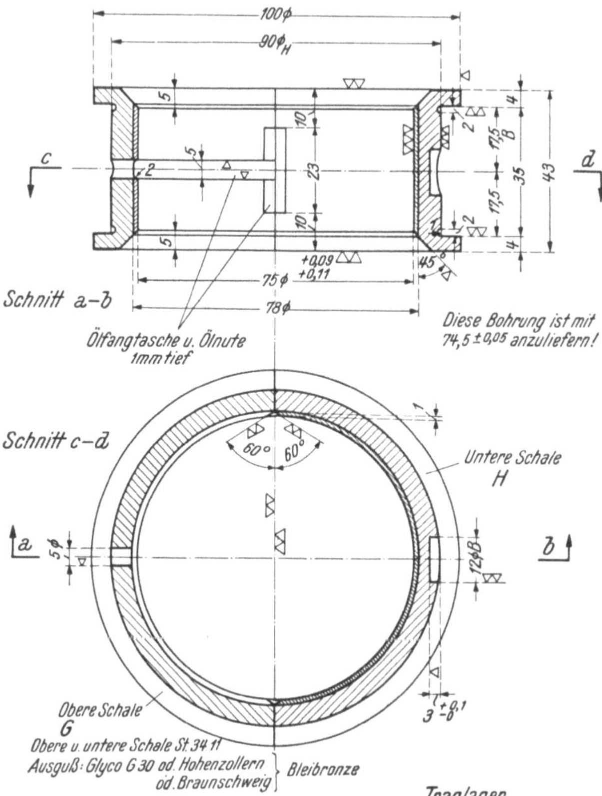

Abb. 144. Werkzeichnung eines Kurbelwellenlagers. Bauart Deutz.

Lagerschale sollen eine Vorspannung von 0,03 bis 0,04 mm ergeben. Dadurch wird ein sicherer Reibungsschluß erreicht und das Reibungsmoment des Lagers von den Sicherungen der Lagerschalen gegen Verdrehen ferne gehalten. Die Stärke des Bleibronzeausgusses beträgt 0,8 bis 1,5 mm.

Nach Montage der Lagerschalen im Kurbelgehäuse erfolgt das Fertigbearbeiten der Laufflächen mittels Feinbohrens. Der Span muß mit hoher Schnittgeschwindigkeit und genügendem Vorschub genommen werden. Schneidet der Stahl nicht genügend, so werden Bleikristalle aus den Lageroberflächen herausgerissen, das Lager schmiert dann sofort bei Inbetriebsetzung. Ein Kurbelwellenlager neuester Konstruktion mit Bund zeigt Abb. 144. In die Tragschale aus Stahl St. 34·11 ist das Bleibronzelagermetall mit einer Wandstärke von 1,5 mm eingebracht. Der Lagerdeckel ist durch Paßhülsen gegenüber dem Kurbelgehäuse fixiert. Die Sicherung der Lagerschale gegen Verdrehen erfolgt durch einen Paßstift

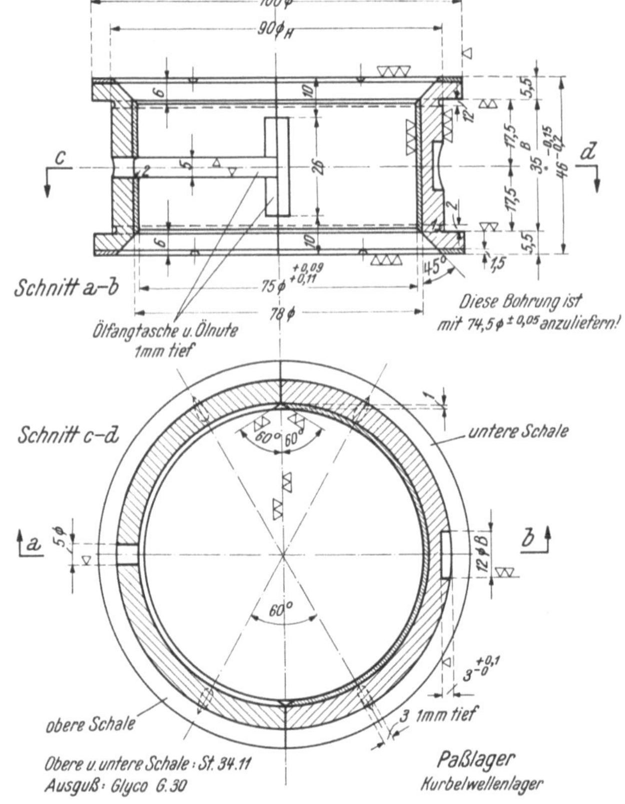

Abb. 145. Werkzeichnung eines Kurbelwellenpaßlagers. Bauart Deutz.

im Lagerdeckel. Die dem Kurbelgehäuse zugekehrte Lagerschalenhälfte ist mit einer Ölzuführungsnut versehen (Ölzuführung erfolgt vom Gehäuse aus), die in der Teilfuge in die durch das Abfasen der Stoßkanten entstehende Öltasche ausläuft. Man beachte die durch eine Abschrägung von 45° erzielte Freigabe für den Abrundungsradius der Kurbelwelle.

Zu dem Paßlager nach Abb. 145, das dem vorher beschriebenen Traglager entspricht, dient der Bund des Lagers zur Übertragung der Axialkräfte der Kurbelwelle, herrührend vom Kupplungsdruck und von den Axialkräften der meist schräg verzahnten Antriebsräder für die Steuerung. Die Stirnflächen des Lagerbundes sind mit Lagermetall überzogen. Zweckmäßig werden in der Stirnfläche Ölverteilnuten angeordnet. Bei dem für Fahrzeug-Diesel-Motoren verwende-

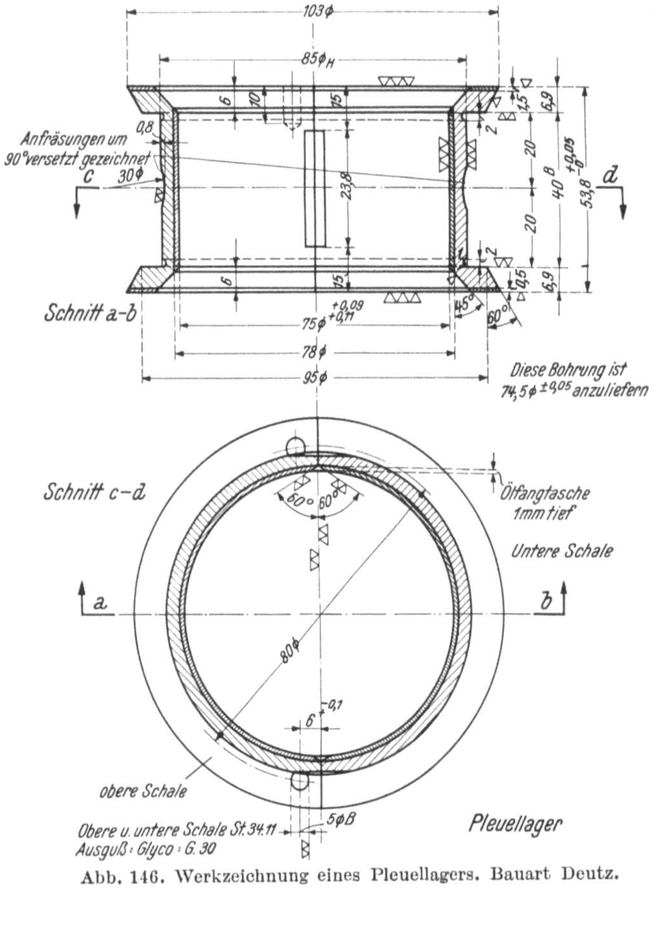

Abb. 146. Werkzeichnung eines Pleuellagers. Bauart Deutz.

ten Pleuellager, Abb. 146, erkennt man das Bestreben, die rotierenden Massen klein zu halten, in der verhältnismäßig kleinen Wandstärke, die nur $^1/_{15}$ des Wellendurchmessers beträgt. Die Bunde dieses Lagers sind mit schrägen Abspritzkanten versehen. Die

seitliche Führung der Pleuelstange erfolgt durch die mit Bleibronze überzogenen Stirnflächen. Der für den Übergangsradius des Kurbelzapfens erforderliche Raum ist durch eine Abschrägung unter 45° gewonnen. Auffallend ist das Fehlen von Schmiernuten. Es sind nur die durch Abfasen der Stoßfugen entstandenen kleinen Öltaschen vorhanden. Grundbedingung für die Verwendung eines derartigen Lagers ist Ausbildung der Ölzufuhr wie sie früher beschrieben wurde.

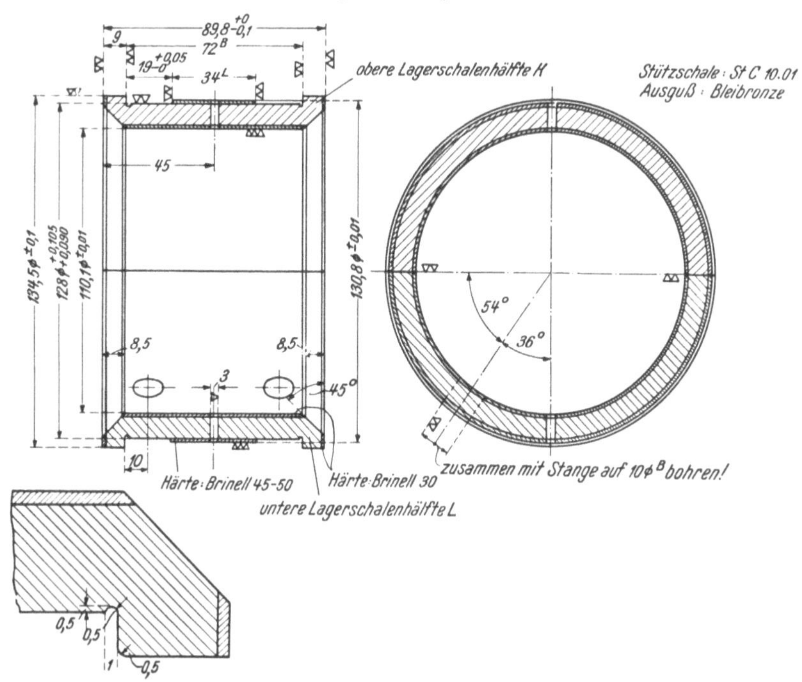

Abb. 147. Pleuellager eines V-Motors mit Gabelstangen. Bauart Deutz.

Durch das Weglassen der Ölnuten wird die Tragfähigkeit des Lagers wesentlich gesteigert. Die Fixierung gegen Verdrehen erfolgt durch im Bund stirnseitig angeordnete Paßstifte.

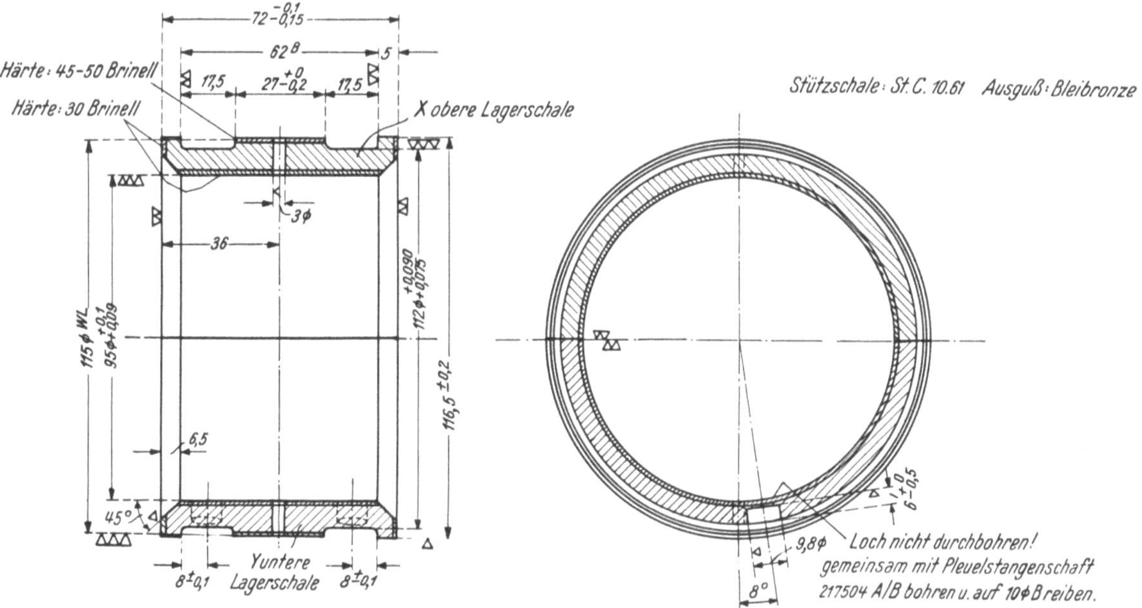

Abb. 148. Pleuellager eines V-Motors mit Gabelstangen. Bauart Deutz.

Bei dem Pleuellager für die Gabelstange eines Triebwagenmotors Abb. 147 sitzt die Lagerschale fest in der Gabelstange. Zur Sicherung gegen Verdrehen dienen die in der Abbildung ersichtlichen Bohrungen für Paßstifte. Die Teilebene des Lagers ist gegenüber der Pleuelstangenachse um 54^0 versetzt. Die Schalenstärke beträgt etwas über $^1/_{12}$ des Zapfendurchmessers, ist also verhältnismäßig groß. Zwischen den Sitzen der Gabelstange greift die Nebenpleuelstange an. Die Lagerschale hat an dieser Stelle ebenfalls eine Bleibronzeauflage. Da es sich hier um eine ähnliche Lagerung wie für einen Kolbenbolzen handelt, ist das Lagermetall für die äußere Seite der Schale härter zu wählen als an der Innenseite. Die Lagerschale wird durch die Massenkräfte der Gabelstange und der Nebenpleuelstange auf Biegung als Rohrbolzen beansprucht. Es ist notwendig, die Größe dieser Biegungsbeanspruchung zu berechnen. Bei ihrer Beurteilung ist zu berücksichtigen, daß der Werkstoff der Stützschale durch das Aufbringen des Lagermetalls erheblich an Festigkeit verliert. Der Bund an der Lagerschale ist bei der Verwendung der Gabelstangenkonstruktion notwendig, da er das Aufweiten der Gabel zu verhindern hat. Die dadurch in der Lagerschale auftretenden Zugkräfte sind nicht unerheblich. Abb. 148 zeigt die Ausführung des Ausgusses in einem ähnlichen Lager wie Abb. 147.

Die Wandstärken von Wellenlagern ohne Bund, sowie die sonstige Ausführung können den Lagern mit Bund entsprechen. Es ist lediglich notwendig, beide Schalenhälften mit Prisonstiften einerseits gegen das Kurbelgehäuse, anderseits gegen den Lagerdeckel zu fixieren. Das Paßlager erhält in den meisten Fällen einen Bund zur Aufnahme der Axialkräfte. Bundlose Lager haben den Vorteil einfacherer Fabrikation und geringeren Aufwands für den Rohling. Es entfällt dabei auch die Seitenbearbeitung im Kurbelgehäuse und an den Lagerdeckeln.

Blechlager sehr dünner Wandstärke, wie sie für Otto-Motoren in großem Umfange verwendet werden, haben sich bei Diesel-Motoren noch nicht eingeführt.

2. Lager für Otto-Motoren für Kraftwagen.

In den letzten Jahren wurde das sog. Präzisionslager entwickelt. Dieses besteht aus einem Stahlstreifen von etwa 1,6 mm Dicke, der auf einer Seite mit der Lagerlegierung ungefähr 0,4 mm stark überzogen ist. Die Herstellung der Lagermetallausfütterung kann nach verschiedenen Verfahren erfolgen. Ein Verfahren besteht im Aufgießen des Lagermetalles auf den chemisch gereinigten, verzinnten und erwärmten Stahlstreifen. Dieser läuft dabei kontinuierlich weiter. Nach dem Abkühlen wird der Streifen auf die richtige Stärke gefräst und in Stücke geschnitten. Diese werden mittels eigener Preßwerkzeuge in die Form gebogen und mit außerordentlicher Genauigkeit auf das Fertigmaß bearbeitet. Vor der Bearbeitung erhält das Lager meist eine dünne Kupferplattierung als Rostschutz. Die Lagersitze müssen ebenso genau bearbeitet sein wie die Schalen. Die Montage dieser Lager erfolgt durch einfaches Einschnappenlassen. Nacharbeit, wie einschaben, ist nicht erforderlich.

Dieses Verfahren erfordert eine sehr genaue Bearbeitung des Kurbelgehäuses. Da die Abmessungen desselben klein sind, braucht ein Verziehen nicht befürchtet zu werden. Für den Reparaturbetrieb sind die Lager ideal und billig. Zur Ausfütterung der Lagerschalen können alle Lagerlegierungen benützt werden. Um die Präzisionslager mit Erfolg zu verwenden, sind verschiedene Punkte zu beachten: Die Bindung des Lagermaterials mit der Stahlschale muß absolut einwandfrei sein. Die Lagerschale muß mit Toleranzen von etwa 0,005 bis 0,0075 mm hergestellt werden. Ebenso wichtig wie die Genauigkeit der Lager ist die des Kurbelgehäuses und der Pleuelstangen. Die Aufnahmebohrungen für die Lagerschalen müssen die Lagerschalen festhalten, ohne sie zu deformieren. Wenn die dünnwandigen Schalen nicht festsitzen, so brechen sie nach kurzer Laufzeit. Die Abstützung der Lagerschale muß genügend starr sein, da die Schale nicht imstande ist, irgendwelche Biegungsmomente aufzunehmen. Dies gilt besonders für die Pleuelstangen. Es sind Fälle vorgekommen, bei denen die Blechlagerschalen infolge zu nachgiebiger Pleuelstangenkonstruktion versagt haben. Für erhöhte Beanspruchungen wird man die Blechschale etwas stärker ausführen.

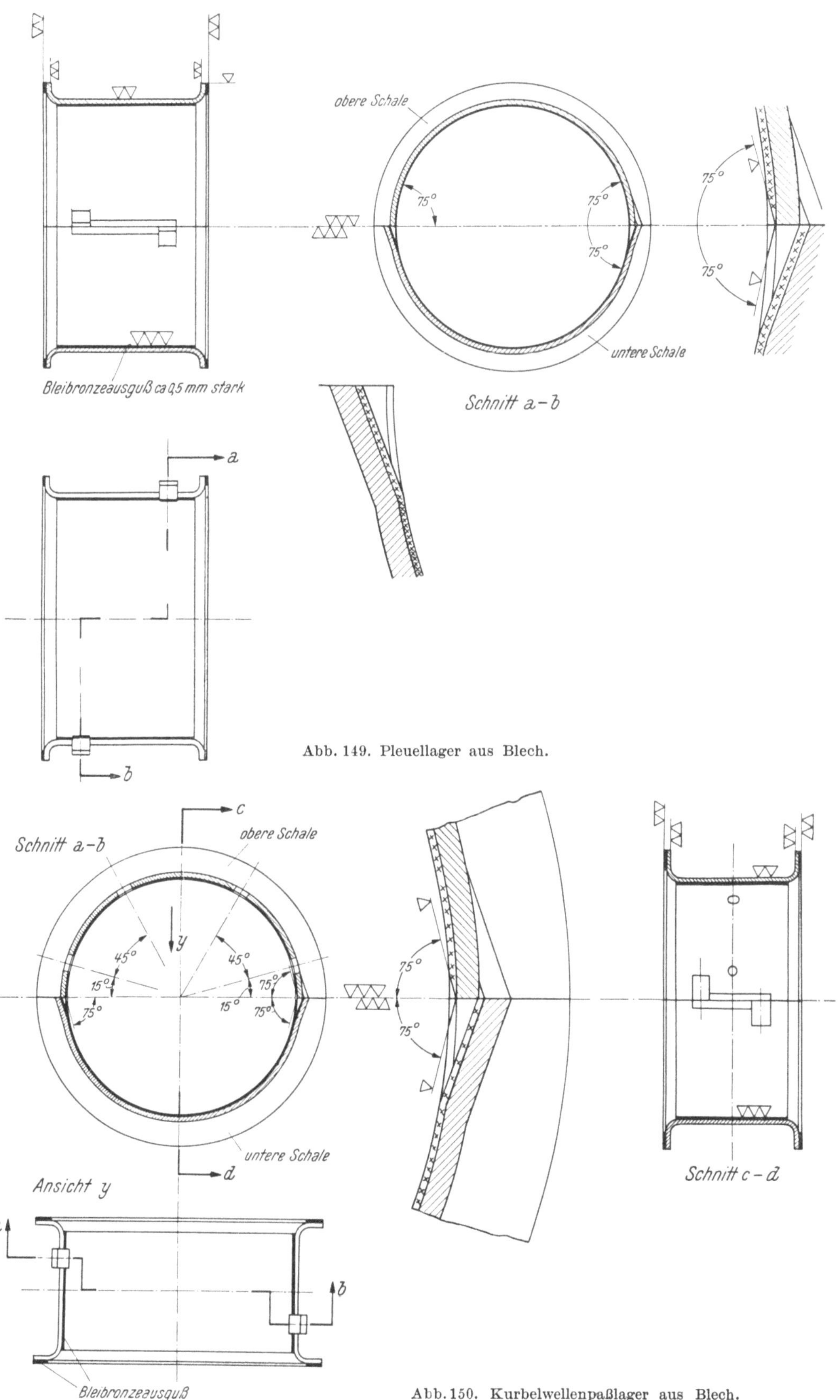

Abb. 149. Pleuellager aus Blech.

Abb. 150. Kurbelwellenpaßlager aus Blech.

Zur Lagensicherung der Blechlagerschalen im Kurbelgehäuse und in den Pleuelstangen können infolge der dünnen Wandstärke nicht mehr Stifte verwendet werden. Die Lagensicherung gegen Drehung und seitliches Verschieben besteht aus einer Zunge, die an der Teilfuge der Lagerschale ausgestanzt ist, etwa eine Breite von 6,5 mm hat und nach außen gebogen ist. Die gleiche Ausführung verwendet man auch für das Pleuellager.

Die Blechlagerschale für eine Pleuelstange, Abb. 149, besitzt keine Ölnuten, sondern nur die sich durch das Abfasern der Lagerstoßkanten ergebenden kleinen Öltaschen.

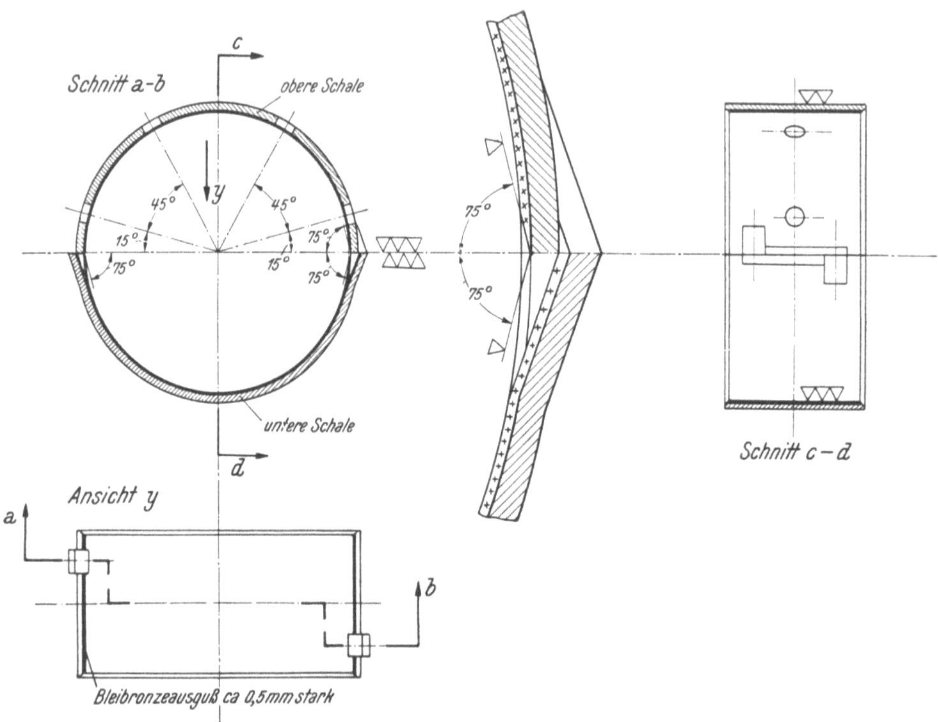

Abb. 151. Kurbelwellenlager aus Blech.

Sie ist mit Bunden versehen, die stirnseitig die Führung übernehmen. Die Sicherung gegen Verdrehen ist in Abb. 149 im Maßstab 5 : 1 hervorgehoben. Die Herstellung dieses Lagers ist nur mittels besonderer Preßwerkzeuge möglich. Ähnlich wie das Pleuellager ist das Paßlager der Kurbelwelle in Abb. 150 ausgebildet. Sehr einfach gestaltet sich die Herstellung des normalen Kurbelwellentraglagers, Abb. 151, da hier keine Bunde notwendig sind und der Blechstreifen nur rund gebogen zu werden braucht. Die seitliche und die Verdrehungssicherung erfolgt durch die früher beschriebenen Blechnasen. Bei Personenwagenmotoren findet man das bundlose Blechlager auch als Pleuellager. Die seitliche Führung der Pleuelstange erfolgt dann durch Anlaufen des Pleuelstangenmaterials an den Kurbelwangen.

D. Die Pleuelstangen.

I. Allgemeines.

Die Pleuelstange überträgt die Kolbenkraft vom Kolbenbolzen zum Kurbelzapfen. Sie besteht, abgesehen von Sonderausführungen, aus dem oberen und unteren Pleuellager und dem diese verbindenden Schaft.

Die Pleuelstange ist dynamischen Beanspruchungen durch die ständig wechselnden Gas- und Massenkräfte unterworfen.

Eine wahrheitsgetreue Bestimmung der auftretenden Spannungen ist infolge der komplizierten Gestalt dieses Bauteils leider nicht möglich.

Dazu kommen die erheblichen Fertigungseinflüsse beim Schmieden und Vergüten sowie bei der Bearbeitung. Die Bemessung der Pleuelstange erfolgt daher auf Grund von Vergleichsrechnungen nach ausgeführten bewährten Konstruktionen. Die Bewährung ausgeführter Konstruktionen wird statistisch ermittelt, indem man die Anzahl der infolge aufgetretener Fehler ausgefallenen Stücke ins Verhältnis zur Gesamtzahl der ausgeführten Stücke setzt. Durch die Vergleichsrechnung werden die Verhältnisse bewährter Konstruktionen auf Neukonstruktionen übertragen und dadurch festgestellt, ob der als wirtschaftlich zulässig erachtete Ausfall nicht überschritten wird.

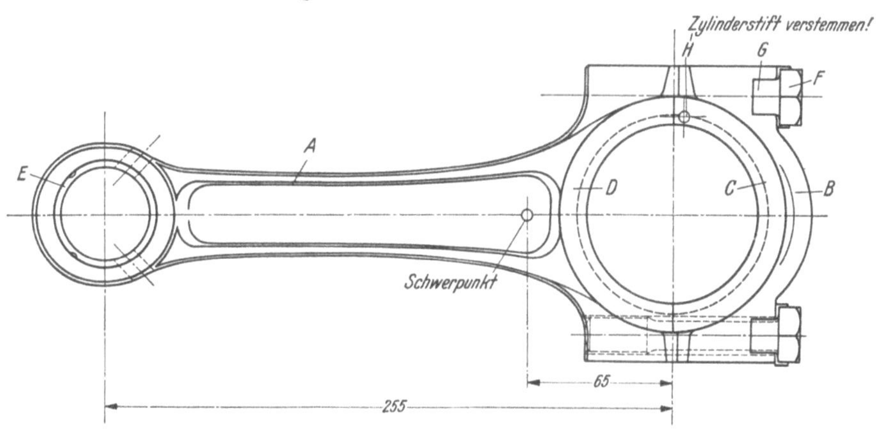

Abb. 152. Pleuelstange. *A* Schaft, *B* Pleuellagerdeckel, *C, D* Lagerschalen, *E* oberes Pleuelstangenauge, *F* Pleuelstangenschraube, *G* Sicherung, *H* Fixierstift.

Voraussetzung für solche Vergleichsrechnungen sind geometrisch ähnliche Formen der Pleuelstange. Die tatsächlich auftretenden Beanspruchungen werden durch die Vergleichsrechnung nicht ermittelt.

Pleuelstangen schnellaufender Fahrzeugmotoren werden nur im Gesenk geschmiedet. Von einer Bearbeitung des Schaftes sieht man aus Preisgründen ab. Die Formgebung der Pleuelstange ist deshalb durch das Gesenkschmieden bestimmt. Dieser Verformungsprozeß verlangt zur Erzielung eines einwandfreien Schmiedestückes vor allem sehr gute Materialübergänge vom oberen Pleuelstangenkopf zum Schaft und von diesem zum unteren Pleuelstangenkopf. Unvermittelte Übergänge geben keinen guten Faserverlauf des Werkstoffes und ergeben auch beim Vergüten des Schmiedestückes zusätzliche Werkstoffspannungen, die sogar zur Rißbildung führen können. Die Materialanhäufung im oberen und unteren Pleuelstangenkopf wird durch Vorpressen der Lagerbohrungen soweit wie möglich gemildert. Auf die Wichtigkeit allmählicher Querschnittsübergänge kann nicht eindringlich genug hingewiesen werden.

Die Pleuelstange soll so schmiedegerecht gestaltet sein, daß man ohne Nacharbeit des Gesenkes eine größere Anzahl von Schmiedestücken (zirka 2000 bis 3000 Stück) in einer Schlagreihe herstellen kann. Dazu gehört die sorgfältige Beachtung der für das Gesenk erforderlichen Aushebeschräge, die etwa 10° betragen soll. Auch der Schaftquerschnitt ist in erster Linie nach schmiedetechnischen Überlegungen zu konstruieren (siehe Abb. 160). Die Stege des T-förmigen Pleuelstangenschaftes dürfen weder zu hoch noch zu dünn sein, um unnötigen Gesenkverschleiß zu vermeiden. Beim Schmieden ist zu beachten, daß das Ausgangsmaterial so bemessen wird, daß ein zu breiter Grad durch Heraustreten des überflüssigen Materials aus dem Gesenk vermieden wird.

Die Entgratung, welche durch ein eigenes Entgratungsgesenk erfolgt, muß sehr sorgfältig vorgenommen werden, um Kerbwirkungen durch Riefenbildung zu vermeiden. Nach dem Vergüten auf die verlangte Materialfestigkeit soll das Schmiedestück entzundert und durch magnetisches Durchfluten auf Risse geprüft werden. Riefen, die vom Entgratungsvorgang herrühren können, müssen sorgfältig ausgeschliffen werden. Grundsätzlich ist ein Nachschleifen der Entgratungsstelle von Hand in der Längsrichtung der Pleuelstange erforderlich. Sehr empfehlenswert zur Verbesserung der Oberfläche und zur Erreichung einer höheren Dauerfestigkeit des Werkstückes ist das Kugelstrahlen.

Bei neuen Motorbaumustern ist die fertig bearbeitete Pleuelstange zur Feststellung der Dauerfestigkeit im Pulsator entsprechenden Zug-Druck-Wechselbeanspruchungen zu unterwerfen. Bei kleineren Pleuelstangen für Automobilmotoren wird zur Verbesserung der Oberfläche das Kaltprägen angewandt.

Durch Abnützung des Gesenkes nehmen die Querschnitte und damit das Gewicht der Pleuelstange innerhalb einer Schlagreihe zu. Die dadurch entstehenden Gewichtsunterschiede der Pleuelstangen sind beträchtlich. Für einen Motor sollen deshalb nur Pleuelstangen gleichen Gewichtes verwandt werden, um den Massenausgleich nicht zu stören. Die zulässigen Gewichtsabweichungen sind vom Konstrukteur festzulegen.

1. Länge der Pleuelstange.

Die Pleuelstangenlänge ist von der Motorenbauart (Reihen- oder V-Motoren), dem Hubverhältnis, dem Arbeitsverfahren und dem Verbrennungsverfahren: (Diesel oder Otto) abhängig. Sie wird weiter bestimmt durch den Radius des etwa angeordneten Gegengewichtes sowie durch die Kolbenlänge.

Bei Stellung des Kolbens im unteren Totpunkt genügt ein Spiel von 3 bis 5 mm zwischen Gegengewicht und unterem Kolbenrand. Als Verhältniszahl für die Pleuelstangenlänge L dient das Pleuelstangenverhältnis:

$$\lambda = \frac{r}{L} \quad (r = \text{Kurbelradius})$$

a) Otto-Motoren für Kraftwagen.

Da man im allgemeinen die Kolben von Kraftwagenmotoren gemeinsam mit der Kurbelwelle ausbaut, ist man in der Wahl der Pleuelstangenlänge ziemlich frei. Gebräuchlich ist ein λ von 1:3,6 bis 1:4,2. Bei V-Motoren kann bei kleinem Gabelwinkel die Pleuelstangenlänge durch die Lage der Zylinderrohre bestimmt sein.

b) Schnellaufende Diesel-Motoren.

Bei Motoren für besondere Verwendungszwecke, z. B. Schiffsmotoren und Motoren für die Landwirtschaft (Schleppermotoren), wurde der Ausbau von Kolben- und Pleuelstange durch die im Kurbelgehäuseoberteil angeordneten Gestellfenster ohne Demontage des Zylinderkopfes angestrebt. Bei schnellaufenden Motoren ist infolge des notwendigen großen Kurbelzapfendurchmessers bei senkrecht zur Pleuelstange geteilten Pleuellagern in den meisten Fällen ein Ausbau des Triebwerkes durch die Zylinderbohrung nicht möglich. Zum Ausbau des Kolbens nach unten ist zwischen Zylinderrohr und Kurbelwange ein der Länge des Kolbens entsprechender Abstand erforderlich. Es ist deshalb beim Ausbau des Triebwerkes nach unten ein Pleuelstangenverhältnis von etwa 1:4,5 notwendig.

Dies bedingt eine Vergrößerung der Motorbauhöhe. Um diese zu vermeiden, hat man das Pleuellager schräg zur Pleuelstangenachse geteilt. Damit ist auch bei schnelllaufenden Diesel-Motoren nach Demontage des Zylinderkopfes der Ausbau des Triebwerkes durch die Zylinderbohrung möglich. Das Längenverhältnis der Pleuelstange ist dann nur durch die Größe des Gegengewichtsradius bestimmt und kann etwa $\lambda \approx 1:3,8$ betragen. Die kürzere Pleuelstange ergibt eine geringere Motorbauhöhe.

Bei V-Motoren sind für die Bestimmung der Pleuelstangenlänge noch andere Verhältnisse maßgebend; die Pleuelstangenlänge muß deshalb Gegenstand einer besonderen Untersuchung sein. Als Richtwert für den ersten Entwurf kann ein Pleuelstangenverhältnis von $\lambda \approx 1:4{,}1$ bis $1:4{,}2$ angenommen werden.

Die Ansicht, daß kürzere Pleuelstangenlängen zu einer Erhöhung des Zylinderverschleißes führen, ist durch die Erfahrung widerlegt. Auch der Einfluß der Pleuelstangenlänge auf die kritische Drehzahl ist gering. Nur die Massenkräfte zweiter und eventuell höherer Ordnung wachsen fühlbar mit kürzeren Pleuelstangenlängen. Dies tritt jedoch nur bei Vierzylinder-Reihenmotoren in Erscheinung.

c) Otto-Flugmotoren.

Einen Überblick der Pleuelstangenverhältnisse bei Otto-Flugmotoren gibt folgende Aufstellung:

Hubverhältnis $\dfrac{s}{D}$	0,9	1	1,1	1,2	1,3
Boxermotor, V-Motor 90^0	$\dfrac{1}{3,2}$	$\dfrac{1}{3,15}$	$\dfrac{1}{3,15}$	—	$\dfrac{1}{3,15}$
V-Motor 60^0	$\dfrac{1}{3,4}$	$\dfrac{1}{3,15}$	—	—	—
Siebenzylinder-Sternmotor	$\dfrac{1}{3,75}$	$\dfrac{1}{3,5}$	$\dfrac{1}{3,5}$	$\dfrac{1}{3,15}$	$\dfrac{1}{3,15}$
Neunzylinder-Sternmotor	$\dfrac{1}{4,5}$	$\dfrac{1}{4,15}$	$\dfrac{1}{4,35}$	$\dfrac{1}{3,6}$	$\dfrac{1}{3,45}$

II. Die Gestaltung der Pleuelstange.

1. Oberes Pleuelstangen-Auge.

Die Bemessung des Kolbenbolzens ist im Abschnitt Kolben besprochen. Seine Abmessungen werden daher als bekannt vorausgesetzt. Das obere Pleuelstangenlager hat den Verbrennungsdruck und die Massenkräfte auf den Pleuelstangenschaft zu übertragen. Es führt eine schwingende Bewegung um den Kolbenbolzen aus.

Die Größe des Auslenkungswinkels aus der Mittellage beträgt bei $\lambda = \dfrac{1}{3,8} \pm 14^0$; bei $\lambda = \dfrac{1}{4,2} \pm 13^0$.

Bei Viertaktmotoren tritt durch die Massenkräfte ein Anlagewechsel im Kolbenbolzenlager auf, der durch seine Pumpwirkung die Versorgung des Lagers mit Öl unterstützt. Die Ölschichte im Kolbenbolzenlager wirkt beim Druckwechsel als Ölbremse. Die Versorgung des Kolbenbolzenlagers erfolgt nach Abb. 153 durch Bohrungen im Pleuelstangenauge, die das Ansaugen von Spritzöl durch die Pumpwirkung des Kolbenbolzens ermöglichen. Festigkeitsmäßig ist die Ausführung nach a) vorzuziehen.

Das Spiel zwischen Kolbenbolzen und Pleuelstangenlager wird wegen des Druckwechsels sehr klein bemessen. Je nach dem Durchmesser des Kolbenbolzens genügt ein Lagerspiel von 0,03 bis 0,04 mm. Dies bedingt sehr enge Toleranzen im Durchmesser des Kolbenbolzens und eine geläppte Oberfläche des Kolbenbolzens bei Feinstbearbeitung des Kolbenbolzenlagers.

Die Breite des Kolbenbolzenlagers ist durch den Augenabstand im Kolben gegeben. Da bei modernen Motoren die Pleuelstange grundsätzlich durch das Kurbelzapfenlager seitlich geführt wird, ist ein kleines Seitenspiel zwischen Kolbenbolzenlager und den Augen des Kolbens erforderlich, um die Längendehnung der Kurbelwelle und die Fertigungstoleranzen im Zylinderabstand bei der Kurbelwelle und im Kurbelgehäuseoberteil zu berücksichtigen.

Bei Herstellung des Kolbens im Kokillenguß vermeidet man eine seitliche Bearbeitung der Kolbenaugen im Innern des Kolbens aus Preisgründen. Bei Kokillenguß kann der Augenabstand mit ± 0,2 mm eingehalten werden. Zwischen dem Kolbenbolzenauge und dem Kolbenbolzenlager läßt man auf jeder Seite, je nach der Größe des Motors, bis 2,5 mm Spiel. Die Breite des Kolbenbolzenlagers ist daher gleich dem Augenabstand vermindert um das doppelte Seitenspiel. Dies entspricht etwa einem Lagerverhältnis (Lagerbreite zu Lagerdurchmesser) von 1 bis 1,3.

Als Lager wurden früher eingepreßte Bronzebüchsen aus GBz 14, Carobronze und Kuprodur verwendet. Während des Krieges hat man diese Lagerwerkstoffe mit sehr gutem Erfolg durch Stahlbüchsen, die mit einer zinnhältigen Bleibronze (80 BRINELL) ausgegossen waren, ersetzt.

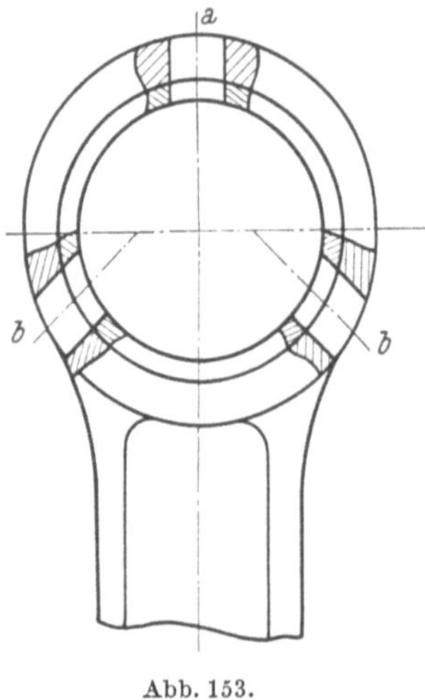

Abb. 153.

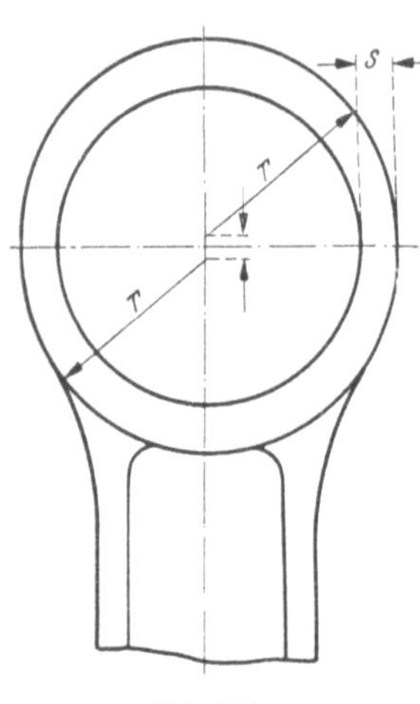

Abb. 154.

Bei Automobilmotoren wird die Lagerbüchse mitunter auch durch einen eingewalzten Blechstreifen aus Bronzeblech von etwa 1 mm Dicke gebildet. Die Stoßstelle ist nach dem Einwalzen nicht erkennbar. Diese Ausführung wird auch bei schnellaufenden Diesel-Motoren angewendet.

Die Wandstärke von Kolbenbolzenbüchsen beträgt etwa $^1/_{12}$ des Kolbenbolzendurchmessers. Der Außendurchmesser des oberen Pleuelstangenauges ist bei kleinen und mittleren Motoren durch die Rücksicht auf die Herstellung der Pleuelstange im Gesenk bestimmt. Die Kolbenbolzenlagerbüchsen werden im Außendurchmesser auf Preßsitz toleriert und in das Pleuelstangenauge eingepreßt, wodurch sich dort eine Zugvorspannung ergibt.

Infolge des kleinen Lagerspieles im Kolbenbolzenlager kann das Pleuelstangenauge als Zugband, das sich um den Kolbenbolzen legt, betrachtet werden. Nur bei Pleuelstangenaugen größerer Motoren ist eine Berechnung des Pleuelstangenauges als statisch unbestimmter Ring, der Biegungsbeanspruchungen unterworfen ist, am Platz. Bei neuen Motorbaumustern ist die früher erwähnte Erprobung der Pleuelstange mit wechselnden Zug-Druck-Beanspruchungen zur Feststellung der Dauerfestigkeit zu empfehlen.

Mit G_{III} als Gewicht vom Kolben (mit Kolbenringen und Kolbenbolzen) und dem Pleuelstangenauge oberhalb des Querschnittes III—III und $r\omega^2 (1 + \lambda)$ als Beschleunigung im oberen Totpunkt wird die Massenkraft $P_{III} = \dfrac{G_{III}}{g} \cdot r \omega^2 (1 + \lambda)$ kg. Die Querschnittsfläche III—III in Abb. 154 ist $2 \cdot s \cdot b$. (s = Wandstärke, b = Breite des Pleuelstangenlagers). Daher ist die Zugbeanspruchung im Querschnitt III—III

$$\sigma_{III} = \frac{P_{III}}{2 \cdot s \cdot b}$$

Es sind folgende Werte für die Zugspannung σ_z gebräuchlich:

Otto-Kraftwagenmotoren 220 bis 350 kg/cm²,
Schnellaufende Diesel-Motoren 400 bis 580 kg pro cm² ($p_z = 70$ at).

Bei schnellaufenden Motoren wird das obere Pleuellager stets ungeteilt ausgeführt. Die Wandstärke ist bei unbearbeiteten Stangen mitbestimmt durch die Schmiedetoleranz, die eine wirtschaftliche Gesenkausnützung vorschreibt. Der Übergang zum Pleuelstangenschaft erfordert eine gewisse Mindeststärke des Pleuelstangenauges schon mit Rücksicht auf das Schmieden und Vergüten des Pleuelstangenrohlings.

Beim Vergütungsprozeß von im Gesenk geschmiedeten Pleuelstangen können Längenänderungen des Rohlings um mehrere Millimeter eintreten. Um sie besser ausgleichen zu können, setzt man die Radien für die äußere Begrenzung des Pleuelstangenauges nach Abb. 154 um 2 bis 3 mm, je nach Größe der Pleuelstange, exzentrisch.

Die Zuführung des Schmieröles durch die hohlgebohrte Pleuelstange erfolgt meist nur bei großen langsam laufenden Motoren. Die Herstellung der langen und verhältnismäßig dünnen Bohrung ist teuer. Eine nicht riefenfreie Bohrung kann Anlaß zu Dauerbrüchen der Pleuelstange geben. Die Oberflächengüte der Bohrung kann nicht kontrolliert werden.

2. Pleuelstangenschaft.

Bei schnellaufenden Motoren wird die Pleuelstange ausschließlich durch Gesenkschmieden hergestellt. Der Schaft erhält Doppel-T-Querschnitt. Dieser Querschnitt ist für das Gesenkschmieden sehr gut geeignet, sofern die Stegwandstärke nicht zu klein ist. Bei größeren schnellaufenden Motoren, die eine besonders leichte Pleuelstange benötigen, kann die Bearbeitung der Außenform der Pleuelstange in der Längsrichtung des Schaftes zweckmäßig sein. Man erreicht dadurch kleinere Schaftquerschnitte, als sie für das Schmieden erforderlich sind und beseitigt Oberflächenfehlstellen, die vom Entgraten des Schmiedestückes herrühren. Das übliche Kopierfräsen ist jedoch sehr teuer, weshalb man die Pleuelstangen durch Unrunddrehen bei Anordnung der Stangen als Seiten eines Vieleckes bearbeiten sollte. Das Kugelstrahlen der so bearbeiteten Stangen ist zur Erhöhung der Dauerfestigkeit dringend zu empfehlen.

Der Pleuelstangenschaft ist folgenden Beanspruchungen unterworfen:

a) Druck- und Knickbeanspruchung durch den Zünddruck.

Die zulässigen Druckbeanspruchungen σ_d betragen:

a) für Otto-Kraftwagenmotoren etwa .... 1700 kg/cm²
b) für schnellaufende Diesel-Motoren.................... 1700 bis 2000 kg/cm²
c) für Flugmotoren .... 3000 ,, 4000 ,,
                                                   (bei polierten Stangen).

Der kleinste Stangenschaftquerschnitt f_d cm² ist demnach:

$$f_d = \frac{P_z}{\sigma_d}\ \text{cm}^2 \quad \left[\begin{array}{l} P_z = \text{Kolbenfläche} \times p_z \,.\; p_z = 70\ \text{kg/cm}^2 \text{ bei Diesel-Motoren} \\ \qquad\qquad\qquad\qquad\quad 40\ \text{kg/cm}^2 \text{ bei Otto-Motoren} \\ \sigma_d = \text{zulässige Druckbeanspruchung.} \end{array} \right.$$

Nachprüfung auf Knickung.

J_I .... Trägheitsmoment des Querschnittes in der Stangenmitte.

i_I .... Trägheitshalbmesser $\left(i_I = \sqrt{\dfrac{J_I}{F_I}} \right)$.

F_I .... Querschnitt des Schaftes in der Stangenmitte.

L .... Länge der Pleuelstange.

$x = \dfrac{L}{i_I}$ Schlankheitsgrad.

Bei der Berechnung ist der Schlankheitsgrad zu berücksichtigen.

Für $x > 105$ gilt die Formel von EULER.

Die Sicherheit gegen Knicken in der Schwingrichtung ist

$$S_I = \frac{\pi^2 \cdot J_I \cdot E}{L^2 \cdot P_z} \, .$$

Senkrecht zur Schwingrichtung kann die Stange als eingespannt angenommen werden, dann ist mit J_I' als Trägheitsmoment die Sicherheit

$$S_{I'} = \frac{4\pi^2 \cdot J_I' E}{L^2 P_z} \, .$$

Für $x < 105$ gilt die Formel von TETMAJER. Mit σ_{-s} als Quetschgrenze wird die Knickfestigkeit

$$\sigma_k = \sigma_{-s} \, (1{,}42 - 0{,}007 \, x).$$

Bei schnellaufenden Motoren ist die Stange nur auf Druck nachzurechnen, da der Schlankheitsgrad $x < 60$ ist.

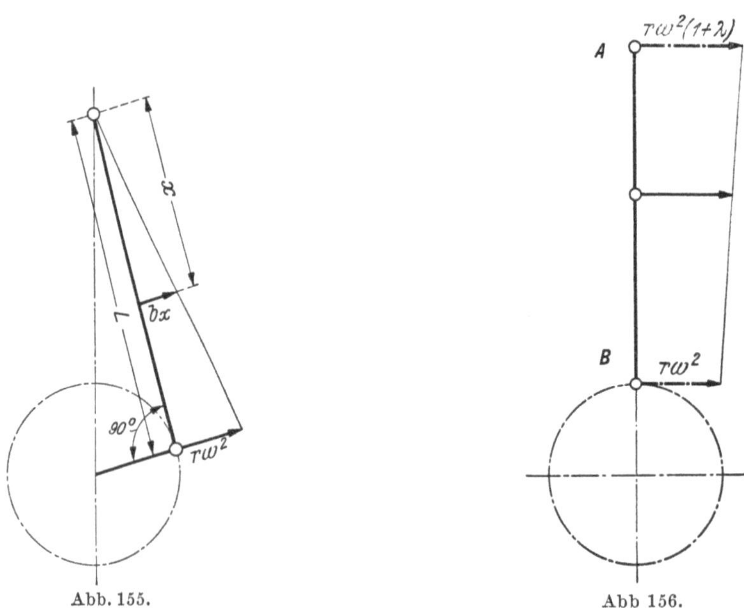

Abb. 155.Abb 156.

b) Beanspruchung durch Fliehkräfte des Schaftes.

Die bei der Motorhöchstdrehzahl auf den Pleuelstangenschaft einwirkenden Fliehkräfte haben ihren höchsten Wert, wenn Kurbelarm und Treibstangenachse nach Abb. 155 einen rechten Winkel miteinander bilden.

Es bedeuten:

F_x = den Querschnitt an der Stelle x;

γ = das spezifische Gewicht (0,0078 kg/cm³);

q_x = Fliehkraft des Massenteilchens in der Lage x.

Damit wird

$$q_x = \omega^2 \cdot r \cdot F_x \cdot \frac{\gamma}{g} \cdot \frac{x}{L} \, .$$

Bei *gleichbleibendem* Schaftquerschnitt wird das größte Biegungsmoment

$$M_b = \frac{2}{9\sqrt{3}} \cdot \frac{q \, L}{2} \cdot L = q \, \frac{L^2}{15{,}6} \, \text{kg/cm, darin ist}$$

$$q = \frac{F \cdot \gamma}{g} \cdot r \cdot \omega^2.$$

Man setzt für ω die größte Winkelgeschwindigkeit im Leerlauf der Maschine, d. i. ungefähr 1,1 ω_{normal}, ein. Will man sich ein genaues Bild von dem Einfluß der Biegungskräfte unter Berücksichtigung eines veränderlichen Schaftquerschnittes machen, so trägt man die jeweiligen q_I-Werte auf der Stangenachse auf und erhält die Belastungsfläche. Aus der Belastungsfläche läßt sich die Momentenfläche M_b nach bekanntem graphischen Verfahren finden. Durch Bildung der Flächen $\dfrac{M_b}{J}$ (jeweiliges Trägheitsmoment des Stangenschaftes) kann die elastische Linie der Stange nach dem Verfahren von MOHR abgeleitet werden.

Aus der maximalen Durchbiegung kann leicht auf die Eigenschwingungszahl und damit auf die in bezug auf die Biegung kritische Drehzahl geschlossen werden. Bei sehr rasch laufenden Motoren empfiehlt sich eine derartige Nachprüfung.

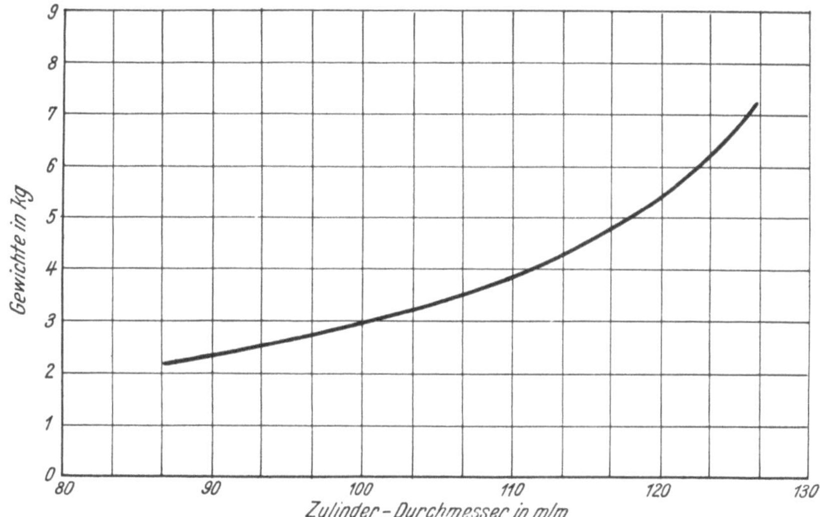

Abb. 157. Gewichte von Pleuelstangen für schnellaufende Diesel-Motoren. $s/D = 1{,}14$ bis $1{,}60$.

Die oben angeführten vereinfachten Formeln gestatten nur eine näherungsweise Ermittlung der Biegungsbeanspruchung des Schaftes und sind daher nur für Vergleichsrechnungen brauchbar.

c) Zugbeanspruchung.

Durch die Massenkräfte im oberen Totpunkt am Ende des Auslaßhubes wird der Pleuelstangenschaft auf Zug beansprucht.

Die Beanspruchung eines Querschnittes findet man durch Multiplikation der vom Querschnitt kolbenwärts liegenden Massen mit den jeweiligen Beschleunigungen.

Im oberen Totpunkt hat der Anlenkpunkt A der Pleuelstange die Kolbenbeschleunigung

$$r \, \omega^2 \, (1 + \lambda) \ \text{m/sek}^2,$$

der Anlenkpunkt B die Beschleunigung

$$r \, \omega^2 \ \text{m/sek}^2.$$

Für die auf der Verbindungsebene liegenden Punkte finden sich die Beschleunigungen durch lineare Interpolation. In Abb. 156 sind die Beschleunigungen um 90° gedreht eingetragen. Bei bekanntem Querschnittverlauf des Schaftes läßt sich damit die jeden Querschnitt beanspruchende Massenkraft ermitteln.

Zur ungefähren Nachprüfung der Beanspruchung vereinfacht man die Berechnung. Die Stangenmasse wird durch zwei Punktmassen G_a und G_b in A und B so ersetzt, daß der Schwerpunkt gleich bleibt. Man rechnet nun die Beanspruchung eines annähernd in der Mitte liegenden Querschnittes mit der Fläche f durch den Ausdruck

$$\sigma_z = \frac{G_k + G_a}{g}\, r\,\omega^2 (1 + \lambda) \cdot \frac{1}{f}$$

wobei ω wieder, der 1,1fachen Normaldrehzahl entsprechend, eingesetzt werden kann.

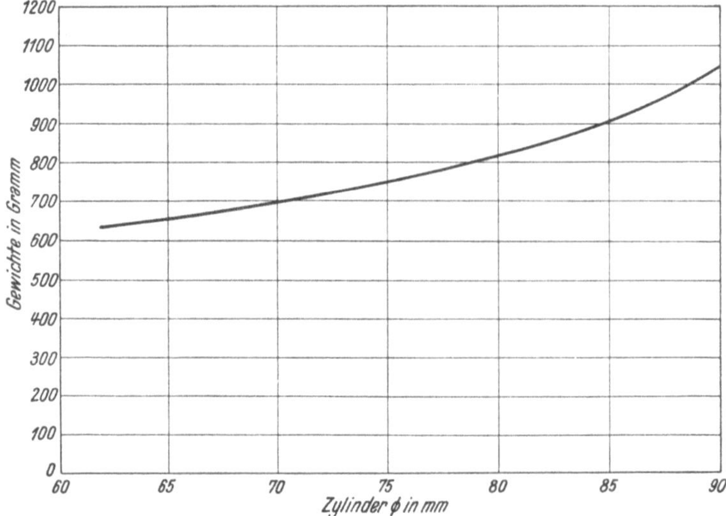

Abb. 158. Gewichte von Pleuelstangen für Otto-Motoren für Kraftwagen.

Für rasche überschlägige Berechnungen können die Gewichte der Pleuelstangen aus den Abb. 157, 158 und 159 entnommen werden. Der oszillierende Anteil G_a kann mit ungefähr 25 % des Stangengewichtes angenommen werden.

d) Gesamtbeanspruchung.

Die gesamte Beanspruchung des Pleuelstangenschaftes wechselt demnach zwischen $-\sigma_d$ und $+\sigma_z$. Der Höchstwert der Biegungsbeanspruchung ist gegenüber den Höchstwerten der Zug- und Druckbeanspruchung zeitlich versetzt.

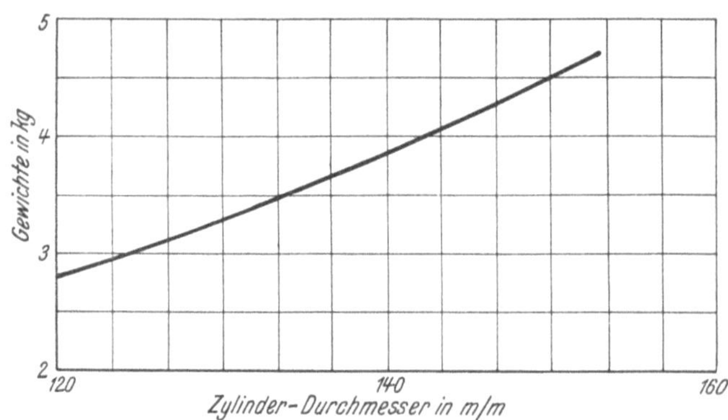

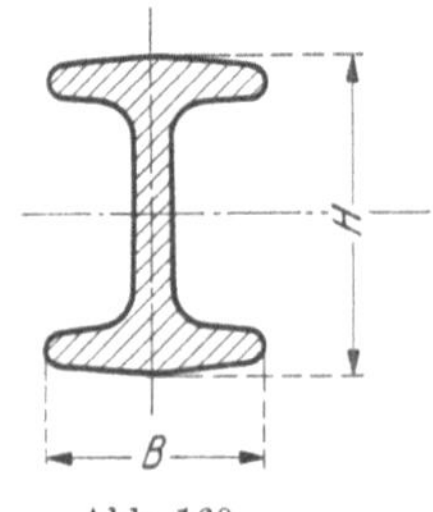

Abb. 159. Gewichte von Pleuelstangen für Flugmotoren. V-Bauart.
Haupt- und Nebenpleuelstange $s/D = 1,09$ bis $1,21$.

Abb. 160.

Der Querschnitt des Pleuelstangenschaftes unmittelbar unter dem Kolbenbolzenauge ist mit Rücksicht auf die zulässige Druckspannung unter dem Zünddruck zu bemessen. Das Verhältnis von Breite zur Höhe nach Abb. 160 des Doppel-T-Querschnittes beträgt bei ausgeführten Konstruktionen in der Mitte etwa $B:H = 1:1,5$. Die Höhe des Querschnittes kann man durch folgende Überlegungen bestimmen:

Der Pleuelstangenschaft soll an das Pleuelstangenauge so anschließen, daß die Druckkräfte ohne große elastische Verformungen weitergeleitet werden. Die Schaftstege sollen die Lagerbüchse für das Kolbenbolzenlager unmittelbar unterstützen. Nimmt man

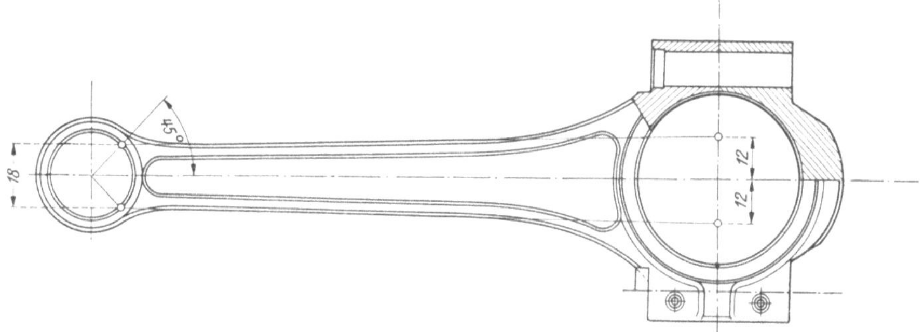

Abb. 161. Pleuelstange. Bestimmung der Schafthöhen.

an, daß 90° des Lagerumfanges trägt, so ergibt sich aus dem Schnitt des Winkelstrahles mit dem Außendurchmesser der Lagerbüchse nach Abb. 161 ein Punkt, durch den die Schafthöhe festgelegt werden kann. Der Schaftquerschnitt schließt nach Abb. 161 mit möglichst großen Übergangsradien zum Auge an. Auch der Mittelsteg des Querschnittes wird nach Abb. 162 zweckmäßig bis etwa auf das Doppelte der normalen Stärke gebracht. Diese Ausbildung ist für das einwandfreie Gesenkschmieden, Vergüten und für eine gute Kraftüberleitung auf den Schaft von größtem Wert.

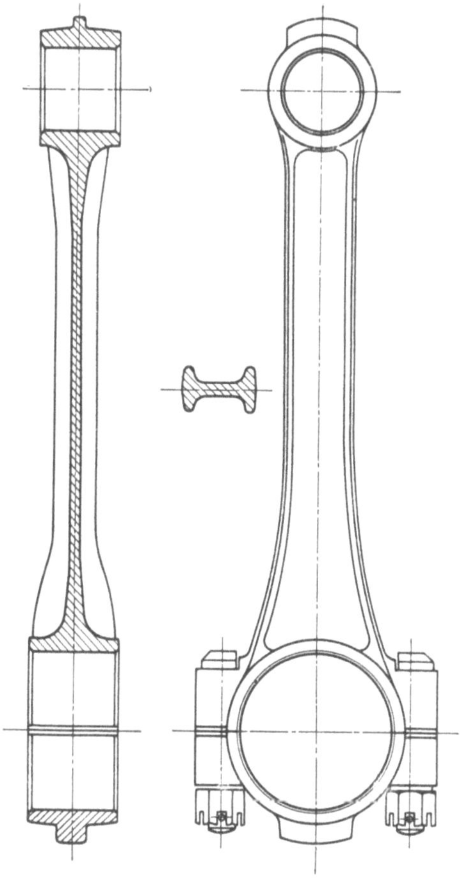

Abb. 162. Pleuelstange. Verlauf des Stegquerschnittes.

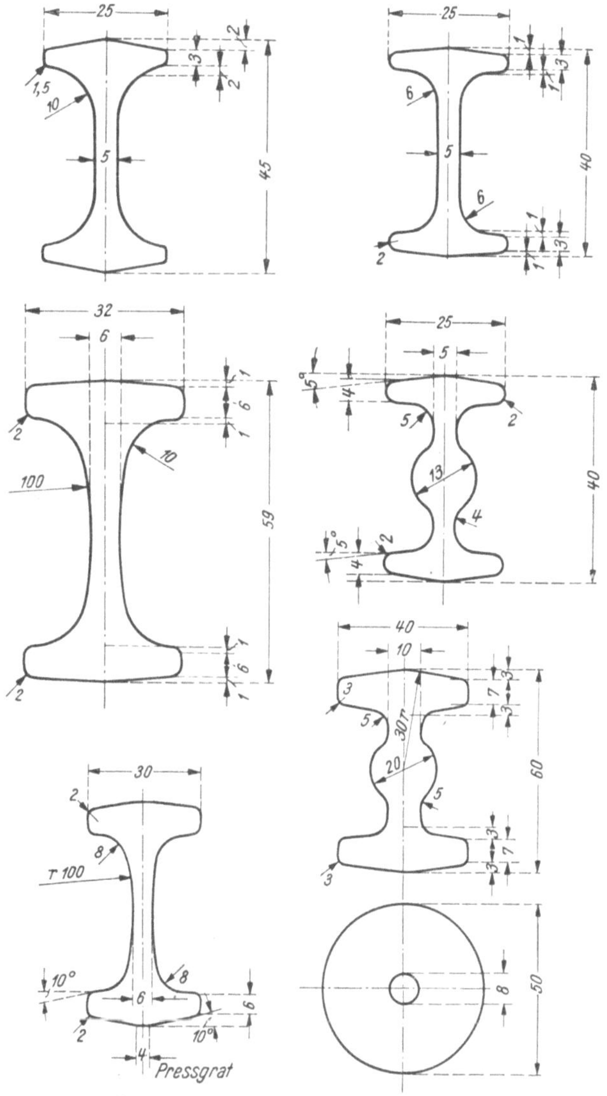

Abb. 163. Schaftquerschnitte der Pleuelstangen schnellaufender Diesel-Motoren.

Mit Rücksicht auf einen guten Übergang zum unteren Pleuelstangenkopf und auf die in der Schwingebene auftretenden Biegungsmomente durch die Fliehkräfte des Stangenschaftes, wird der Schaft manchmal mit nach unten zunehmender Querschnittshöhe ausgeführt. Denkt man sich die seitlichen Begrenzungsgeraden des Pleuelschaftes bis zur Kurbelzapfenmitte verlängert, so kann man nach Abb. 161 dort die Querschnittshöhe mit ungefähr 1,3 bis 1,5 der Höhe am oberen Pleuelauge annehmen. Die Breite des Querschnittes bleibt unverändert. In der Abb. 163 sind einige Pleuelstangenquerschnitte schnellaufender Diesel-Motoren dargestellt. Die für das Gesenkschlagen notwendigen Schrägen sind darin ersichtlich.

3. Unterer Pleuelstangenkopf.

Für den ersten Entwurf können die Abmessungen des Kurbelzapfens dem Abschnitt über Kurbelwellen entnommen werden. Im Abschnitt über Lager sind weiters Anhaltspunkte für den Entwurf des Pleuellagers gegeben. Dadurch kann Außendurchmesser und Breite des Pleuellagers bestimmt werden.

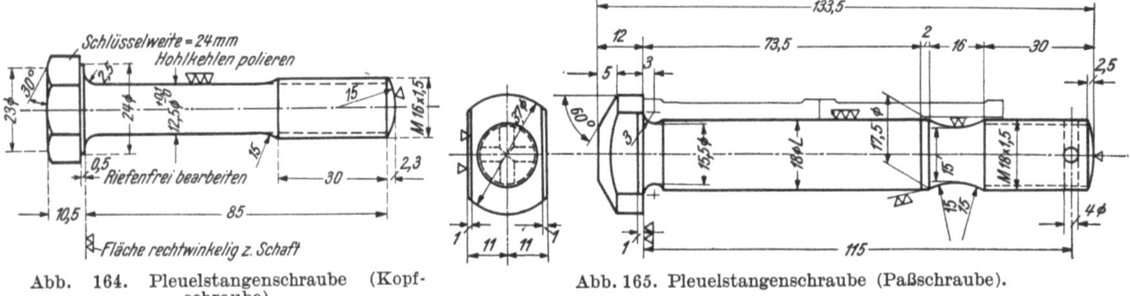

Abb. 164. Pleuelstangenschraube (Kopfschraube).

Abb. 165. Pleuelstangenschraube (Paßschraube).

Bei der Konstruktion des Pleuelstangenkopfes sind folgende Punkte zu beachten:

1. Der Pleuelstangenkopf soll der meist dünnen Pleuellagerschale eine genügend starre Unterstützung bieten.

2. Der Pleuelstangenkopf soll die Druck- und Zugkräfte des Schaftes aufnehmen und zur Lagerschale weiterleiten. Der Schaftquerschnitt soll allmählich, ohne große Querschnittsänderungen, mit großen Übergangsradien zum Pleuelstangenkopf übergehen.

3. Die Ausbildung des Pleuelstangenkopfes muß eine wirtschaftliche Fertigung im Gesenk ermöglichen. Dabei sind vor allem die Querschnittsübergänge zu beachten. Unstetigkeiten stören den Faserverlauf beim Schmieden und verursachen auch bei der Vergütung des Werkstoffs Schwierigkeiten. Eine genügende Aushebeschräge ist vorzusehen.

Das untere Pleuellager muß zweiteilig ausgeführt werden, damit es auf die ungeteilte Kurbelwelle aufgebracht werden kann. Die Verbindung des Lagerdeckels mit dem Schaftteil der Pleuelstange erfolgt durch Pleuelstangenschrauben, deren Abmessungen bestimmend für die Ausbildung des unteren Pleuelstangenkopfes sind.

Die Pleuelstangenschrauben haben die Massenkräfte der Pleuelstange und des Kolbens abzüglich der des unteren Pleuellagerdeckels aufzunehmen. Die Vergleichsrechnung stellt die in den Pleuelschrauben bei ausgeführten Konstruktionen auftretende Zugbeanspruchung fest und gibt damit Anhaltspunkte für Neukonstruktionen.

Mit den gleichen Bezeichnungen wie auf S. 137 und 138 und G_d als Gewicht des Lagerdeckels wird die Zugkraft

$$P_s = \frac{r\,\omega^2}{g}\left[(G_a + G_k)(1+\lambda) + G_b - G_d\right].$$

Zulässige Werte für die Schraubenbeanspruchungen sind:

Fahrzeug-Diesel-Motoren (Reihenbauart) .... 500 bis 700 kg/cm²
,,   (V-Motoren) .... bis 1200 kg/cm²
Otto-Kraftwagenmotoren .... 700 bis 900 kg/cm²
Otto-Flugmotoren .... bis 1200 kg/cm².

Die Pleuelstangenschrauben sollen den Pleuelstangenschaft mit dem Pleuellagerdeckel kraftschlüssig verbinden.

Die Vorspannung in der Teilfläche muß so groß sein, daß unter den größten auftretenden Kräften kein Abheben erfolgt, da sonst an dieser Stelle Reibkorrosionen (Passungsrost) eintreten, die zum Bruch führen können.

Vor allem sollen die Massenkräfte infolge der Querbeschleunigungen durch den Reibungsschluß sicher aufgenommen werden. Die Pleuellagerschalen erhalten im Außendurchmesser, je nach Größe des Lagerdurchmessers, eine Vorspannung von 0,03 bis

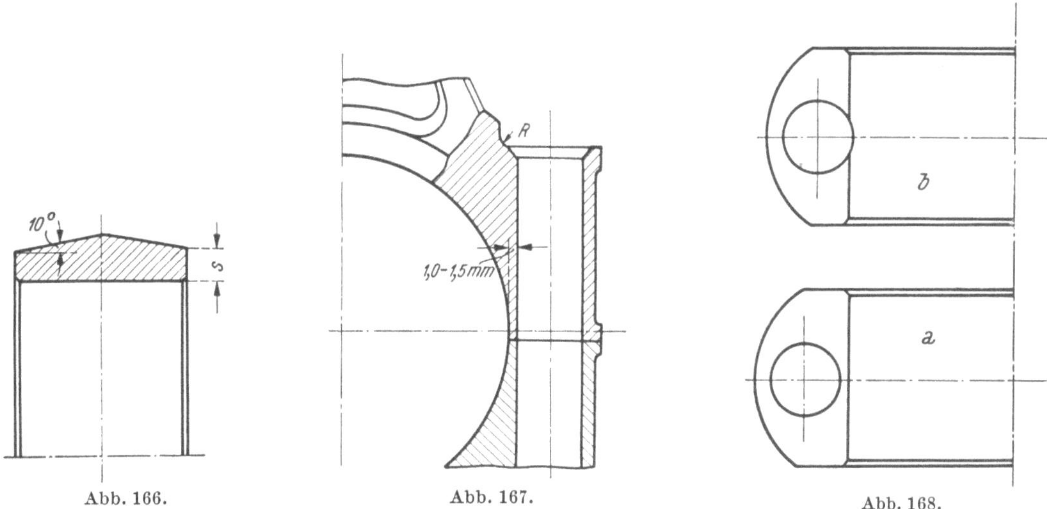

Abb. 166.   Abb. 167.   Abb. 168.

0,04 mm, um genügenden Reibungsschluß zwischen Lagerschale und Pleuelstangenkopf zu erzielen.

Die Pleuelstangenschrauben müssen so bemessen und angezogen werden, daß trotz dieser Lagervorspannung eine ausreichende Flächenpressung in der Trennfläche erreicht wird, die auch unter den größten Beanspruchungen der Pleuelstange aufrecht bleiben muß.

Tritt durch zu große Vorspannung zwischen dem Außendurchmesser der Lagerschale und der Aufnahmebohrung in der Pleuelstange und zu schwachen Schrauben zeitweise ein Abheben in der Trennfläche ein, dann sind Dauerbrüche der Pleuelstangenschrauben und der Pleuelstange selbst zu erwarten.

Man muß sich daher bei jeder neuen Pleuelstange nach Anziehen der Schrauben von der satten Auflage in der Teilebene überzeugen. Dies ist bei einer ebenen Teilung einfach. Bei Anwendung von Kerbzahnungen für die Verbindung zwischen Pleuelstangenschaft und Pleuellagerdeckel müssen Meßflächen vorgesehen werden, um die richtige Auflage nachprüfen zu können. Die Verbindungsschrauben müssen aus diesen Gründen so groß, wie sie eben konstruktiv untergebracht werden können, ausgeführt werden.

Die Schraube soll wegen der dynamischen Beanspruchungen und mit Rücksicht auf Sicherheit gegen Lösen als Dehnschraube mit einer Mindeststreckgrenze 70 bis 90 kg/mm², bei genügendem Abstand zwischen Streckgrenze und Festigkeit des Schraubenmaterials ausgeführt werden.

Die von der Firma Bauer und Schaurte Neuß hergestellten 10-k-Schrauben haben sich sehr gut bewährt! Die Herstellung des Schraubengewindes durch Rollen ergibt hohe Dauerfestigkeit.

Früher wurden die Pleuelstangenschrauben fast ausschließlich als Durchgangsschrauben und Paßschrauben ausgeführt. Bei Ausführung der Paßschraube nach Abb. 165 wurde als Dehnlänge nur der Übergang vom Paßdurchmesser zu Gewinde ausgebildet. Die Verringerung des Passungsquerschnittes durch Bohrungen zur Vergrößerung der Dehnlänge ist nicht zu empfehlen, da sich die Oberflächenbeschaffenheit in der Bohrung schlecht kontrollieren läßt.

Vielfach erreicht man eine entsprechende Dehnlänge durch Abdrehen des Schaftes auf größere Länge. Es bleiben dann nur kurze Paßflächen stehen, die zur Fixierung des Pleuellagerdeckels verwendet werden. In allen Fällen ist auf eine glatte Oberfläche bei der Bearbeitung und auf sorgfältigst hergestellte Querschnittsübergänge (Ausrundungen) zu achten. Neuere Ausführungen verwenden Kopfschrauben, die als Dehnschrauben

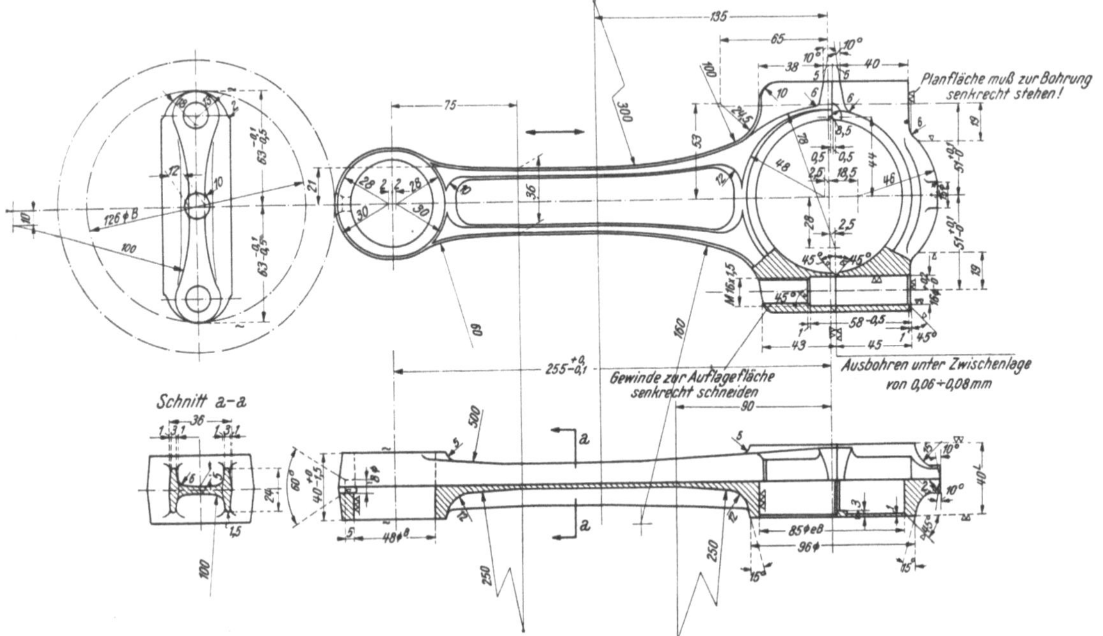

Abb. 169. Pleuelstange eines schnellaufenden Diesel-Motors. Zyl.-W = 110 mm, Hub = 130 mm, n = 2000 U/min. Werkstoff: VN 20, vergütet.

ausgebildet sind. Der Dehnschaftdurchmesser kann etwa das 0,8fache des Kerndurchmessers betragen.

Die Konstruktion des Pleuelstangenkopfes beginnt man mit der Ausbildung des eigentlichen Tragkörpers, der die Pleuellagerschale umfaßt. Das Maß s in Abb. 166 hängt von der Größe der Pleuelstange ab. Bei kleinen Stangen ist s mindestens 4 bis 5 mm, schon mit Rücksicht auf die Erzeugung der Pleuelstange (Schmieden). Man erhält einen Anhalt für die Bemessung von s, wenn man das Verhältnis von s zur Pleuellagerbreite ungefähr dem Verhältnis der äußeren Flanschstärke zur Flanschbreite beim Schaftquerschnitt gleich macht. Die Aushebeschräge beträgt etwa 10°. Die so gebildete Grundform tritt übrigens fast an keiner Stelle rein in Erscheinung und bildet nur den Ausgang für die weitere Konstruktion. Nun erfolgt die Festlegung der Lage der Pleuelstangenschrauben im Pleuelstangenkopf. Man ist stets bestrebt, die Pleuelschraubenmitte so nahe als möglich an die Bohrung heranzubringen, welche die Pleuellagerschale aufnimmt. Zwischen dieser Bohrung und der Bohrung für die Pleuelstangenschrauben soll nach Abb. 167 womöglich 1 bis 1,5 mm Material stehen bleiben. Das Anschneiden der Bohrungen erschwert die Herstellung der Lagerbohrung. Das Ausbohren derselben kann dann nicht mit den Pleuelschrauben erfolgen, sondern es müssen besondere Spannbolzen für die Bearbeitung verwendet werden.

Um die Pleuelstangenschraube wird ein rohrförmiger Querschnitt gelegt, der mit einer noch zulässigen Druckspannung die größte Kraft der auf die Streckgrenze angezogenen Schrauben aufnehmen kann. Es genügt, den Kreisring mit einer Querschnitt-

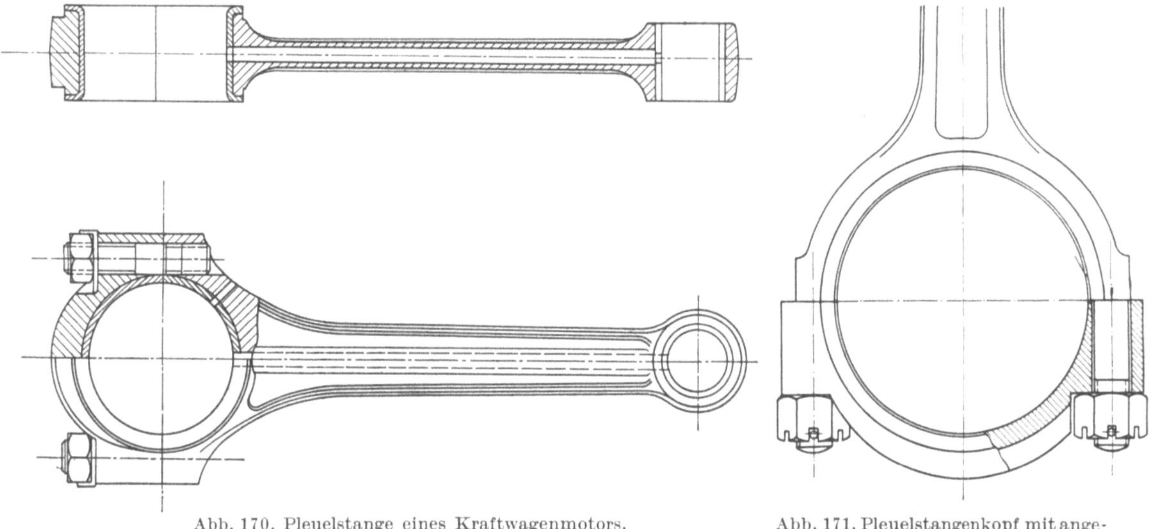

Abb. 170. Pleuelstange eines Kraftwagenmotors.

Abb. 171. Pleuelstangenkopf mit angeschmiedeten Schrauben.

fläche etwa gleich der der Bohrung für die Pleuelstangenschraube anzunehmen. Aus Herstellungsgründen werden diese Querschnitte bei kleinen Pleuelstangen verhältnismäßig größer, als bei mittleren und großen. Eine Wandstärke unter 2 mm kommt für die Ausführung kaum in Frage.

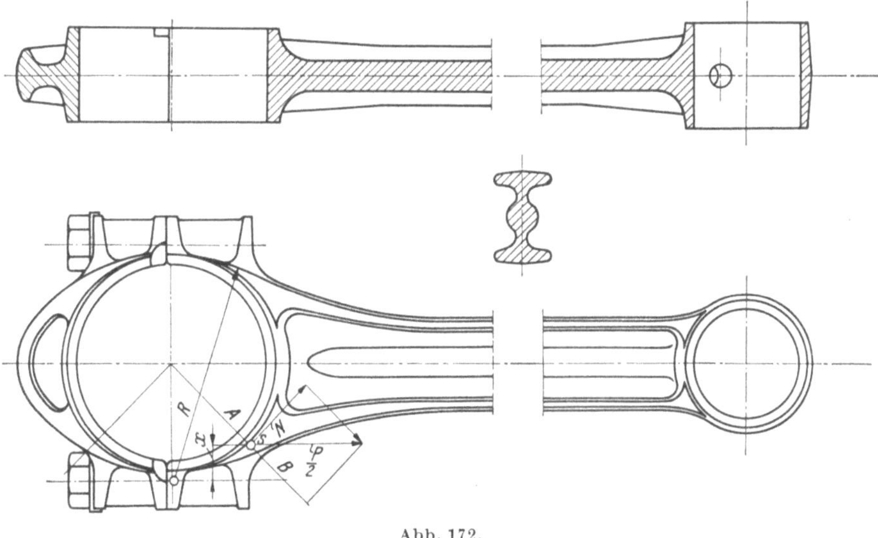

Abb. 172.

In der Teilebene zwischen Pleuelstangenschaft und dem Pleuellagerdeckel wird der Butzen für die Pleuelstangenschraube nach Abb. 168 mit einer verbreiterten Auflage versehen. Es läßt sich dabei oft nicht erreichen, daß der Druckmittelpunkt der Pleuelstangenschraube mit dem Schwerpunkt der Teilfläche zusammenfällt. Dadurch entsteht ein Biegungsmoment, das bestrebt ist, das Pleuelstangenauge oval zu drücken. Besonders stark wird diese schädliche Auswirkung, wenn die Bohrungen für Lager und Pleuelschraube sich nach Abb. 168 stark anschneiden. Das Biegungsmoment kann dann erhebliche Rückwirkungen auf die Rundheit der Lageraufnahmebohrung haben.

Während früher als Pleuelstangenschrauben ausschließlich Durchgangsschrauben verwendet wurden, geht man heute bei kleinen und mittleren Motoren nach Abb. 169 und 170 immer mehr zur Kopfschraube nach Abb. 164 oder zur Stiftschraube über. Die Durchgangs-

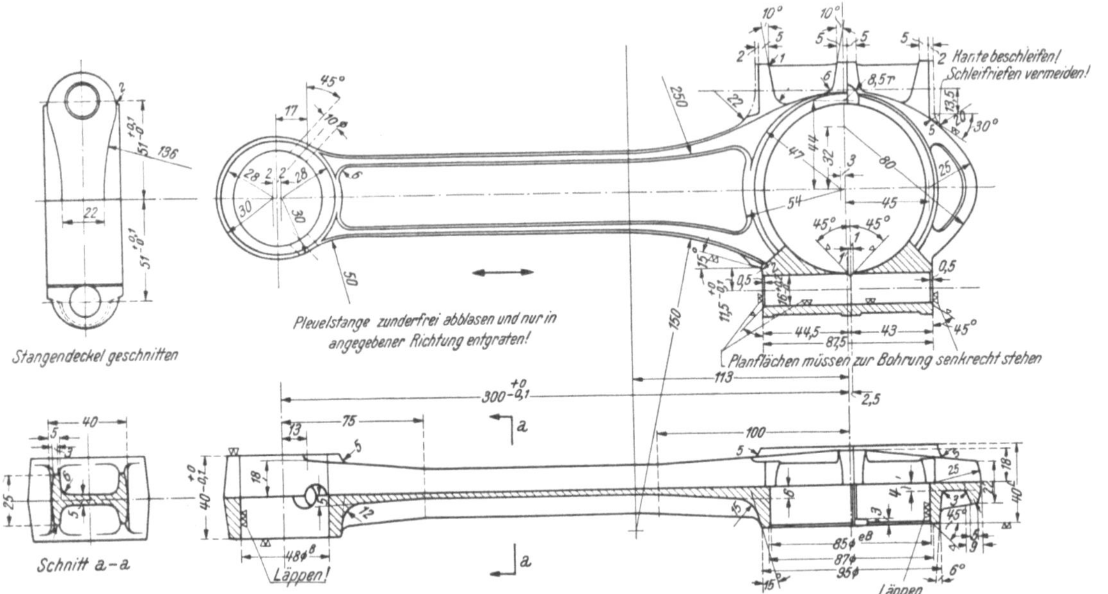

Abb. 173. Pleuelstange eines schnellaufenden Diesel-Motors. Zyl.-Ø = 100 mm, Hub = 130 mm, n = 2000 U/min. Werkstoff: VN 20 vergütet. Bauart Deutz.

schraube erfordert eine Sicherung gegen Verdrehung. Diese Sicherung wird in den meisten Fällen durch Abflachen des Schraubenkopfes erreicht. Die Flächen müssen natürlich nach Abb. 165 symmetrisch angebracht werden, weil sonst ein Biegungsmoment in die Schraube

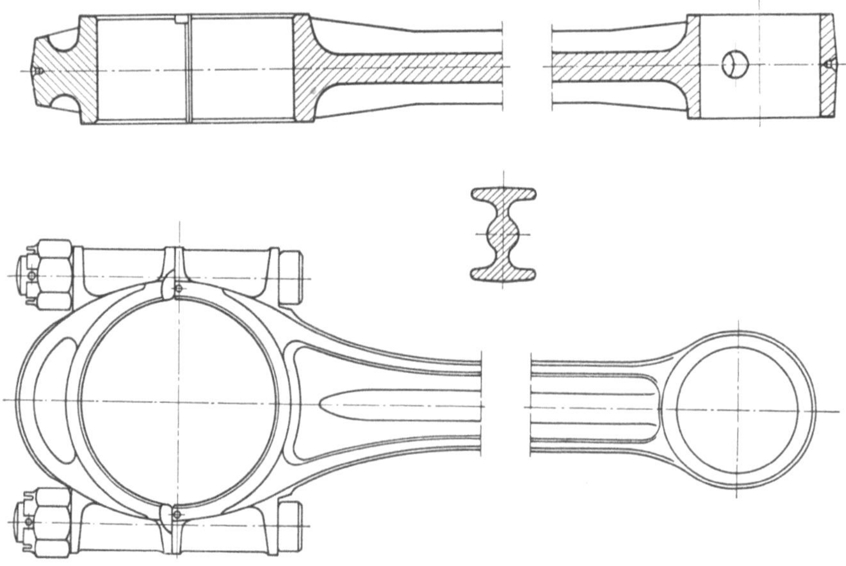

Abb. 174. Pleuelstange eines schnellaufenden Diesel-Motors.

eingeleitet wird. Der Übergang vom Schraubenbolzen zum Kopf muß mit sorgfältiger Ausrundung erfolgen. Desgleichen muß ·die mit R in Abb. 167 bezeichnete Stelle sorgfältig ausgerundet sein, da Kerben an dieser Stelle mit Sicherheit zum Dauerbruch der Stange führen. Die Verwendung von Kopfschrauben erspart derartige in der Serienfabrikation sehr schwierige Stellen, die Krafteinleitung in die Stange durch das Gewinde ist besser und gleichmäßiger und die Sicherung der Schraube kann durch ein einfaches Sicherungsblech erfolgen. Bei der Verwendung von Kopfschrauben muß man auf eine Fixierung des Pleuellagerdeckels durch die Schraube verzichten. Diese erfolgt dann am einfachsten dadurch, daß man, wie im Abschnitt Lagerschalen beschrieben, die Teilebene der Schalen aus der Mitte legt. Man erreicht dadurch eine Fixierung, die für das Anziehen genügt. Im Betrieb soll die Fixierung ohnedies nur durch den Reibungsschluß erfolgen. Durchgangsschrauben werden mitunter als Paßschrauben ausgeführt. Von der Verwendung von Stiftschrauben ist wegen der schwierigen Sicherungsmöglichkeit abzuraten.

FORD geht so weit, die Pleuelschrauben nach Abb. 171 mit dem Pleuelschaft aus

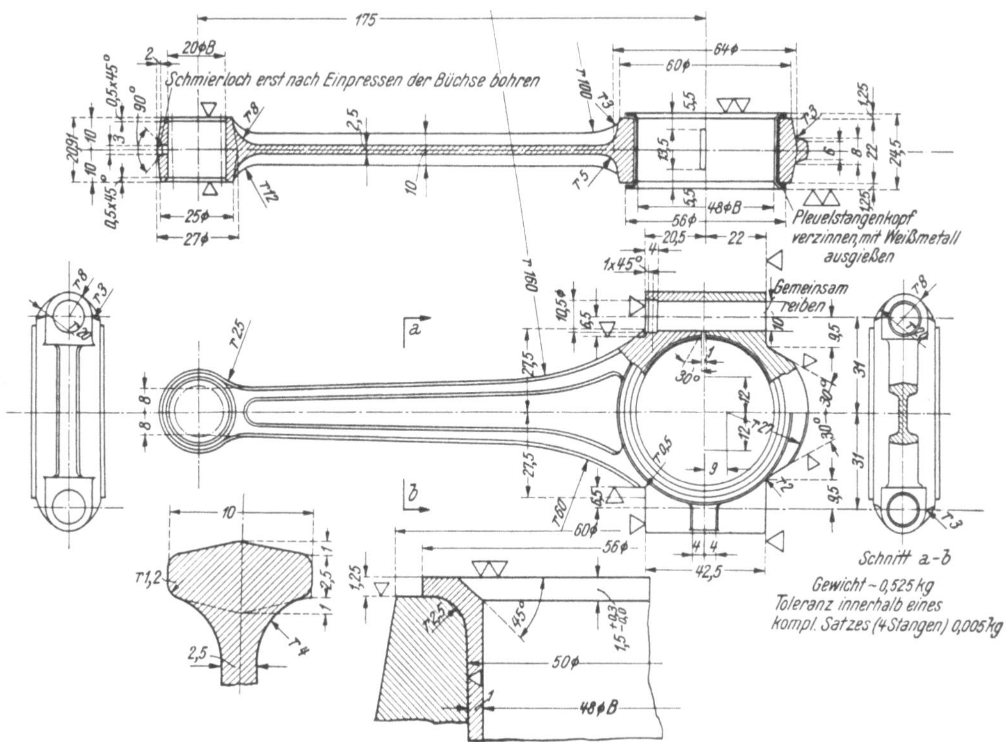

Abb. 175. Pleuelstange eines Kraftwagenmotors. Bauart Steyr.

einem Stück zu schmieden, ein Verfahren, das bei großer Stückzahl und Spezialmaschinen zur Herstellung sicher den Vorzug größter Billigkeit hat.

Von größter Wichtigkeit ist der Übergang des Pleuelstangenschaftes zum Pleuelstangenkopf. Man bildet ihn nach Abb. 172 mit einem Radius R aus der Mitte der Pleuelstangenschraube und schließt mit einem entsprechend großen Übergangsradius an den Pleuelstangenschaft an. Es ist dabei zu beachten, daß die Pleuellagerschale etwa im Bereich von 90° zur Aufnahme der Druckkräfte besonders gut unterstützt sein muß. Mit Rücksicht auf leichteres Schmieden der Stange und auf einen möglichst sanften Materialübergang verstärkt man auch nach Abb. 173 und 174 die Flanschen des Schaftquerschnittes allmählich gegen den Pleuelstangenkopf hin. Auch in der anderen Projektion soll der Materialübergang nur ganz allmählich erfolgen, wobei die Breite des Schaftquerschnittes zweckmäßig gegen den Pleuelstangenkopf zunimmt. Der gefährliche Querschnitt liegt in dem Schnitt $A B$ der Abb. 172. Mit x als Abstand von der Schraubenmitte zum Schwerpunkt des Querschnittes und P_s der auf S. 140 ermittelten Massenkraft wird die Biegungsbeanspruchung

$$\sigma_{ba,i} = \frac{P_s}{2} \frac{x}{W_{a,i}}$$

wobei $W_{a,i}$ die der äußeren und inneren Faser zugeordneten Widerstandsmomente sind. Auf ähnliche Art werden die auf Biegung beanspruchten Querschnitte des Pleuellagerdeckels berechnet.

Für den in der Mitte liegenden Querschnitt ist das Biegungsmoment

$$M_b = \frac{P_s}{2} \left(\frac{a}{2} - \frac{d_k}{4} \right) \text{kg/cm}.$$

Darin ist d_k der Zapfendurchmesser, a der Schraubenabstand. Dieser Querschnitt kann nach Abb. 173 bei mittleren Motoren als Doppel-T-Querschnitt ausgeführt werden. Kleine Kraftwagenmotoren erhalten meist einfache T-Querschnitte nach Abb. 175. Die Beanspruchung ist $\sigma_b = \frac{M_b}{W}$ kg/cm² (W cm³ = Widerstandsmoment des Querschnittes).

Man findet Werte für die Biegungsbeanspruchung von 800 bis 1400 kg/cm² bei schnelllaufenden Diesel-Motoren, 2000 bis 3000 kg/cm² bei Otto-Kraftwagenmotoren, 2000 bis 3000 kg/cm² bei Otto-Flugmotoren.

Diese hohen Werte ergeben sich aus der Vergleichsrechnung, die zu ungünstig ist, da sie die Einspannung des Lagerdeckels nicht berücksichtigt.

4. Sonderausführungen.

a) Schräggeteilte Pleuelstange.

Bei Personenwagenmotoren begnügt man sich damit, Kolben und Pleuelstangen erst nach Demontage der Kurbelwelle ausbauen zu können. Bei Fahrzeug-Diesel-Motoren stellt man die Forderung, Kolben und Pleuelstangen ohne Demontage der Kurbelwelle ausbauen zu können, also ohne den Motor aus dem Fahrzeug ausbauen zu müssen. Unter welchen Voraussetzungen dies mit normalen Pleuelstangen zu erreichen ist, wurde schon früher besprochen.

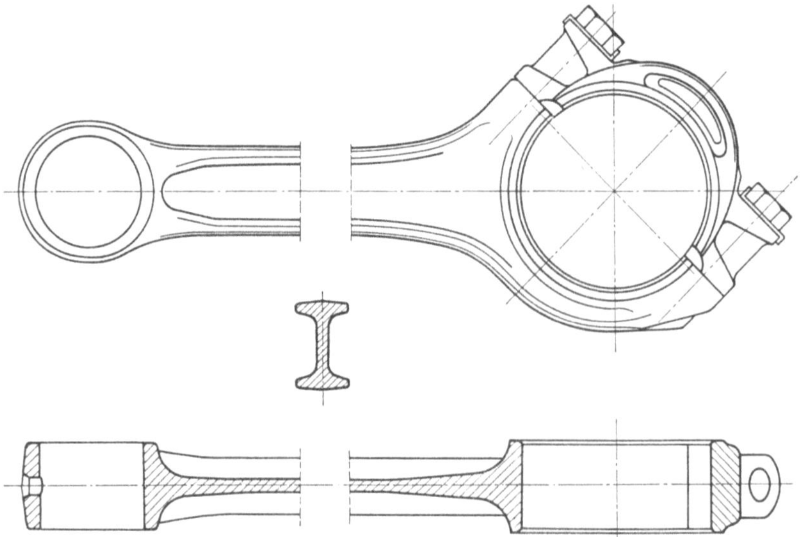

Abb. 176. Schräggeteilte Pleuelstange für einen Diesel-Motor.

Der Ausbau des Triebwerkes durch die Zylinderbohrung scheitert meist an den zu großen Abmessungen des Pleuelstangenkopfes, dessen Größe durch den erforderlichen Kurbelzapfendurchmesser gegeben ist.

Man legt daher die Teilebene des Pleuelstangenkopfes nicht mehr normal zum Pleuelstangenschaft, sondern schräg dazu, meist unter einem Winkel von 45° zur Stangen-
längsachse.

Dann kann die Pleuelstange durch die Zylinderbohrung ausgebaut werden.

Abb. 176 zeigt eine solche Pleuelstange für einen Fahrzeug-Diesel-Motor. Durch die
schräge Teilung ist die auf die Verbindungsschrauben entfallende Zugkomponente kleiner.
Es ist $P' = \mathrm{P} \cdot \cos\alpha$ (α = Winkel der Teilungsebene gegenüber der Senkrechten zur
Stangenachse).

Die zweite Komponente $P \sin \alpha$ sucht den Lagerdeckel längs der Trennfuge zu verschieben und wird durch Paßbüchsen oder durch eine Kerbzahnung nach Abb. 177

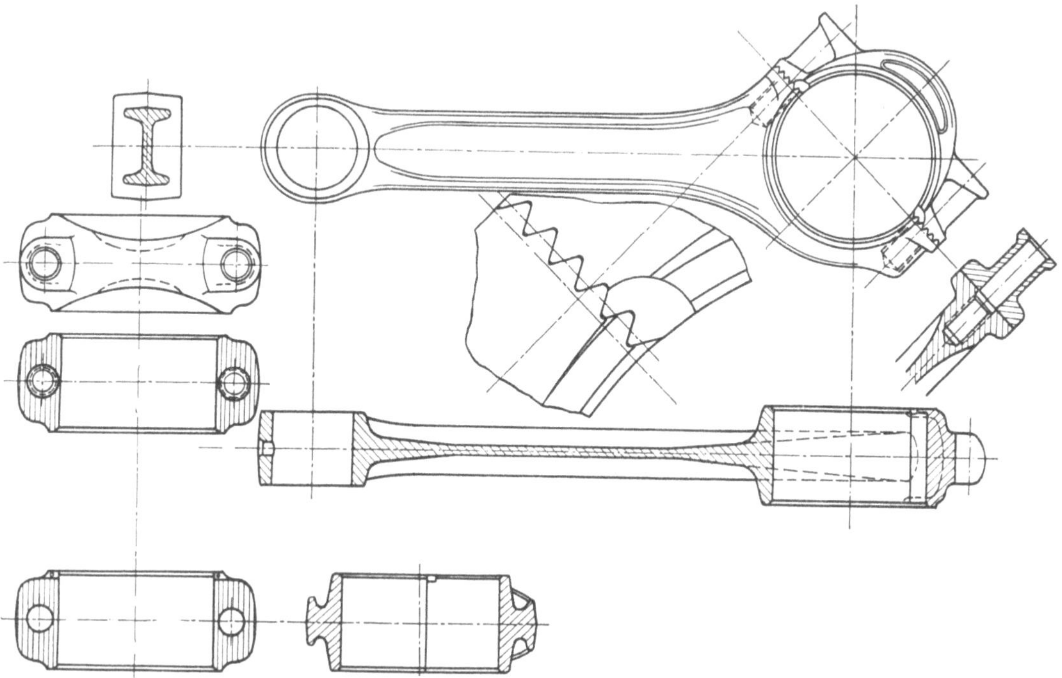

Abb. 177. Pleuelstange mit Kerbzahnung für einen schnellaufenden Diesel-Motor.

aufgenommen. Die Herstellung der Kerbzahnung auf der Räummaschine ist billig und
sehr genau. Pleuelstangenschaft und Pleuelstangendeckel werden in einem Arbeitsgang
gemeinsam geräumt. Damit ist Sicherheit für das Zusammenpassen der Verzahnung
gegeben.

Da das Pleuelstangenlager im Außendurchmesser ein Übermaß von 0,03 bis 0,04 mm
gegenüber der Aufnahmebohrung in der Pleuelstange besitzt, ist bei Anwendung der
Kerbzahnung durch Anbringen von Meßflächen dafür zu sorgen, daß man sich von
der richtigen Vorspannung überzeugen kann.

Mit Kerbzahnung versehene, schräg geteilte Pleuelstangen sind im großen Umfang
von der Klöckner-Humboldt-Deutz A. G. erzeugt worden. Sie haben sich gut bewährt.

Bei Anwendung der schräggeteilten Pleuelstange ist die Verwendung von Durchgangsschrauben als Pleuelstangenschrauben nicht mehr möglich. Es werden daher Kopfschrauben verwendet, die den Vorzug größerer Billigkeit haben und geringere Schwächung
der Übergangsquerschnitte verursachen.

Einen Versuch zur Ermittlung der tatsächlich auftretenden Spannung und der Verteilung der Biegemomente hat FREESE [35] unternommen. Die Annahme einer Einzellast
dürfte für die vorliegenden Verhältnisse wohl nicht ganz zutreffen.

b) Pleuelstangen für V-Motoren.

Man verwendet drei verschiedene Bauarten:

α) Gabelpleuelstange.

Diese Bauart nach Abb. 178 ist durch die Verwendung einer Hauptlagerschale für
je zwei auf eine Kröpfung arbeitende Zylinder gekennzeichnet. Diese Schale sitzt in

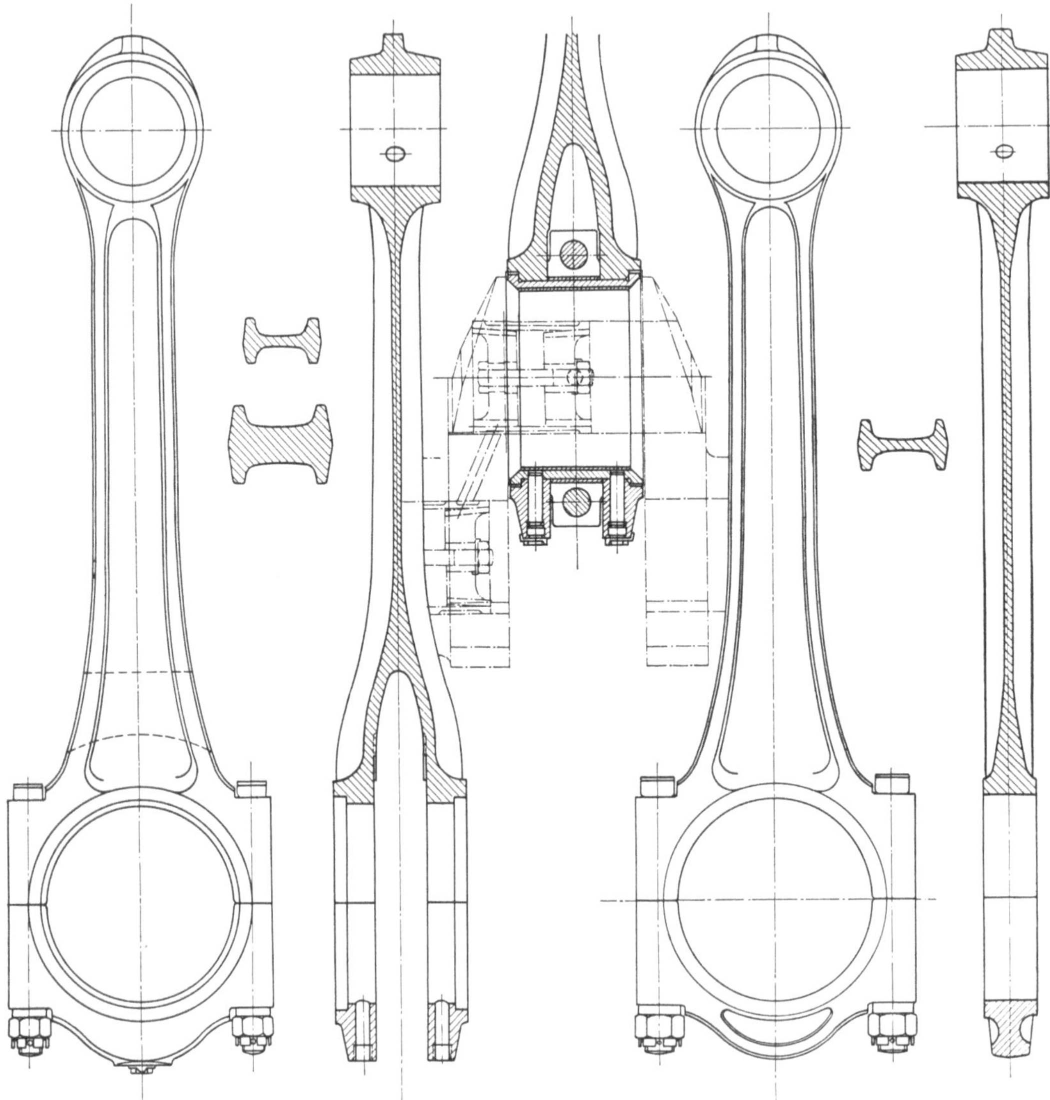

Abb. 178. Gabelpleuelstange für einen Diesel-Motor.

der Gabelstange fest. Die Nebenpleuelstange greift an der äußeren Oberfläche der Lagerschale zwischen der Gabelstange an. Die Lagerschale bildet dadurch den Anlenkbolzen
der Nebenpleuelstange. Bei dieser Lösung erreicht man die beste Ausnützung des Kurbelzapfens für je zwei in einem Gabelwinkel stehende Zylinder. Durch die Anlenkung
der Nebenpleuelstange in der Kurbelzapfenmitte werden beide Pleuelstangen nicht
zusätzlich durch Führungskräfte beansprucht. Die Anlenkung im Kurbelzapfen gibt
theoretisch einwandfreie Verhältnisse hinsichtlich des Hubes beider Zylinder und des
Massenausgleiches.

Die Lösung ergibt infolge verhältnismäßig großer Pleuellagerflächen geringere Flächenpressung und ist damit für besonders schnellaufende Motoren geeignet, bei denen die Herstellungskosten keine ausschlaggebende Rolle spielen (z. B. Flugmotoren Abb. 181). Weiters liegen bei dieser Ausführung die Zylindermitten zweier im V liegender Zylinder in einer normal zur Kurbellängsachse liegenden Ebene, wodurch eine sehr klare Bauart des Kurbelgehäuseoberteils möglich ist, die gußtechnische Vorteile aufweist.

Der Hauptnachteil dieser Bauart besteht in der schwierigen Herstellung der Pleuellagerschale, die innen und außen Lagermetallauflagen tragen muß.

Infolge der verschiedenartigen Beanspruchung der Lager-

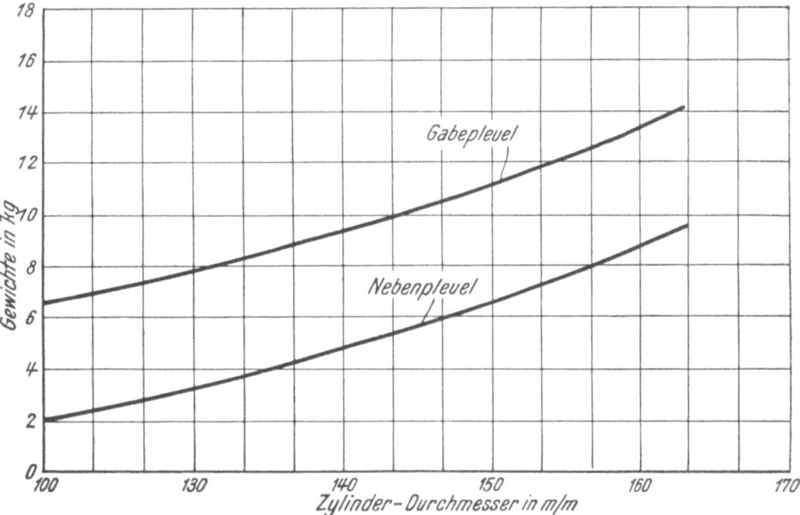

Abb. 179. Gewichte von Pleuelstangen für schnellaufende V-Diesel-Motoren (Gabelpleuelstange). s/D = 1,33 bis 1,46.

schale innen und außen sind Lagermetallauflagen (Bleibronze) verschiedener Härte erwünscht. Die Lagerschale ist in der Gabelstange fest eingespannt und verhindert ein seitliches Ausweichen der Gabel unter Druckbeanspruchung. Die Art der Belastung der Lagerschale durch die Gabelstange ist nach den neuesten Erkenntnissen auf dem Gebiet der Lagertheorie nicht günstig. Die Lagerschale ist an den äußeren Enden starr eingespannt, kann sich jedoch in der Mitte elastisch verformen. Es entsteht daher eine Druckverteilung im Schmierfilm nach Abb. 182, mit einem ungünstigen Verhältnis von Höchstdruck zum mittleren Druck im Schmierfilm. Die Vorteile der größeren Pleuellagerfläche werden dadurch zum Teil aufgehoben.

Für die Belastung durch die Mittelstange sind die Voraussetzungen für die Schmieröldruckverteilung im Schmierfilm

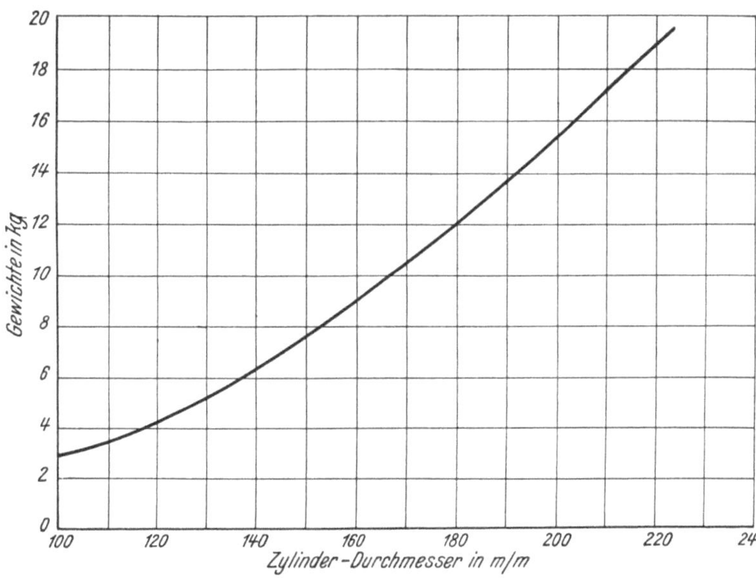

Abb. 180. Gewichte von Pleuelstangen für schnellaufende V-Diesel-Motoren (nebeneinanderliegende Pleuelstangen) s/D = 1 24 bis 1,5.

besser, obwohl auch dabei mit einer Ausnützung der ganzen Lagerschalenbreite nicht gerechnet werden kann.

Die Herstellung der beiderseits ausgegossenen Lagerschalen ist sehr schwierig und der anfallende Ausschuß bei der Fabrikation viel größer als bei einseitig ausgegossenen Lagerschalen.

Die Einspannung der Pleuellagerschale in der Gabelstange kann Relativbewegungen der Lagerschalenhälften in der Mitte der Teilfuge nicht verhindern. Durch diese Bewegungen können Passungsrost und Dauerbrüche entstehen. Man hat versucht, die Bewegungen durch eine feine längsgerichtete Kerbverzahnung an der Stoßfläche der Lagerschale zu beseitigen.

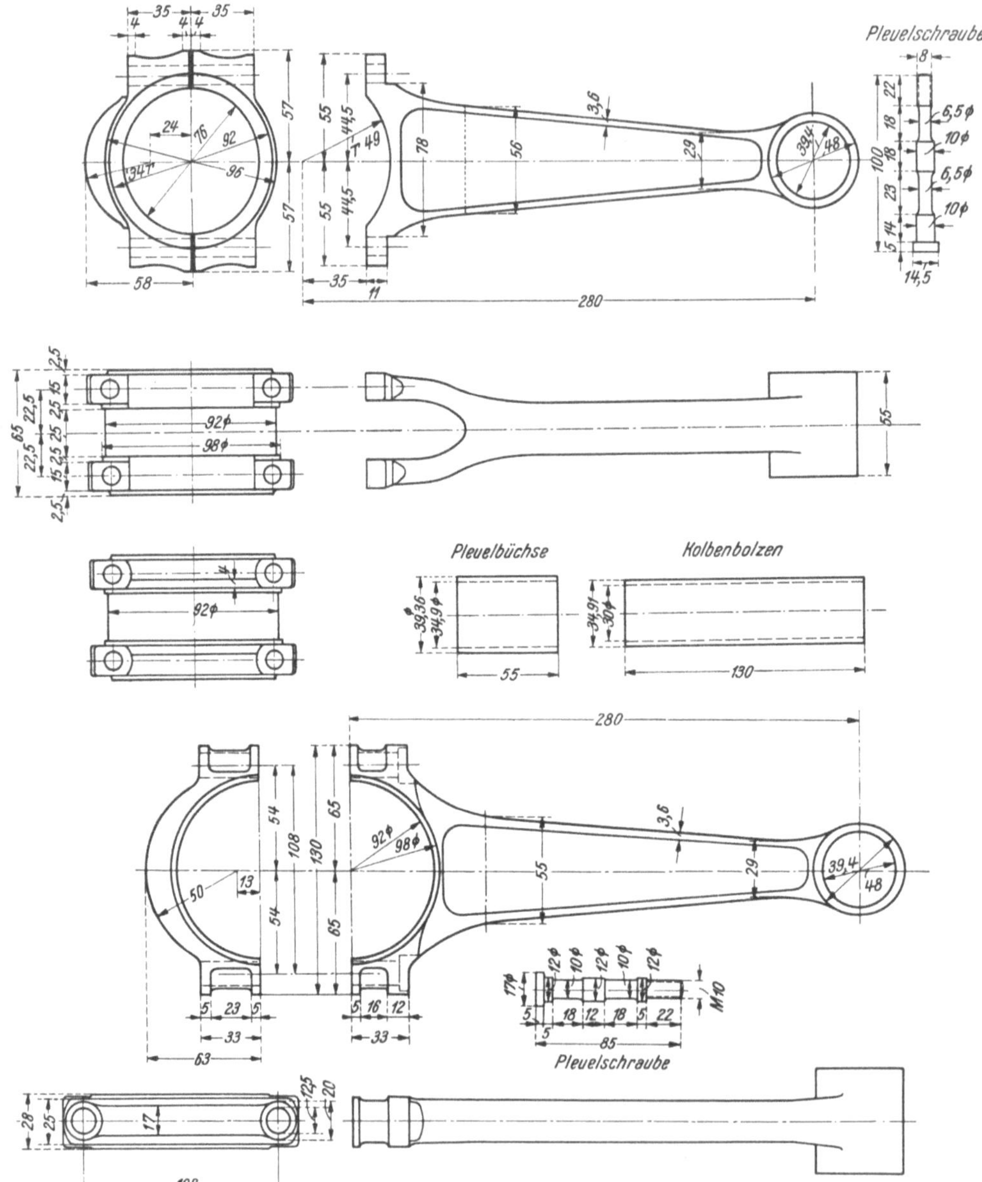

Abb. 181. Pleuelstange eines Rolls-Royce-Flugmotors. Zyl. ∅ = 152,4 mm, Hub = 167,65 mm, n = 2300 U/min.

Bei einer anderen Lösung wird ein Rundkeil zwischen den Teilebenen der Schale angebracht. Die Lagerschale muß in der Teilfläche im eingespannten Zustand gebohrt und zur Aufnahme des Rundkeiles aufgerieben werden, die Bearbeitung ist daher nicht einfach. Die Dicke der Lagerschale läßt nur einen Rundkeil mit verhältnismäßig kleinem Durchmesser zu, der sehr genau passen muß, um seinen Zweck zu erfüllen.

Die Pleuellagerschale übernimmt die Funktion des Anlenkbolzens für die innere Pleuelstange und ist deshalb durch die Massenkräfte beider Stangen auf Biegung beansprucht.

Besonders ungünstig sind die Beanspruchungen der Pleuelschale bei Motoren mit 180° versetzten, auf eine Kurbel arbeitenden Zylindern (Boxermotoren). Die Bemessung der Schalenstärke erfolgt im Hinblick auf die auftretende Biegebeanspruchung durch die Massenkräfte. Die Materialfestigkeit der Stahlgrundschalen, welche bekanntlich aus unlegiertem Stahl bestehen, ist noch durch den Ausgußvorgang für das Lagermetall erheblich gemindert. Es ist daher größte Vorsicht bei der Dimensionierung der Pleuellagerschale am Platz. Die Kurbelzapfenlänge ist durch den Raum, den die Pleuelstangenschrauben einnehmen, bestimmt.

Die Raumverhältnisse müssen ein gutes Anziehen der Pleuelstangenschrauben mittels Steckschlüssel zulassen. Um die Länge des Kurbelzapfens deshalb nicht zu vergrößern, verwendet man meist die nach Norm nächst kleineren Schlüsselweiten oder an Stelle des Sechskantes auch Kerbzahnungen.

Früher wurden meist Durchgangsschrauben als Pleuelstangenschrauben verwendet, da man sie als Paßschrauben ausbilden kann. Billiger ist die Verwendung von als Dehnschrauben ausgebildeten Kopfschrauben und die Anwendung der Kerbzahnung an den Teilflächen zwischen Pleuelstangenschaft und Pleueldeckel zur gegenseitigen Fixierung.

Anhaltspunkte über Zylinderabstände und Kurbelwellenabmessungen bei dieser Bauart enthält der Abschnitt über Kurbelwellen.

Die Pleuelstangengewichte von schnellaufenden Diesel-Motoren in V-Bauart zeigt Abb. 179.

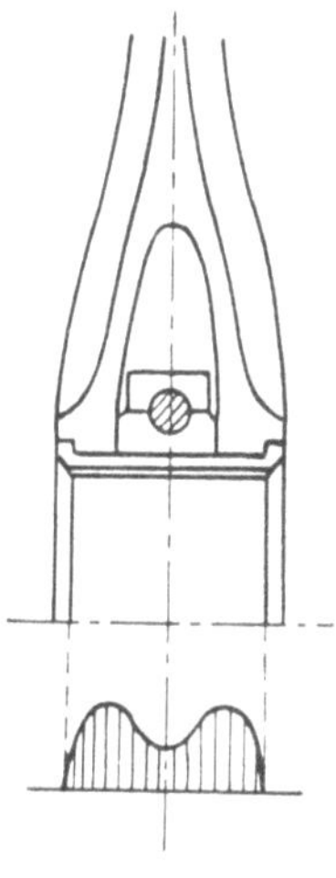

Abb. 182.

β) Hauptpleuelstange mit angelenkter Nebenpleuelstange.

Diese Konstruktion hat bezüglich der Ausnützung der Pleuellagerschale ähnliche Vorteile wie die Gabelstange. Sie wird hauptsächlich bei Flugmotoren verwendet. Die Pleuellagerschale ist gemeinsam für je zwei Zylinder. Die Länge des Kurbelzapfens ist nicht wie bei der Gabelstange durch den Raum, den die Verbindungsschrauben einnehmen, gegeben, sondern kann entsprechend dem zur Verwendung kommenden Lagermetall bemessen werden. Die Schale ist nicht durch die Massenkräfte zweier Stangen auf Biegung beansprucht. Die Herstellung ist einfacher und billiger. Es können Lagerschalen normaler Bauart verwendet werden. Der Anlenkpunkt der Nebenpleuelstange beschreibt eine ellipsenförmige Bahn. Die Stellung des Anlenkpunktes, welche dem Totpunkt entspricht, liegt nicht in der Zylinderachse. Darauf ist bei Einstellung der Zündung besonders Rücksicht zu nehmen. Das Schubstangenverhältnis der angelenkten Stange ist wesentlich kleiner als das der Hauptpleuelstange. Dadurch ergeben sich erhöhte Geradführungskräfte für den Kolben der Nebenpleuelstange.

Grundlagen für die Erwägungen, die zur Wahl des Anlenkpunktes führen, finden sich in einer rechnerischen Untersuchung über die Bewegungsverhältnisse des Kurbeltriebes mit angelenkter Nebenpleuelstange von SCHLAEFKE [23]. Die entwickelten Gleichungen werden dort für einen V-Motor mit 60° Gabelwinkel ausgewertet. Die Rechnung ist dem zeichnerischen Probieren weitaus vorzuziehen.

Die Hauptpleuelstange bekommt durch die Anlenkung des zweiten Kolbens mittels des Nebenpleuels mitunter erhebliche Biegungsbeanspruchungen. Auch der Kolben der Hauptpleuelstange muß dadurch größere Geradführungsdrücke übernehmen. Abhängig sind beide Beanspruchungen in erster Linie vom Gabelwinkel. Zu ihrer Untersuchung sind die Kräfte, die bei den verschiedenen Stellungen der Pleuelstange innerhalb eines Arbeitsspiels auftreten, zu ermitteln. Eine besondere Stellung nimmt die Boxermaschine ein. Bei dieser muß die Nebenpleuelstange am Deckel der Hauptpleuelstange angelenkt werden.

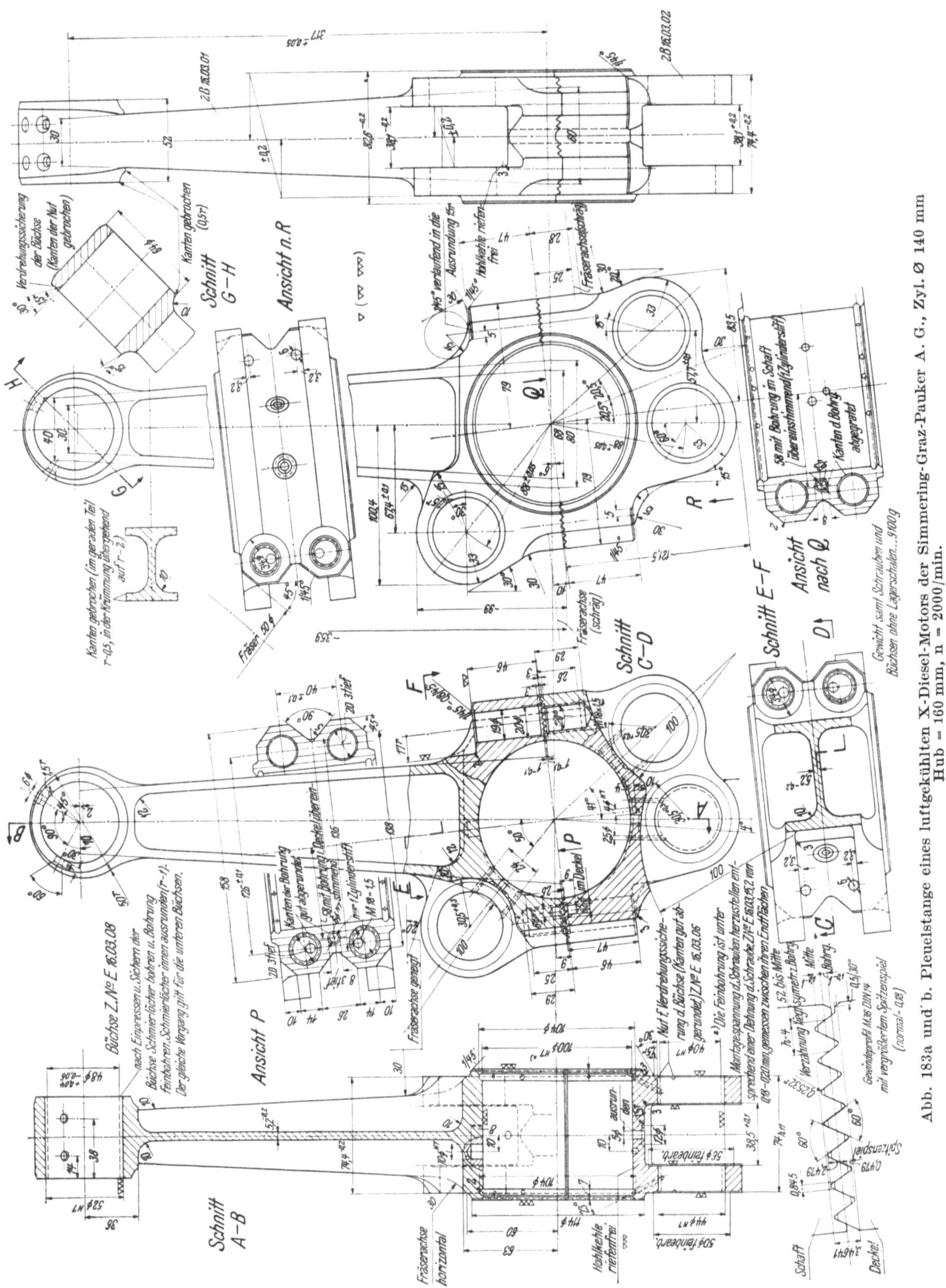

Abb. 183a und b. Pleuelstange eines luftgekühlten X-Diesel-Motors der Simmering-Graz-Pauker A. G., Zyl. Ø 140 mm Hub = 160 mm, n = 2000/min.

Bezüglich der Nebenpleuelstange unterscheidet man zwei Ausführungen:

a) Die Nebenpleuelstange ist gegabelt.

Diese Lösung trifft man vereinzelt bei Flugmotoren an. Sie bringt weder festigkeitsmäßig noch herstellungstechnisch besondere Vorteile.

b) Die Nebenpleuelstange ist ungegabelt.

Ihre Herstellung ist dann sehr einfach. Die Ausbildung der Hauptpleuelstange wird dadurch nicht komplizierter als bei der ersten Ausführung. Diese Lösung ist daher durchaus vorzuziehen.

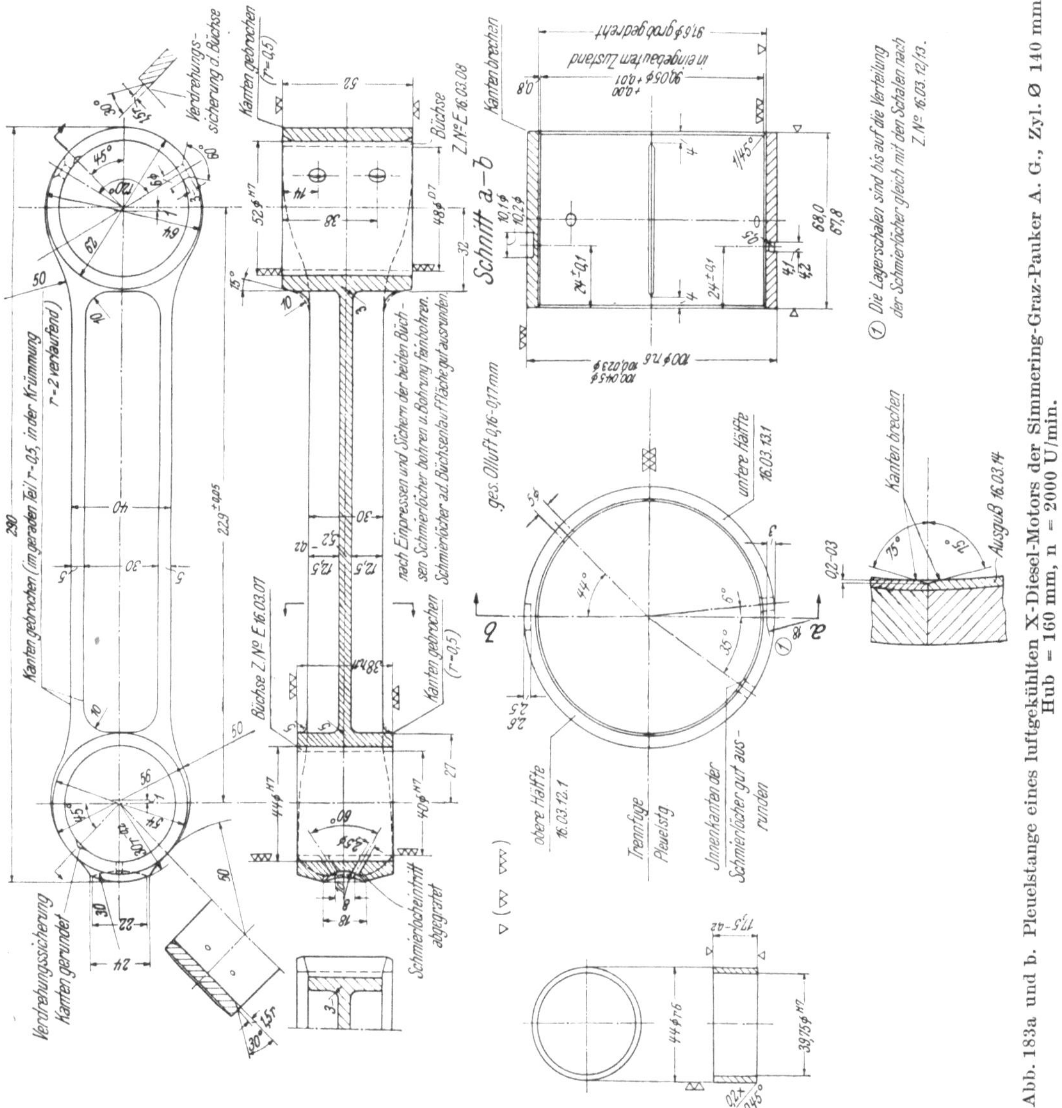

Abb. 183a und b. Pleuelstange eines luftgekühlten X-Diesel-Motors der Simmering-Graz-Pauker A. G., Zyl. ⌀ 140 mm Hub = 160 mm, n = 2000 U/min.

Die Flächenpressung im Anlenkbolzen kann wesentlich höher gewählt werden als im Kolbenbolzen. Die Büchsen werden aus harter Bronze hergestellt. Der Bolzen ist gehärtet und geschliffen. Die Bauart mit Hauptpleuelstange und angelenkter ungegabelter Nebenpleuelstange wird oft für Flugmotoren verwendet. Abb. 184 zeigt eine solche Bauart für einen Zwölfzylinder V-Motor, Abb. 185 für einen Neunzylinder-Sternmotor.

Auch der bekannte Kampfwagenmotor W II der Sowjetunion besitzt eine Hauptpleuelstange mit angelenkter Nebenpleuelstange [34].

Bei diesem Motor mit einem Kolbendurchmesser von 150 mm beträgt der Hub der Hauptpleuelstange 180 mm, der der Nebenpleuelstange jedoch 186,7 mm.

Greifen an einem Kurbelzapfen mehr als zwei Pleuelstangen an, dann ist die Hauptpleuelstange mit angelenkten Nebenpleuelstangen die einzig mögliche Lösung. Hier treten bei den Nebenzylindern größere Totpunktverschiebungen und Hubveränderungen auf als

bei V-Motoren. F. WILLMANNS [24] hat diese Verhältnisse behandelt. Die Hauptpleuelstange hat durch die Anlenkung der Nebenpleuel erhebliche Biegungsmomente aufzunehmen. Um zu große Abmessungen des Pleuelstangenkopfes zu vermeiden, sind die
Anlenkbolzen kleiner als die Kolbenbolzen. Ihre Flächenpressung unter dem Zünddruck kann bis 700 kg/cm² betragen. Die Ausbildung der Augen zur Aufnahme der Anlenkbolzen ist rechnerisch nicht zu erfassen und beruht auf langjähriger Entwicklungsarbeit.

Ein Beispiel für das Triebwerk eines luftgekühlten Sechzehnzylinder-Diesel-Motors in X-Form, wobei je vier Kolben auf einen Kurbelzapfen wirken, zeigt Abb. 183. Es handelt sich dabei um eine Sonderentwicklung der Simmering-Graz-Pauker A. G. Wien mit den Motordaten: Zylinderdurchmesser

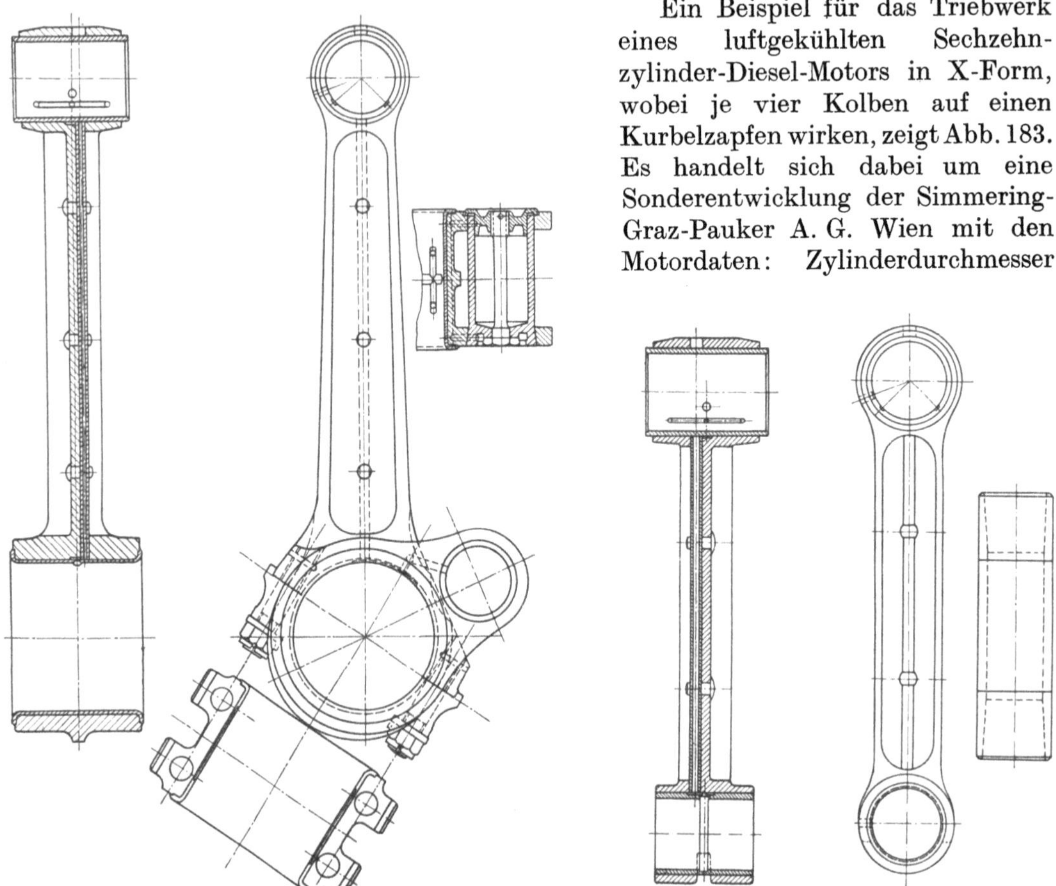

Abb. 184. Pleuelstange eines Zwölfzylinder Isotta-Fraschini-Flugmotors. Zyl. Ø 125 mm, Hub 140 mm, n = 2550 U/min.

140 mm, Hub 160 mm, Drehzahl 2000 U/min, Leistung 720 PS (mit Abgasturbine). Das
Gewicht der Hauptpleuelstange samt Schrauben und Büchsen, jedoch ohne Lagerschale,
ist 9,10 kg, das Gewicht der Nebenpleuelstange 1,66 kg.

Die Anordnung von vier Verbindungsschrauben M 18 × 1,5 ist schon mit Rücksicht
auf das Anziehen der Schrauben zweckmäßig. Die Querkräfte in der Teilebene werden
durch eine Kerbzahnung aufgenommen. Abweichend von der üblichen Ausführung
ist die schwimmende Lagerung der Anlenkbolzen in der Hauptpleuelstange. Dadurch
wird bei guter Ölversorgung der Passungsrost als Ausgangsursache für Dauerbrüche
vermieden. Die Pleuelstangen sind ganz bearbeitet und bestehen aus VMS 135 (8000 bis
9500 kg/cm²).

Das aus dem Hauptlager austretende Öl wird in Fangrillen gesammelt und der Lagerung
der Anlenkbolzen zugeführt. Die angelenkten Nebenpleuelstangen ergeben beträchtliche
Biegungsmomente in der Hauptpleuelstange und erfordern große Widerstandsmomente
des Hauptpleuelstangenschaftes.

Den Einfluß der Anlenkung auf das Drehschwingungsverhalten von V-Motoren hat
KIMMEL [33] untersucht.

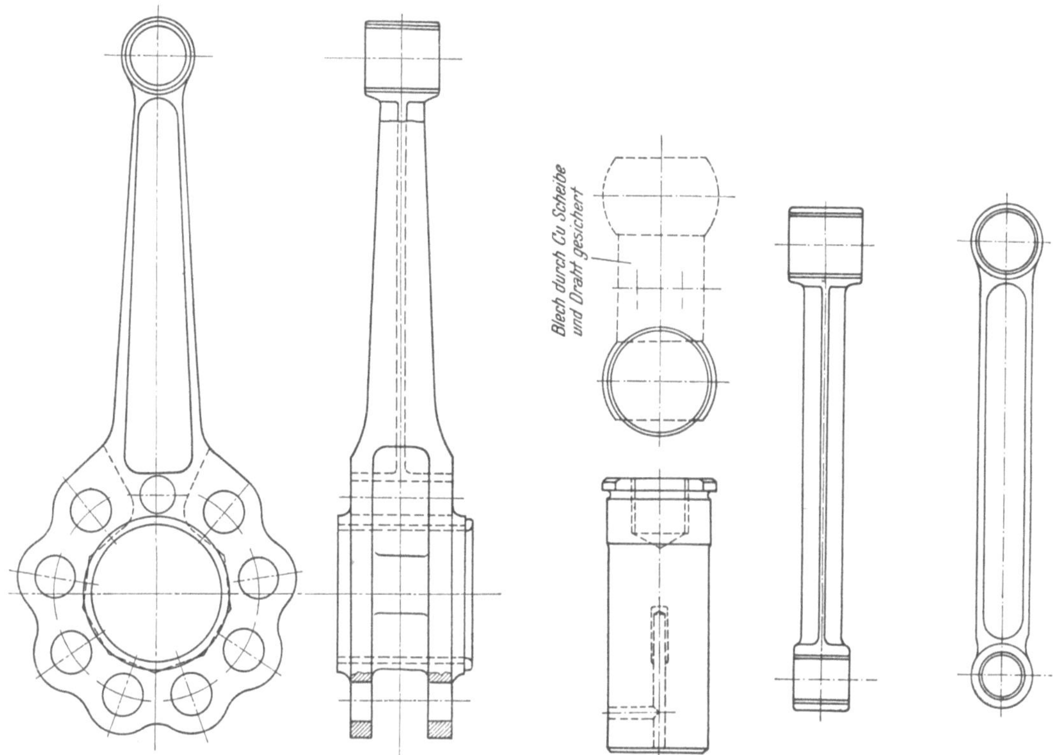

Abb. 185. Pleuelstange eines Wright-Cyclone-Flugmotors. Zyl. $\varnothing$ = 155,6 mm, Hub = 174,6 mm, n = 1950 U/min.

Im allgemeinen unterscheiden sich die Ausschläge der angelenkten Nebenpleuel bei den meisten Kritischen nicht wesentlich von denen bei unmittelbarer Anlenkung. Ausnahmen bilden bei V-Motoren mit 60° Gabelwinkel die Kritischen 3., 9., ... Ordnung oder allgemein bei beliebigem (jedoch ganz- oder halbzahlig in 180° enthaltenem) V-Winkel β die Kritischen der Ordnung $\left(\dfrac{180}{\beta}\right) \cdot (2\nu - 1)$ mit $\nu = 1, 2, 3, \ldots$ Die Ausschläge dieser Kritischen verschwinden bei unmittelbarer Anlenkung, sind jedoch bei mittelbarer Anlenkung erheblich.

γ) Nebeneinanderliegende Pleuelstangen.

Für V-Motoren oder Boxermotoren besteht die einfachste Lösung des Kurbeltriebes in der Anordnung zweier normaler Pleuelstangen auf einem gemeinsamen Kurbelzapfen. (Z. B. Ford V 8 nach Abb. 186.)

Die Lösung vereint die Vorteile der Gabelstangenbauart mit den fabrikatorischen Vorteilen der normalen Pleuelstange bei größter Billigkeit in der Herstellung.

Sie wird daher allen neueren Konstruktionen von schnellaufenden Fahrzeug-Diesel-Motoren in V- oder Boxerbauart zugrunde gelegt. Die Fortschritte in der Lagerforschung und in der Erzeugung von Bleibronzelagern erlauben die Anwendung dieser Lösung ohne Vergrößerung des Zylinderabstandes. Bisher hat man eine Pleuellagerschale an der Berührungsstelle mit der anderen Pleuellagerschale mit Bleibronzeauflage versehen, um Anfressungen zu vermeiden. Bei entsprechender Oberflächenbearbeitung der Lagerschalen ist dies jedoch nicht nötig. Man kann auch die Pleuelstangen selbst gegeneinander laufen lassen und diese mit hartverchromten Anlaufflächen versehen. Bei Otto-Kraftwagenmotoren in V-Form hat sich die Bauart der nebeneinanderliegenden Pleuelstangen infolge der bei Otto-Motoren geringeren Zünddrücke frühzeitig eingeführt. Das Weiß-metall wurde jedoch auch bei Otto-Motoren bald durch Cadmium und zuletzt durch

Bleibronze ersetzt. Die Schmierölzufuhr zu den nebeneinanderliegenden Pleuellagern erfolgt meist durch den hohl gebohrten Kurbelzapfen, durch zwei jeweils auf Lagerschalenmitte austretenden Bohrungen.

Die Massenkräfte eines Triebwerkes aus zwei nebeneinanderliegenden Pleuelstangen sind kleiner als die Massenkräfte von Triebwerken mit Gabelpleuelstangen und mit Anlenkpleuelstangen.

Ihre Betriebssicherheit ist infolge einfacherer Herstellung und durch die Verwendung nur einseitig ausgegossener Lagerschalen größer als die von Gabelstangen. Gegenüber den Anlenkstangen entfällt die zusätzliche Beanspruchung des Führungskolbens durch die Anlenkstange. Zur Aufnahme der durch die Anlenkung in den Hauptpleuelstangen entstehenden Biegungsmomente muß der Schaft derselben wesentlich stärker ausgeführt werden als der einer der nebeneinanderliegenden Pleuelstangen.

5. Nachrechnung ausgeführter Pleuelstangen.

Im nachfolgenden wird die Berechnung der Beanspruchungen von Pleuelstangen an zwei Beispielen gezeigt. Die dabei ermittelten Beanspruchungswerte können Anhaltspunkte bei Entwürfen bieten. Bei den Berechnungen muß man sich stets der Bedingtheit der Vergleichsrechnung bewußt bleiben.

Beispiel 1. Pleuelstange des Ford-V-8-Motors, Abb. 186.

Motordaten:

Zylinderdurchmesser $D = 77,5$ mm $\oslash$; Hub $H = 95$ mm; $n_{max.} = 3800$ U/min.

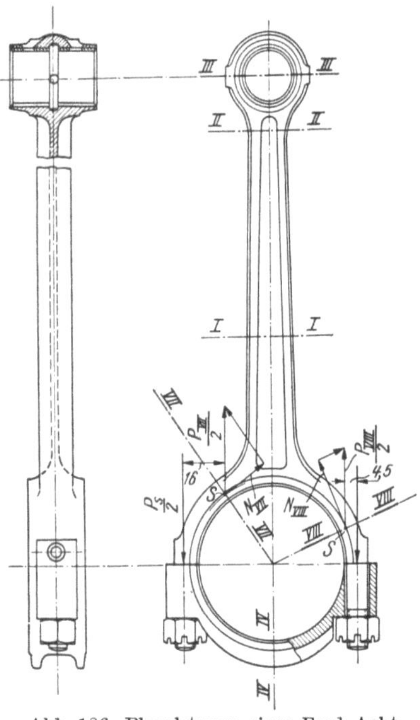
Abb. 186. Pleuelstange eines Ford Achtzylinder-V-Motors.

Gewichte:

Pleuelstange, vollständig.................. 0,575 kg
Lagerdeckel und untere Lagerschale .... 0,170 ,,
Oszillierender Gewichtsanteil der Stange G_a 0,140 ,,
Rotierender Gewichtsanteil der Stange G_b .. 0,435 ,,
Kolbengewicht einschließlich Bolzen und
   Ringen G_k .... 0,425 ,,

A. Nachrechnung des Stangenschaftes.

Pleuelstangenlänge $L = 178$ mm; $r = 47,5$ mm; $\lambda = 0,267$. Werkstoff etwa CM mit 90 kg/mm² Festigkeit. Querschnitt $I—I$ in der Stangenmitte.

a) Beanspruchung durch den Zünddruck:

Kolbenfläche $F = \dfrac{7,75^2}{4} \cdot \pi = 47,173$ cm²;

Zünddruck $p_{z\,max} = 30$ kg/cm².
Zündkraft $P_z = 47,173 \cdot 30 \backsim 1400$ kg.
Kleinstes Trägheitsmoment im Querschnitt $I—I$,
$J_{yI} = 0,11566$ cm⁴.
Querschnittsfläche $F_I = 1,308$ cm².

Trägheitsradius $i = \sqrt{\dfrac{J}{F}} = 0,298$ cm.

Schlankheitsgrad $\dfrac{L}{i} = 59,8$. Mit $\dfrac{L}{i} \leq 60$ ist nur auf Druck zu rechnen.

$$\sigma_I = -\frac{P_z}{F_I} = -1070 \text{ kg/cm}^2.$$

b) Beanspruchung durch die Massenkräfte:

Oszillierende Teile:

$$G_I = G_k + G_a = 0,425 + 0,140 = 0,565 \text{ kg};$$

$$\omega = \frac{\pi \cdot 3800}{30};$$

$$P_I = \frac{G_I}{g} \cdot r \cdot \omega^2 \cdot (1+\lambda);$$

$$= \frac{0,565}{9,81} \cdot 0,0475 \cdot 158\,400 \cdot 1,267 = 550 \text{ kg};$$

$$\sigma_I = \frac{550}{1,308} = +\,420 \text{ kg/cm}^2.$$

c) Biegung infolge der Massenkräfte der Stange:

$$q = \frac{F \cdot \gamma}{g} \cdot r\omega^2;$$

$$q = 7,85 \text{ kg/cm};$$

$$M_{b\,\max} = \frac{q \cdot l^2}{16} = 7,85 \cdot \frac{17,8^2}{16} = 156 \text{ cmkg}.$$

$$W_{xI} = \frac{0,4468}{0,85} = 0,514 \text{ cm}^3;$$

$$\sigma_b = \frac{156}{0,514} = \pm\,305 \text{ kg/cm}^2.$$

d) Gesamtbeanspruchung:

Die Spannung σ_I wechselt zwischen $+\,420$ kg/cm^2 und $-\,1070$ kg/cm^2.

Die Biegungsspannung tritt zeitlich versetzt auf, so daß sie nicht zu der Zug- und Druckbeanspruchung addiert werden kann.

Aus Dauerfestigkeitsschaubildern läßt sich daraus die Sicherheit berechnen, die dann auch anderen Konstruktionen mit anderen Verhältnissen von Zug- und Druckbeanspruchung zugrunde gelegt werden kann.

Querschnitt *II—II*:

α) Druckbeanspruchung durch die Zündkraft:

$$F_{II} = 1,105 \text{ cm}^2$$

$$\sigma_{II} = -\frac{1400}{1,105} = -\,1265 \text{ kg/cm}^2.$$

β) Zugbeanspruchung infolge der Massenkräfte von Kolben und Stangenauge:

$$G_{II} = 0,500 \text{ kg};$$

$$P_{II} = \frac{0,500}{9,81} \cdot 0,0475 \cdot 158\,400 \cdot 1,267 = 485 \text{ kg};$$

$$\sigma_{II} = +\frac{485}{1,105} = +\,440 \text{ kg/cm}^2.$$

γ) Gesamtbeanspruchung:

Die Spannung σ_{II} wechselt demnach zwischen $+\,440$ kg/cm^2 und $-\,1265$ kg/cm^2.

Querschnitt *III—III* des Stangenauges:

$$G_{III} \backsim 0,450 \text{ kg}.$$

$$F_{III} = 2 \times 0,740 \text{ cm}^2 = 1,480 \text{ cm}^2.$$

$$P_{III} = \frac{0,450}{9,81} \cdot 0,0475 \cdot 158\,400 \cdot 1,276 = 437 \text{ kg};$$

$$\sigma_{III} = \frac{437}{1,47} = +\,295 \text{ kg/cm}^2.$$

B. Nachrechnung der Pleuelschrauben und des Lagerdeckels.

Nach Seite 140 ist

$$P_s = \frac{0{,}0475 \cdot 158400}{98{,}1}\left[\left(0{,}140 + 0{,}425\right)1{,}276 + 0{,}435 - 0{,}170\right] = 755 \text{ kg.}$$

Ausgeführt: zwei Schrauben 3/8'' mit $f_s = 2 \cdot 0{,}441 = 0{,}882 \text{ cm}^2$;

$$\sigma_s = \frac{755}{0{,}882} = 860 \text{ kg/cm}^2.$$

Lagerdeckelquerschnitt $IV{-}IV$:

$$J_{IV} = 0{,}10489 \text{ cm}^4;$$

$$e_a = 0{,}606 \text{ cm}, \qquad e_i = 0{,}394 \text{ cm};$$

$$M_b = \frac{P_s}{2}\left(\frac{a}{2} - \frac{d_k}{4}\right);$$

$$M_b = \frac{755}{2}\,(3{,}375 - 1{,}41) = 742 \text{ kg/cm};$$

$$\sigma_{IVa} = +\,4280 \text{ kg/cm}^2;$$

$$\sigma_{IVi} = -\!-\,2790 \text{ kg/cm}^2.$$

C. Querschnitte $VII{-}VII$ und $VIII{-}VIII$:

Rotierende Massen bis Querschnitt VII, bzw. $VIII \infty \frac{1}{2}\left(0{,}435 - 0{,}170\right)$.
Wirksame Kraft:

$$P_{VII} = \frac{205}{2} + 550 = 652{,}5 \text{ kg.}$$

Querschnitt $VII{-}VII$:

Biegungsbeanspruchung:

$$J_{VII} = 0{,}0546 \text{ cm}^4; \quad F_{VII} = 1{,}32 \text{ cm}^2;$$

$$e_a = 0{,}481 \text{ cm}; \qquad e_i = 0{,}319 \text{ cm};$$

$$M_b = \frac{655}{2} \cdot 1{,}6 = 523 \text{ cmkg};$$

$$\sigma_{ba} = +\,4620 \text{ kg/cm}^2;$$

$$\sigma_{bi} = -\,3060 \text{ kg/cm}^2.$$

Druckbeanspruchung:

$$N_{VIII} = 180 \text{ kg};$$

$$\sigma_d = -\!-\,140 \text{ kg/cm}^2.$$

Gesamtspannung:

$$\sigma_{VIIa} = +\,4620 - 140 = +\,4480 \text{ kg/cm}^2;$$

$$\sigma_{VIIi} = -\,3060 - 140 = -\,3200 \text{ kg/cm}^2.$$

Querschnitt $VIII{-}VIII$:

Biegungsbeanspruchung:

$$J_{VIII} = 0{,}0546 \text{ cm}^4; \quad F_{VIII} = 1{,}32 \text{ cm}^2;$$

$$e_a = 0{,}481 \text{ cm}; \qquad e_i = 0{,}319;$$

$$M_b = \frac{655}{2} \cdot 0{,}45 = 148 \text{ cmkg};$$

$$\sigma_{ba} = +\,1305 \text{ kg/cm}^2;$$

$$\sigma_{bi} = 865 \text{ kg/cm}^2;$$

Druckbeanspruchung:

$$N_{VIII} = 300 \text{ kg}, \quad \sigma_d = \frac{300}{1,32} = -225 \text{ kg/cm}^2.$$

Gesamtspannung:

$$\sigma_{VIIIa} = +1305 - 225 = +1980 \text{ kg/cm}^2;$$
$$\sigma_{VIIIi} = -865 - 225 = -1090 \text{ kg/cm}^2.$$

Die Spannungswerte im Querschnitt VII überschreiten die im allgemeinen als zulässig erachtete Grenze wesentlich. Die Rechnung ist hier sicher zu ungünstig, denn durch die Einspannung und das Zusammenfedern des Lagers in der Teilebene treten Kräfte auf, die entlastend wirken. Diese Entlastung ist rechnungsmäßig nicht zu erfassen.

Beispiel 2. Gabelpleuelstange eines schnellaufenden V-Diesel-Motors Abb. 187.

Motordaten:

$$D = 160 \text{ mm} \; \varnothing, \quad \text{Hub} = 220 \text{ mm}, \quad n = 1400, \quad n_{\max} = 1550 \text{ U/min}.$$

Gewichte:

Pleuelstange .... 13,49 kg
Zwei Lagerdeckel und untere Lagerschalenhälften .... 3,75 „
Oszillierender Gewichtsanteil der Stange G_a .... 3,14 „
Rotierender Gewichtsanteil der Stange G_b .... 10,35 „
Kolbengewicht G_K .... 7,54 „

A. Nachrechnung des Stangenschaftes.

Pleuelstangenlänge $L = 480$ mm; $\lambda = 0,229$.

a) Querschnitt $I—I$ in der Stangenmitte:

α) **Druck, bzw. Knickbeanspruchung durch den Zünddruck:**

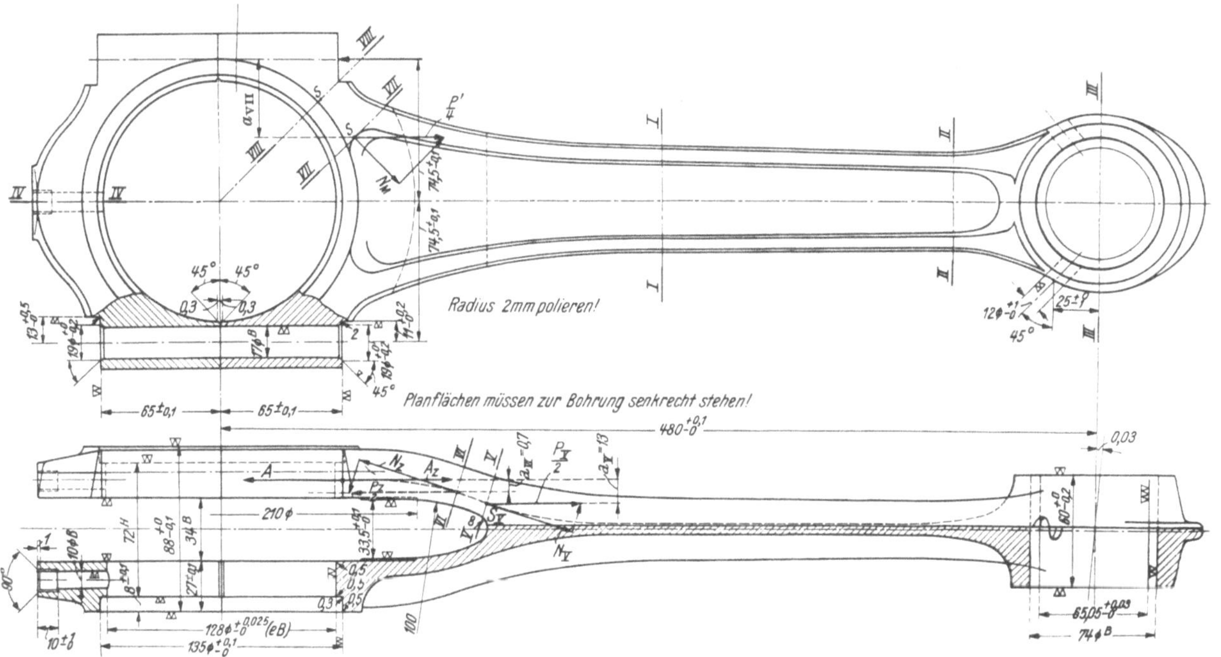

Abb. 187. Gabelpleuelstange eines schnellaufenden V-Diesel-Motors.

Querschnittsfläche: $F_I = 8{,}08$ cm²;

Trägheitsmoment: $J_{yI} = 3{,}8379$ cm⁴;

Trägheitsradius: $i_{yI} = \sqrt{\dfrac{J_{yI}}{F_I}} = \sqrt{\dfrac{3{,}8379}{8{,}08}} = 0{,}688$ cm.

Schlankheitsgrad: $\dfrac{L}{i} = \dfrac{48}{0{,}688} = \sim 70$.

Da $L < 105$, gilt die TETMAJERsche Gleichung:

$$\sigma_k = \sigma_{-s}\left(1{,}42 - 0{,}007\,\frac{L}{i}\right) = 0{,}93 \cdot \sigma_{-s}.$$

Werkstoff: CM vergütet mit $\sigma_s = 70$ kg/mm².

$$\sigma_k = 0{,}93 \cdot 7000 = 6500 \text{ kg/cm}^2.$$

Nun ist mit einem Zünddruck von $p_z = 55$ at die Zündkraft $P_z = \dfrac{16^2 \cdot \pi}{4} \cdot 55 = 11\,000$ kg

$$\sigma_I = -\,\frac{11\,000}{8{,}08} = -\,1360 \text{ kg/cm}^2.$$

Damit wird die Sicherheit gegen Knickung:

$$S = \frac{\sigma_k}{\sigma_I} = \frac{6500}{1360} = 4{,}78.$$

β) **Zugbeanspruchung infolge der freien Massenkräfte am Ende des Auslaßhubes.**

Oszillierende Teile: $G_I = G_K + G_a = 7{,}54 + 3{,}14 = 10{,}68$ kg.

Damit wird

$$P_I = \frac{10{,}68}{9{,}81} \cdot 0{,}11 \cdot 26\,400 \cdot 1{,}229 = 3890 \text{ kg;}$$

$$\sigma_{zI} = \frac{3890}{8{,}08} = +\,480 \text{ kg/cm}^2.$$

γ) **Biegungsspannungen infolge der Massenkräfte der Stange:**

$$q = \frac{F \cdot 8}{g} \cdot r\,w^2;$$

$$= 18{,}7 \text{ kg/cm;}$$

$$M_{b\,\max} = \frac{q \cdot l^2}{16},$$

$$M_{b\,\max} = \frac{18{,}7 \cdot 48^2}{16} = 2700 \text{ cmkg.}$$

Dieses Moment tritt im Abstand von $0{,}577\,L = 277$ mm von Mitte Kolbenbolzen auf. Der Querschnitt wird in den Abmessungen des Querschnittes I—I über die ganze Länge gleichbleibend angenommen; sein Trägheits- bzw. Widerstandsmoment ist:

Trägheitsmoment $J_{xI} = 33{,}212$ cm⁴

$$W_{xI} = \frac{33{,}212}{2{,}8} = 11{,}85 \text{ cm}^3,$$

$$\sigma_b = \frac{2700}{11{,}85} = \pm\,230 \text{ kg/cm}^2.$$

δ) Gesamtbeanspruchung:

Die Spannung σ_I wechselt zwischen $+\,480$ kg/cm² und $-\,1360$ kg/cm².
Die Biegungsbeanspruchung tritt zeitlich versetzt auf.

b) Querschnitt $II—II$ (kleinster Querschnitt):

α) Druckbeanspruchung infolge der Zündkraft:

$$F_{II} = 7,53 \text{ cm}^2,$$

$$\sigma_{II} = \frac{P_z}{F_{II}} = -\frac{11000}{7,53} = -1460 \text{ kg/cm}^2.$$

β) Zugbeanspruchung infolge der freien Massenkräfte:

Gewicht von Kolben und Stangenauge ∞ 10 kg.

$$P_{II} = \frac{G_{II}}{g} \cdot r \cdot \omega^2 \left(1 + \lambda \right) = \frac{10}{9,81} \cdot 0,11 \cdot 26400 \cdot 1,229,$$

$$= 3640 \text{ kg,}$$

$$\sigma_{II} = +\frac{3640}{7,53} = +480 \text{ kg/cm}^2.$$

γ) Gesamtbeanspruchung.

Die Spannung σ_{II} wechselt zwischen $+480 \text{ kg/cm}^2$ und -1460 kg/cm^2.

c) Querschnitt $III—III$ des Stangenauges.

Wirksam ist die Masse des Kolbens und des halben Pleuelauges mit einem Gewicht von 8,7 kg.

$$P_{III} = \frac{8,7}{9,81} \cdot 0,11 \cdot 26400 \cdot 1,229 = 3170 \text{ kg;} \qquad F_{III} = 2 \cdot 6 \cdot 1,35 = 16,2 \text{ cm}^2;$$

$$\sigma_{III} = \frac{3170}{16,2} = +195 \text{ kg/cm}^2.$$

B. Nachrechnung des Lagerdeckels und der Pleuelschrauben.

Der Deckel und die zugehörige Schalenhälfte stützen sich auf den Zapfen ab. Wirksam sind daher von den rotierenden Gewichten:

$$G = 10,35 - 3,75 = 6,60 \text{ kg;} \qquad P_r = m \cdot r \cdot \omega^2 = \frac{6,60}{9,81} \cdot 0,11 \cdot 26400 = 1955 \text{ kg.}$$

Massenkraft der oszillierenden Teile:

$$P_I = 3890 \text{ kg.}$$

Gesamtbelastung durch die Massenkräfte:

$$P_s = 1955 + 3890 = 5845 \text{ kg.}$$

Ausgeführt vier Schrauben M 16 × 1,5 mit

$$f_s = 1,327 \text{ cm}^2; \qquad \sigma_s = 1100 \text{ kg/cm}^2.$$

Der Werkstoff CM hat geglüht eine Zugfestigkeit von 4500 kg/cm², vergütet eine solche von 7000 kg/cm². Damit ergeben sich Sicherheiten von 4,08 bei geglühtem, 6,36 von vergütetem Material.

Lagerdeckelquerschnitt $IV—IV$:

$$W_{VI} = 2,405 \text{ cm}^3; \qquad M_b = \frac{5845}{4}(7,45 - 3,2) = 6220 \text{ cmkg;}$$

$$\sigma_b = \frac{6220}{2,405} = +2580 \text{ kg/cm}^2.$$

C. Nachrechnung der Gabel in den Querschnitten $V—V$ bis $VIII—VIII$.

I. In den Querschnitten $V—V$ und $VI—VI$ treten folgende Beanspruchungen auf:

1. Infolge der Massenkräfte im oberen Totpunkt: Die Massenkraft $\frac{P}{2}$ je Gabelhälfte bildet mit dem zugehörigen Auflagergegendruck ein Kräftepaar mit dem Moment $\frac{P}{2} \cdot a$,

welches die Querschnitte auf Biegung beansprucht und in der äußeren Faser eine Zug-,
in der inneren eine Druckbeanspruchung zur Folge hat. Die Normalkraft N bewirkt eine
zusätzliche Zugbeanspruchung.

2. Infolge der Zündkraft: Die Zündkraft $\dfrac{P_z}{2}$ je Gabelhälfte bildet mit dem zugehörigen
Auflagergegendruck ebenfalls ein Kräftepaar mit dem Moment $\dfrac{P_z}{2} \cdot a$ und beansprucht
die betreffenden Querschnitte auf Biegung. Jetzt treten indessen in der äußeren Faser
Druck-, und in der inneren Faser Zugspannungen auf; hierzu kommt die Druckbeanspruchung infolge der Normalkraft N_z. Beanspruchungen aus 1. und 2. ergeben zusammen
die Wechselbeanspruchung.

II. Querschnitte $VII—VII$ und $VIII—VIII$.

In diesen Querschnitten ist die Umlenkung der in Richtung auf den Zapfen wirkenden
Stangenkräfte (infolge der Zündkraft oder der Massenkräfte im unteren Totpunkt) innerhalb der Gabelkrümmung bereits erfolgt und diese setzen sich direkt auf den Zapfen ab,
beanspruchen diese Querschnitte also nicht. Dagegen bilden die vom Zapfen weggerich-
teten Massenkräfte im oberen Totpunkt mit dem zugehörigen Auflagergegendruck
Kräftepaare mit dem Moment $\dfrac{P}{4} \cdot a$, die in der äußeren Faser Zug-, in der inneren Druckbeanspruchungen zur Folge haben. Die Normalkraft N ergibt eine zusätzliche Zugbeanspruchung.

Beispiel: Querschnitt $V—V$: Beanspruchungen nach I., 1.

Es ist:

$$J_V = 3{,}037 \text{ cm}^4, \qquad\qquad \frac{P_V}{2} = 2450 \text{ kg,}$$
$$e_a = 1{,}525 \text{ cm,} \qquad\qquad N = 2340 \text{ kg,}$$
$$e_i = 0{,}775 \text{ cm,} \qquad\qquad a_V = 1{,}30 \text{ cm.}$$
$$F_V = 9{,}08 \text{ cm}^2.$$

$$\sigma_z = \frac{2340}{9{,}09} = \infty + 260 \text{ kg/cm}^2, \qquad\qquad M_b = \frac{P_V}{2} \cdot a_V = 2450 \cdot 1{,}3 = 3190 \text{ cmkg,}$$

außen: $\qquad\qquad\qquad\qquad$ innen:

$$\sigma_a = + \frac{3190}{\dfrac{3{,}037}{1{,}525}} = + 1605 \text{ kg/cm}^2, \qquad\qquad \sigma_i = \frac{3190}{\dfrac{3{,}037}{0{,}775}} = - 815 \text{ kg/cm}^2.$$

Zusammengesetzte Spannung
$$\sigma_{Va} = + 1865 \text{ kg/cm}^2,$$
$$\sigma_{Vi} = - 555 \quad \text{,,} \quad .$$

Beanspruchungen durch den Zünddruck:

a) Im Querschnitt $V—V$:

$$\tfrac{1}{2} P_z = 5500 \text{ kg,} \quad N_z = 5250 \text{ kg,} \quad M_b = 5500 \cdot 1{,}3 = 7150 \text{ cmkg,}$$

Druckspannung: $\sigma_d = - \dfrac{5250}{9{,}08} = - 575 \text{ kg/cm}^2,$

Biegungsspannung: $\sigma_d = - \dfrac{7150}{\dfrac{3{,}037}{1{,}525}} = - 3600 \text{ kg/cm}^2, \quad \sigma_{bi} = \dfrac{7150}{\dfrac{3{,}037}{0{,}775}} = + 1830 \text{ kg/cm}^2,$

Zusammengesetzte Spannung:
$$\sigma_{Va} = - 4175 \text{ kg/cm}^2, \qquad \sigma_{Vi} = 1255 \text{ kg/cm}^2.$$

Die Beanspruchung wechselt demnach zwischen folgenden Grenzen:

$$\sigma_{Va}\begin{cases}+\ 1865 \text{ kg/cm}^2\\ -\ 4175 \quad ,,\end{cases}$$

$$\sigma_{Vi}\begin{cases}+\ 1255 \text{ kg/cm}^2\\ -\ \ 555 \quad ,,\end{cases}$$

b) Im Querschnitt VI—VI:

$$M_b = 5500\cdot 0{,}70 = 3850 \text{ cmkg.}$$

$$\sigma_d = \frac{5250}{9{,}51} = -\ 550 \text{ kg/cm}^2.$$

Biegungsspannung:

$$\sigma_{ba} = -\ 1960 \text{ kg/cm}^2$$

$$\sigma_{bi} = +\ 1015 \quad ,,$$

Zusammengesetzte Spannung:

$$\sigma_{VIa} = -\ 2510 \text{ kg/cm}^2 \qquad \sigma_{VIi} = +\ 465 \text{ kg/cm}^2$$

Die Beanspruchung wechselt demnach zwischen folgenden Grenzen:

$$\sigma_{VIa}\begin{cases}+\ 1120 \text{ kg/cm}^2\\ -\ 2510 \quad ,,\end{cases} \qquad \sigma_{VIi}\begin{cases}+\ 465 \text{ kg/cm}^2\\ -\ 205 \quad ,,\end{cases}$$

Die Beanspruchungen der einzelnen Querschnitte infolge der Massenkräfte enthält die folgende Zusammenstellung:

Querschnitt	N kg	F cm²	Zug-spannung σ_z kg/cm²	$\frac{P}{2}$ bzw. $\frac{P}{4}$	a cm	M_b cmkg	J cm⁴	e_a cm	e_i cm	Biegungsspannung σ_{ba}	Biegungsspannung σ_{bi}	Zusammengesetzte Spannung σ_a	Zusammengesetzte Spannung σ_i
										kg/cm²		kg/cm²	
V—V	2340	9,08	+260	2450*	1,30	3190	3,037	1,525	0,775	+1605	—815	+1865	—555
VI—VI	2340	9,51	+245	2450	0,70	1715	2,782	1,417	0,733	+875	—450	+1120	—205
VII—VII ..	852	10,015	+85	1225	4,0	4900	12,389	1,97	1,98	+780	—785	+865	—700
VIII—VIII	852	6,985	+122	1225	2,0	2450	4,198	1,34	1,41	+783	—822	+905	—700

* Zur Vereinfachung wurden die Massenkräfte für die nahe aneinanderliegenden Querschnitte V—V bis VIII—VIII gleich angenommen.

6. Der Werkstoff für Pleuelstangen.

Auf die Wichtigkeit eines günstigen Faserverlaufes im geschmiedeten Pleuelstangenrohling wurde bereits hingewiesen. Sieht man von ganz bearbeiteten Pleuelstangen für Flug- und Sondermotoren ab, dann reichen für geschmiedete Pleuelstangen auch reine Kohlenstoffstähle aus. Sie haben gegenüber legierten Stählen den Vorteil geringerer Kerbempfindlichkeit und werden viel bei Otto-Motoren für Personenkraftwagen und zum Teil auch für Lastkraftwagen angewandt.

Es kommen folgende Stähle in Betracht:

	C	Mn	Si	Streck-grenze	Zug-festigkeit	Bruch-dehnung	Biege-wechsel-festigkeit	Zug-Druck-wechsel-festigkeit
	in %			kg/mm²	kg/mm²	%	kg/mm²	kg/mm²
DIN St C 35.61	0,35	<0,8	<0,35	>28	50+60	>19	25+30	18+21
DIN St C 45.61	0,45	<0,8	<0,35	>34	60+70	>16	30+35	21+25

Diese Stähle erfordern jedoch eine besonders sorgfältige Vergütung, da man meist höhere Festigkeitswerte anstrebt. Bei unsachgemäß durchgeführter Vergütung ergeben sich Spannungsrisse im Schaft und Steg der Pleuelstange, die meist erst durch magnetische Durchflutung des Materials festgestellt werden können und so die Produktion erheblich verteuern können.

Für Motoren höherer Leistung und schnellaufender Diesel-Motoren verwendet man meistens legierte Stähle.

	C	Mn	Si	Cr	Mo, V	Streck-grenze	Zug-festigkeit	Bruch-deh-nung	Biege-wechsel-festigkeit	Druck-wechsel-festigkeit
			in %			kg/mm²	kg/mm²	%	kg/mm²	kg/mm²
DIN V C Mo 135	0,3	0,5	<0,35	0,9	0,15	56	80	>8	40	28
	0,37	0,8	<0,35	1,2	0,25	70	100		50	35
VC Mo 125	0,22	0,5	<0,35	0,9	0,15	50	70	>9	38	
	0,29	0,8		1,2	0,25		80			
Cr V	0,45	0,6	<0,35	0,9	0,1	>80	95	>8	45	32
	0,55	0,8		1,2	0,3		110		55	34
Cr V Nitrierstahl	0,24	0,4	<0,4	2,3	0,2	>80	100	>8	50—55	
	0,34	0,8		2,7	0,35		115		60—65 nitr.	

Für besondere Zwecke werden bei Hochleistungsmotoren mitunter Einsatz- und Nitrierstähle als Pleuelstangenwerkstoff verwendet. Bei Einsatz und Nitrierhärtung entsteht im Material eine Druckvorspannung, die zur Erhöhung der Dauerfestigkeitswerte beiträgt. Nitrierte Stangen sind bei geringster Verletzung der Oberfläche sehr kerbempfindlich. Daher sollte man das Härten nur an solchen Stellen durchführen, wo Reibkorrosionen zu erwarten sind.

Für die Fertigung von Pleuelstangen normaler Motoren ist das Kugelstrahlen der Schmiedestücke zur Vermeidung der Kerbwirkungen durch Oberflächenfehler und zur Erhöhung der Dauerfestigkeit sehr zu empfehlen.

Schrifttum.

1. Hug, K.: Messung und Berechnung von Kolbentemperaturen in Diesel-Motoren. Mitteilung aus dem Institut für Thermodynamik und Verbrennungsmotorenbau, T. H. Zürich.

2. Aluminium-Taschenbuch. Herausgeber: Aluminiumzentrale E. V. Lautawerk, 4. Aufl. 1934.

3. Koch, E.: Charakteristik von Kolbenmaterialien unter besonderer Berücksichtigung des Verschleißwertes. Dissertation T. H. Aachen.

4. Forschungsarbeiten über Kolben vom Prüffeld der Mahle Komm. Ges., Bad Cannstatt und Elektren G. m. b. H. Bad Cannstatt und Berlin-Spandau. Herausgegeben von Dr. E. Koch, VDI, Stuttgart. Folge 1 (1938); Folge 2 (1939).

5. Technisches über Mahle-Kolben von Dr. E. Koch, VDI, Stuttgart, 2. Aufl. 1938.

6. Weiterentwicklung im Kolbenbau. Vortrag von Dipl.-Ing. E. Mahle. Der Reparaturkolben H 2 u. 3 (1937).

7. Sterner-Rainer, Dr. R.: Aluminiumlegierungen als Kolbenwerkstoffe. Schriften der Hessischen Hochschulen. T. H. Darmstadt; Jg. 1933, H. 2; Z. Metallkde. 26. Jg., S. 141 (1934).

8. Ungenannter Verfasser: Entwicklung der Nüral-Kolbenlegierungen. Druckschrift der Aluminiumwerke Nürnberg G. m. b. H. 1939.

9. Ungenannter Verfasser: Aus dem Serienbau der Nüral-Kolben. Druckschrift der Aluminiumwerke G. m. b. H. 1939.

10. Nüral-Leichtguß-Taschenbuch 1937. Aluminiumwerke Nürnberg G. m. b. H.

11. Steiner: Moderne Flugmotor-Kolben. Flugsport 25. Jg., Nr. 22 (1933).

12. Der Kolbenring. Z. d. Friedrich Goetze A. G. Burscheid bei Köln.

13. Englisch, C.: Abdichtungsverhältnisse von Kolbenringen in Verbrennungskraftmaschinen. Automob.-tech. Z. 41, S. 579 (1938).

14. Englisch, C.: Das Flattern der Kolbenringe raschlaufender Verbrennungskraftmaschinen. Dissertation T. H. Graz. 1939.

15. Walls, F. J.: Cast camshafts and crankshafts. S. A. E. J. (Transactions) 41, Nr. 1 (1937).

16. Falz, E.: Grundzüge der Schmiertechnik. Berlin: Julius Springer. 1926.

17. Heldt, P. M.: Bearing Matierals. The past with its developments. The present with its newest methods. Automot. Ind. 412 (1938).

18. Macnaughtan, O. J.: Some Factors that may determine the Service life of tin-base bearing metals. Technical Publikations of the International tin research and development Council, Series A, Nr. 75; Automat Ind. 413 (1938).

19. Mongey, H. C.: The newer materials, their composition and lubrication. Paper of the General Motors Research Laboratories. Auszug in Automat. Ind. 121 (137).

20. Thum, A. u. R. Strohauer: Prüfung von Lagermetallen und Lagern bei dynamischer Beanspruchung. Z. VDI 81, S. 1245 (1937).

21. Heyer, H. O.: Prüfung der Laufeigenschaften von Lagermetallen unter dynamischer Belastung. Automob.-techn. Z. 40, S. 551 (1935).

22. Verfasser unbekannt: Glyco-Thermadur-Gleitlager. Sonderheft der Glyco Metallwerke, Wiesbaden.

23. Schlaefke, K.: Bewegungsverhältnisse von Kurbelgetrieben mit Nebenpleuelstangen. Z. VDI 78, S. 831 (1934).

24. Wilmanns, F.: Totpunktverschiebungen und Hubänderungen beim Sternmotor. Z. VDI 80, S. 1321 (1936).

25. Schweter, E.: Berechnung und Gestaltung der Treibstangen schnellaufender Kolbenmaschinen. Automob.-techn. Z. 39, H. 15, S. 375 (1936).

26. Versuchsbericht des Instituts für Verbrennungskraftmaschinen der Techn. Hochschule in Graz (nicht veröffentlicht).

27. BRECHT, W.: Beeinflussung der Kolbentemperaturen in Otto-Motoren, Diss. Stuttgart 1939.

28. ROTTMANN: Berechnung von Kolbenbolzen von Fahrzeug-Diesel-Motoren. Mittlg. Gute Hoffnungshütte IV S. 231.

29. SCHAEFKE, K.: Zur Berechnung von Kolbenbolzen. MTZ. 1940, H. 4.

30. MICHEL und SOMMER: Zur Fertigung der Kolbenbolzen, MTZ. 1941.

31. BENZ, W.: Zur Berechnung druckelastischer Kupplungen. MTZ. 1941, S. 3.

32. KLEMENCIC, A.: Bemessung und Gestaltung von Gleitlagern, ZVDI, Jg. 1943, S. 409.

33. KIMMEL, A.: Der Einfluß der Pleuelanlenkung auf das Drehschwingungsverhalten von V-Motoren. MTZ. 1941, S. 18.

34. AUGUSTIN: Diesel-Motor der sowjetischen Kampfwagen. MTZ. 1943. S. 130.

35. FREESE: Zur Berechnung schräg geteilter Pleuelstangen. MTZ. 1943. S. 90.

Österreichisches Ingenieur-Archiv. Herausgegeben von K. Federhofer-Graz, P. Funk-Wien, W. Gauster-Wien, K. Girkmann-Wien, F. Hopfner-Wien, F. Jung-Wien, F. Magyar-Wien, E. Melan-Wien, H. Melan, K. Wolf-Wien, Schriftleitung: F. Magyar-Wien und K. Wolf-Wien.

Erscheint nach Maßgabe des einlangenden Materials zwanglos in einzeln berechneten Heften, die zu Bänden von etwa 400 Seiten vereinigt werden. Auskunft über Erscheinungsweise, Bezugsmöglichkeiten, Preise erteilt der Verlag.

Erscheint seit 1946. Bis Ende 1948 erschienen 2 Bände.

Maschinenbau und Wärmewirtschaft mit Lokomotiv- und Fahrzeugbau. Fachbeirat: J. Eckert, E. Feifel, L. Kirste, H. Mache, L. Richter, R. Walker. Schriftleitung: C. Kämmerer-Wien.

1949: 4. Jg. Erscheint monatlich.

Halbjährlich in Österreich S 36·—, im Ausland sfr. 24·—, $ 5·60.

Betrieb und Fertigung. Zeitschrift für Werksleiter, Betriebsingenieure, Konstrukteure, Werkmeister und Abnahmebeamte. Fachbeirat: J. Brazda, F. Grill, F. Hofmann, A. Leon, J. Twaroch, O. Völter. Schriftleiter: L. Tschirf-Wien.

1949: 3. Jg. Erscheint monatlich.

Halbjährlich in Österreich S 36·—, im Ausland sfr. 24·—, $ 5·60.

Österreichische Chemiker-Zeitung. Organ des Vereines österreichischer Chemiker und der Chemisch-Physikalischen Gesellschaft in Wien. Fachbeirat: F. Böck-Wien, O. Brunner-Wien, A. Chwala-Wien, L. Ebert-Wien, G. Jantsch-Wien, A. Klemenc-Wien, H. Lieb-Graz, M. Nießner-Wien. F. Patat-Innsbruck, F. Wessely-Wien. Schriftleiter: A. Luszczak-Wien.

1949: 50. Jg. Erscheint monatlich.

Halbjährlich in Österreich S 48·—, im Ausland sfr. 24·—, $ 5·60.

MIX
Papier aus verantwortungsvollen Quellen
Paper from responsible sources
FSC® C105338

If you have any concerns about our products,
you can contact us on
ProductSafety@springernature.com

In case Publisher is established outside the EU,
the EU authorized representative is:
Springer Nature Customer Service Center GmbH
Europaplatz 3, 69115 Heidelberg, Germany

Printed by Libri Plureos GmbH
in Hamburg, Germany